高温超导技术系列丛书

高温超导变压器原理与装置

Principle and Device Technology of High Temperature Superconducting Transformers

金建勋　汤长龙　孙日明　陈孝元　著

科学出版社

北　京

内 容 简 介

本书结合作者的相关研究和创新工作，全面阐述了高温超导变压器的概念、技术原理、装置技术、应用特性及发展趋势，是一部对超导应用尤其是超导技术在电力领域应用的发展有显著理论和技术指导意义的著作。同时，对高温超导技术的电力应用，尤其是高温超导变压器技术的研究与实用化发展有重要的指导作用。

本书可供从事应用超导技术研究工作的科研人员、电工与电力工程技术领域及相关生产行业的技术人员，以及高等院校相关专业的师生参考。

图书在版编目(CIP)数据

高温超导变压器原理与装置/金建勋等著. —北京：科学出版社，2016.3
(高温超导技术系列丛书)
ISBN 978-7-03-047534-3

Ⅰ.①高… Ⅱ.①金… Ⅲ.①高温超导性-超导变压器 Ⅳ.①TM41

中国版本图书馆 CIP 数据核字(2016)第 044366 号

责任编辑：裴 育 陈 婕 纪四稳 / 责任校对：桂伟利
责任印制：吴兆东 / 封面设计：蓝正设计

科学出版社 出版
北京东黄城根北街 16 号
邮政编码：100717
http://www.sciencep.com
北京中石油彩色印刷有限责任公司 印刷
科学出版社发行 各地新华书店经销
*
2016 年 3 月第 一 版 开本：720×1000 1/16
2022 年 4 月第五次印刷 印张：15 1/2
字数：300 000

定价：108.00 元

(如有印装质量问题，我社负责调换)

前　言

高温超导技术的研究已经进入初期实用化发展的新阶段。高温超导体的基本应用特征使其在强电应用领域具有普遍适用和显著高效的优越性，以及在一些特定的领域具有常规导体技术无法实现的功能。节能与高效、技术优越性和潜在的经济价值，使高温超导技术展现了强劲的生命力，并已成为21世纪重点研究和发展的高新技术。超导应用技术正向材料及其装置的实用化方向发展，它是当今科技发展最有影响力的领域之一。

随着高温超导材料与应用技术的发展以及装置和电力系统的需求，高温超导变压器技术的研究与应用意义重大，备受关注。高温超导体的特殊电磁特性，为变压器技术领域引入了一个新的发展技术和方向，在节能与高效的同时，也带来了其他的特殊功效。高电流密度和零直流电阻的高温超导材料的引入，大大降低了变压器的铜损，同时也为降低铁损和无铁损的强耦合提供了新的技术方案。高温超导变压器技术是今后一个时期内超导与电力技术领域的重要研究和应用发展方向之一。

高温超导变压器应用广泛，具有良好和广阔的发展潜力，应用意义重大。由于电力系统的迫切需求，这一技术得到了特别关注。然而，目前在应用超导和电力领域，尚无一部完整且详细阐述高温超导变压器装置的专著。因此，作者希望通过总结多年从事高温超导应用研究的经验以及与本书相关的创新研究工作，全面阐述高温超导变压器的概念、技术原理、装置技术、应用特性及发展趋势，进而形成一部对该领域发展有重要指导意义的著作，以期对高温超导变压器技术的研究与实用化发展有显著的指导作用。同时，希望读者能由此全面了解高温超导变压器这一新技术的原理及其装置和应用技术的核心内容。

本书内容新颖且覆盖全面，兼顾高温超导变压器新技术的原理介绍和应用分析，理论分析与实际技术紧密结合，同时突出高温超导变压器新装置的特性。

本书在撰写过程中，李丰梅、朱永平和巴烈军等辅助做了大量的资料整理工作，特此感谢。

金建勋

2015年8月

目　　录

第1章　超导变压器的研究和发展背景

1.1　变压器的出现及发展简史

许多重要的发明创造最初都来源于对偶然现象的发现，变压器也是如此。1831年8月29日，法拉第(Faraday)采用图1-1(a)所示的两个线圈A和B分别绕制在7/8英寸(in，1in＝2.54cm)粗的圆铁棒制成的圆环上。线圈A是由三段各长24英寸的铜线圈组成，三段铜线圈可以根据需要进行串联。线圈B是由总长为60英寸的铜线绕制而成的两段铜线圈，两段铜线圈根据需要也可以串联连接。在实验中将线圈B首尾连接一个检流计-电流表。当用电池给线圈A通电时，发现检流计指针摆动，即说明线圈B和检流计中有电流通过。后来这个线圈被称为法拉第感应线圈，实际上这就是第一只变压器的雏形。同年11月24日，法拉第向英国皇家学会报告了他的实验及其发现，因此，他被公认为电磁感应现象的发现者。

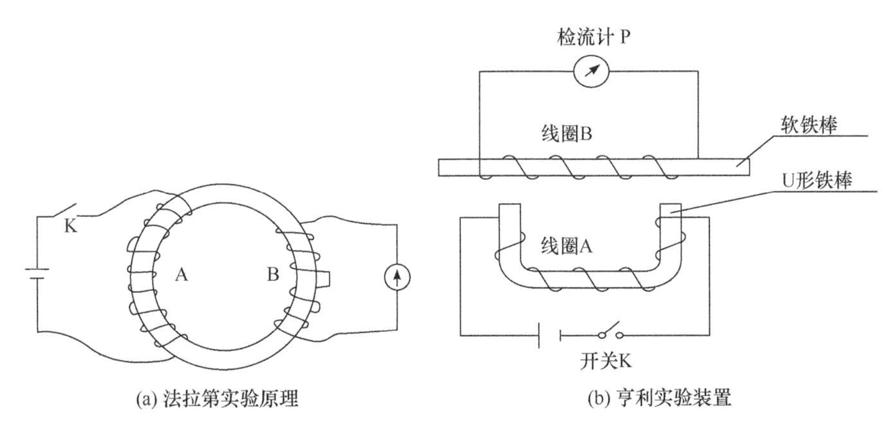

(a) 法拉第实验原理　　(b) 亨利实验装置

图1-1　变压器原理与实验装置

1830年8月，纽约奥尔巴尼学院(Albany Academy)教授亨利(Henry)采用图1-1(b)所示的实验装置进行了磁生电实验。他在实验中发现，当合上开关K时，检流计P的指针摆动；当打开开关K时，检流计P的指针向相反的方向摆动，而且在线圈B的两端间存在火花现象；当改变线圈A和B的匝数，可以将大电流变为小电流，也可以将小电流变为大电流。这个实验是观察电磁感应现象非常直观的关键性实验，这个实验装置实际上也是一台变压器的雏形。因此，亨利被认为是实际上最早发现电磁感应现象的人。

但由于当时没有交流电源，所以不管是法拉第磁感应线圈，还是亨利实验装置，都只能算是一个双绕组脉冲变压器，没有实际应用价值。它们的区别只在于：法拉第电磁感应线圈是闭合磁路结构，亨利实验装置是双芯开路磁路结构。

1950年，德国技师Ruhmkorff在Masson和Brequent的指导下，制造出第一只感应火花线圈。由于线圈的原边绕组采用酒精开关，可实现反复连续开合，故而可以使副边线圈产生连续的交流电；同时线圈用涂漆铜线绕成，线圈层间用纸或稠漆绝缘，副边线圈与原边线圈之间用一只玻璃管隔开，达到了良好的整体绝缘效果，所以Ruhmkorff线圈可以大功率连续供电，不仅可以用于实验，还可以用于放电治疗。因此，可以说Ruhmkorff感应线圈是第一台有实用价值的变压器。

19世纪80年代，交流电进入人类社会生活，变压器(感应线圈)的原理也被许多人所了解，人们自然而然想到将变压器用于实际交流电路中。

在这方面迈出第一步并作出重大贡献，同时被称为现代变压器的鼻祖的是法国学者Gauland和英国人Gibbs。他们发明了一只被称为"secondary generator"(二次发电机)的感应线圈，也就是一台靠推进、拉出铁芯来控制电压的开路铁芯变压器。

第一台闭合铁芯，且在铁芯柱外有绕组的变压器，是1884年9月16日由Dery、Blathy和Zipernovsky在匈牙利的Ganz工厂制造出来的，这台变压器是单相变压器，容量为1400VA，电压比为120V/72V，频率为40Hz。他们在其专利申请中首次使用"transformer"(变压器)这一术语。1885年，匈牙利布达佩斯博览会上展出了这种设备。博览会开幕时，由一台150V、70Hz单相交流发电机发出的电流，经过75台5kVA变压器降压，点燃了博览会会场的1067只爱迪生灯泡，其光耀夺目的壮观场面轰动了世界。所以，人们把1885年5月1日作为现代实用变压器的诞生日。

当欧洲人正致力于改进变压器、探索隔离变压器应用领域的时候，因火车空气制动器起家的美国人Westinghouse正想涉足交流电领域，于是他购买了几台Gauland和Gibbs的交流电压变换设备及其专利，并重新进行机械和电气设计。1886年，第一台用于交流照明系统的变压器投入使用并获得成功，随后这一项技术得到迅速发展。

1890年，原德国通用电气公司(AEG)工厂的俄国科学家Dolivo-Do-browsky发明了三相变压器。由此，他被称为"三相交流电之父"。1888年，他提出三相电流可以产生旋转磁场，并发明三相同步发电机和三相鼠笼式电动机。1889年，他为解决三相电流的传输及供电问题开始研究三相变压器。他研制的三相变压器的原边、副边线圈与当时的单相变压器相比并无太大差别，主要区别在于其铁芯布置方面：三个芯柱在周向垂直对称布置，上、下与两个轭环相连，结构类似于欧洲中世纪的修道院，故被称为"temple type"结构。这种结构和今天我们熟知的三相卷铁芯变压器铁芯结构有一点类似。

1.2　现代电力系统的发展趋势

能源是人类发展的基本条件。电能作为现代社会最主要的二次能源，在生产和生活中有着极广泛的应用，在人类社会的现代化进程中扮演着极其重要的角色。自 20 世纪中叶以来出现的大电力系统，是一切工业系统中规模最大、层次复杂、资金和技术密集的复合系统，是人类工程科学上最重要的成就之一。尤其是在现代社会，科技水平的提高以及经济的发展，使得人类对电能的需求和依赖越来越高。

最早将发电、送电、用电完成实际应用的是在 19 世纪上半叶。1882 年，德国慕尼黑国际博览会向世人展示了从 57km 外的密示巴赫小水电站直流发电机发出的 1kV 左右的直流电如何输送到现场并驱动一台水泵运转的过程，因此最初的电力输送是直流系统。19 世纪下半叶，相继研究出三相电机、三相变压器和三相交流输电系统。1891 年，德国建立了最早的三相交流输电系统（从鲁劳镇输电到法兰克福），如图 1-2 所示。图中三相输电线用单线表示，发电厂的升压变压器将水轮发电机送出的 95V 三相交流电提高到 15kV，然后经三相架空输电线路送至 170km 外的法兰克福，再经降压变压器降到 110V，供给灯泡照明，并由三相异步电动机驱动水泵。

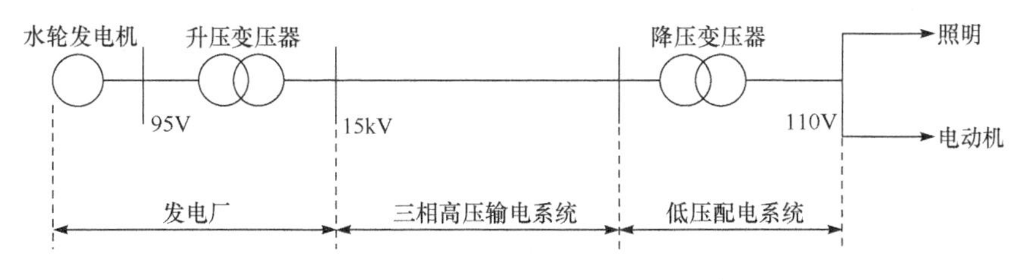

图 1-2　最早的三相交流输电系统示意图

随着国民经济的发展，社会对电能的需要越来越大，早期的一个发电厂孤立运行供电的方式已不再适用。我国从 20 世纪 50 年代就开始了城市电网的建设，就是将各个电厂包括水电厂、火电厂通过传输线互联在电力网上组成城市电力系统。20 世纪 60 年代我国逐渐形成了省网，70～90 年代发展成区域电网。现在我国有东北电网、华北电网、华东电网、华中电网、西北电网和南方电网六大区域电网。区域电网的互联是现代电力系统发展的一大趋势。

1.3　电力变压器在电力电网中的应用

随着我国经济的不断发展，对能源的需求量也越来越大，然而能源的不足与需求之间的矛盾在近几年不断加深。电力作为一种特殊的能源，可以从能源产地由煤炭、石油、天然气或核能等转化成电能后，很方便地通过变压器经输电线路将电能输送到需要动力源的地方。电力输送比其他形式的能源输送都更简单、方便。同时在下大力气狠抓环境治理的国际大环境中，电能更是以一种可再生的绿色能源成为为各国经济发展提供保障的能源突破口。

作为一种特殊形式能量的电能，其在输送上与其他形式能量有不同的要求。在电力工业中，不管是向军队、国防、市政办公输送电能，还是向生产车间、城镇居民、商贸货运输送电能，变压器都是整个庞大能量传输网络中必不可少的枢纽性关键电气设备，因此变压器的整体运行性能无疑直接影响用电的安全性、可靠性以及电能传输的效率问题。它分布于电力系统的发、输、配、用各个环节。通常情况下，电能从发电到用电要使用变压器经过5～10次的电压等级变换。随着单机容量的日益增大，用户对变压器的要求越来越高，电力变压器除了要满足电、磁、力、热及高效率等技术规范，还要满足小型、无油、低噪声的要求，以减小占地面积和减少环境污染。

图1-3为一电力系统实例示意图。

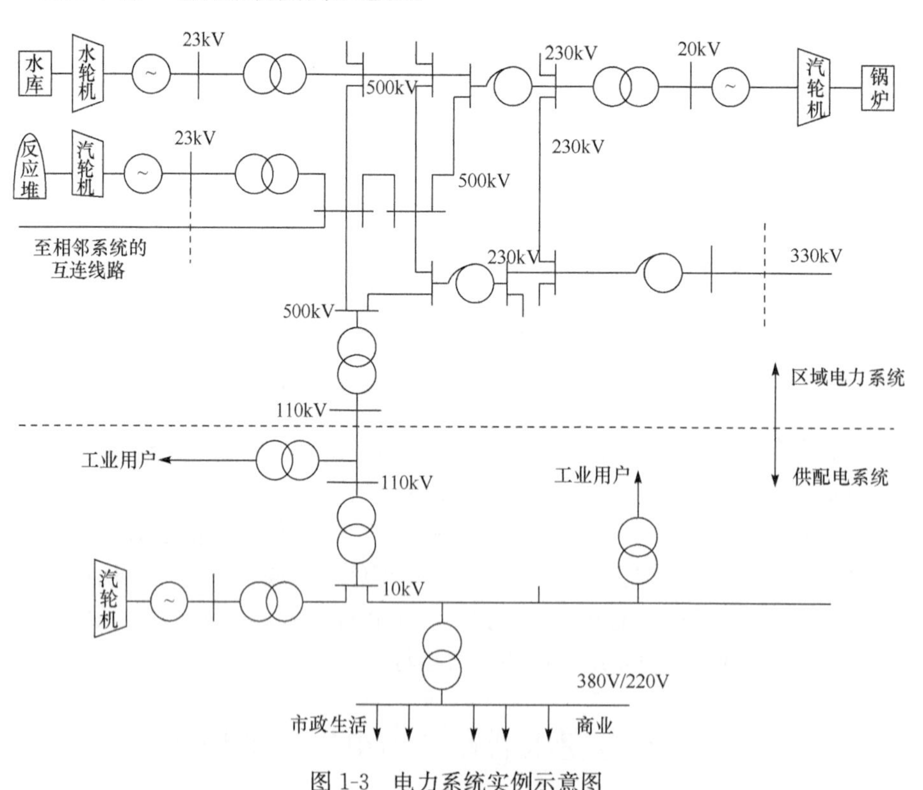

图1-3　电力系统实例示意图

从图1-3中可以看出，在发输电和供配电过程中，都需要用到变压器。在电力系统中，变压器是主要构成装置，因此变压器的效率问题直接关系到电力系统的效率问题。变压器在传递功率的过程中，自身不仅要产生有功损耗，而且要产生无功损耗。在电力系统中，变压器总的电能损耗约占发电量的10%，约占电力系统线损的50%，而变压器在农电系统中的突出特点是季节性强、峰谷差大，再加上其全年空载和轻载运行时间较长，结果导致其损耗占电量损耗的60%～70%。因此，各变压器制造厂商和发、供、用电部门正在研究降低变压器损耗的实用化策略，同时这已成为他们共同关注的重要课题。

自1886年变压器于照明领域中得到实际使用以来，交流输电电压和容量增长很快。1949年以后，随着国民经济的快速发展，电力工业也同样得到了快速发展，特别是改革开放以来，随着我国经济的快速发展，与工业生产相关联的电力消耗量大幅增加(表1-1)。

表1-1　新中国电力工业和变压器工业的发展

年份/年	发电机装机/万kW	年发电量/亿kWh	变压器年产量/万kVA
1949	185	43	11.9
1995	21724	10069	13444
2001	33861	14839	20832
2014	136019	54638	170076

据中商情报网报道，2014年全国年发电量为54638亿kWh，变压器产量高达170076万kVA。图1-4是2005～2014年的全国年发电量。图1-5是2008～2014年全国变压器的生产量。

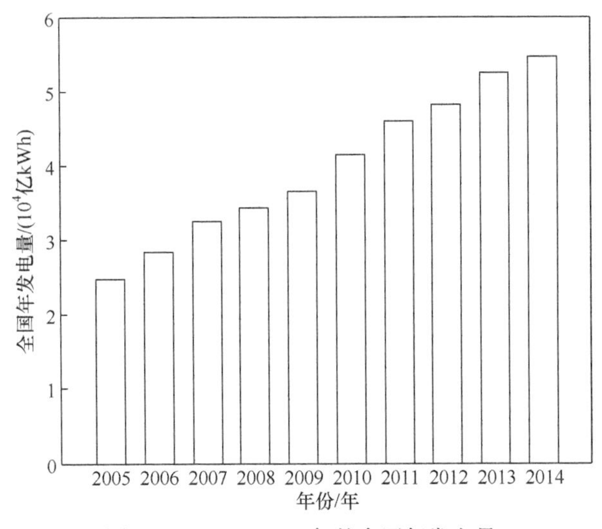

图1-4　2005～2014年的全国年发电量

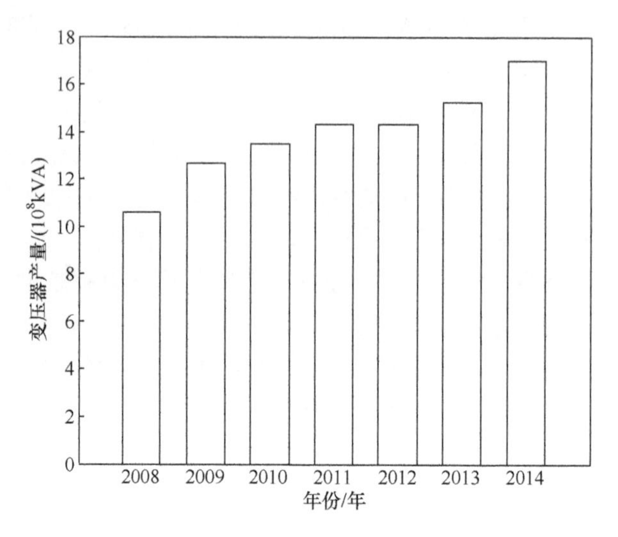

图 1-5　2008～2014 年全国变压器的生产量

变压器在新能源电动汽车领域有广泛的应用和巨大的市场。经济的稳定增长和快速城市化使汽车拥有量快速增加，但用油驱动的汽车会带来石油等化石燃料消耗的大量增加，同时，伴随着化石能源的消耗，二氧化碳及其他污染物的排放造成了环境的进一步破坏。电动汽车作为一种高节能、低污染的交通工具，是缓解全球能源危机和环境危机的重要突破口，也是发展低碳经济、落实节能减排政策的重要途径。据中商情报网报道，经过 2012 年和 2013 年的缓慢起步，全球电动汽车销量终于在 2014 年下半年爆发，6 月和 9 月两个月的销量均突破 30000 辆，全年销量已超过 30 万辆大关，远远高于 2012 年的 14 万辆和 2013 年的 20 万辆，2015 年电动车销量达到 54.9 万辆新高。电动汽车的产业化带动了电动汽车充电站的建设和发展，电动汽车充电机作为电动汽车充电站的关键设备之一，其快速、高效、智能充电技术对电动汽车续航能力及其普遍推广起着关键作用。充电机输出的电压一般在几十伏特到 700 伏特之间，输出功率可达到几百千瓦，因此加速了充电站对小体积、大功率、大容量裕度变压器方面的需求。图 1-6 是高频开关充电机原理框图。

另一个发展比较快的新能源产业是光伏产业。近年来，我国光伏产业发展迅速，光伏电池产量位居世界第一。表 1-2 为近年来我国光伏电池产量增长态势及与全球产量的比较。光伏发电系统需要有配套的且含有变压器的控制站或逆变柜。光伏电池和光伏电力系统的快速增加，加速了光伏产业对变压器的需求量。

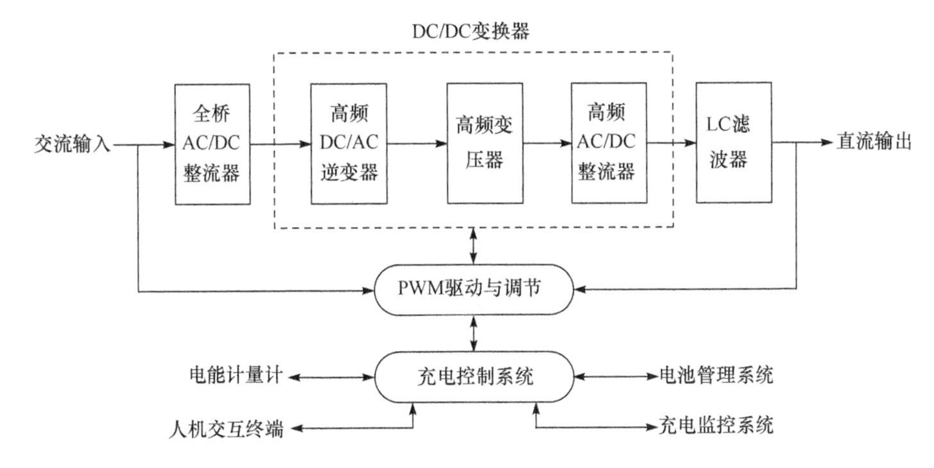

图 1-6　高频开关充电机原理框图

表 1-2　近年来我国光伏电池产量增长态势及与全球产量比较

年份/年	全球光伏电池产量/MW	中国光伏电池产量/MW	中国占比/%
2001	401.00	4.60	1.15
2005	1815.00	145.00	7.99
2009	12464.00	5851.00	46.94
2012	37488.00	22749.00	60.68
2013	40300.00	25100.00	63.00

1.4　现代电网对变压器性能的需求

在社会现代化建设进程中，随着高精度设备加工的推广，用电设备工作控制元件的集成小型化及城市建设用电的集中性，对电能质量和单台变压器供电量提出了更高的要求和需求。特别是在市政建设中对低电压、高可靠性大容量等级的配电变压器的需求极为广泛。此类变压器一般都装设在城区，对其噪声和环境污染等级要求也更为严苛。

传统变压器受到其材料本身的限制，即使近些年对新材料、新结构的开发应用卓有成效，如采用非晶合金材料加工制造变压器铁芯，可将空载损耗降低 80%，但是对某一种新材料或新结构的运用都不能较为完美地达到对变压器所期望的性能要求。

采用非晶合金材料加工制造的变压器称为非晶合金变压器。变压器的铁芯不是由普通的冷轧硅钢片制造的，而是由非晶合金材料制造的。非晶合金是一种在急速冷却的情况下形成的、具有非常好的导磁性能、单位损耗非常低的新型材料。

通常情况下，用非晶合金制造的变压器，其空载损耗只有用普通硅钢片制造的变压器空载损耗的20%左右，空载电流下降约85%，但因其物理特性，在实际使用中就存在难以回避的缺陷，主要体现在以下方面：

(1) 非晶合金材料的硬度很高，用常规工具难以剪切，制造加工困难。

(2) 非晶合金单片厚度极薄，对机械应力非常敏感。在进行装配和运行过程中产生的振动容易把非晶合金单片的棱角、边缘片折断，导致变压器内部留下较多的碎片，从而影响变压器内部的主绝缘性能。因此，非晶合金材料只能用于小容量、小电压等级的配电变压器铁芯制造中。按照国家标准GB/T 25446—2010《油浸式非晶合金铁芯配电变压器技术参数和要求》规定，单相最大为160kVA，三相最大为2500kVA。

(3) 材料表面不平坦，铁芯填充系数较低，片与片之间的间隙较大。变压器运行时噪声较大。

综合以上非晶合金材料本身在变压器铁芯制造上的缺陷与高阻抗变压器的设计要求，非晶合金变压器也不可能设计成高阻抗变压器。

目前全世界变压器制造厂家几乎还没有用传统材料制造的高阻抗、低损耗变压器。在需要使用高阻抗变压器的场合，如炼铝厂、矿石煅炼厂等需要产生电弧，同时又能抵抗电压闪络和强大的短路电流的工作场合，一般都会单独在变压器的一次侧串联一个电抗器，而很少直接把变压器设计成阻抗很高的变压器。因为阻抗高于一定值时，一台高阻抗变压器的成本可能比一台同容量常规变压器加上一台性能优良的电抗器的成本还要高。

1.5 变压器的主要性能指标

变压器的主要性能指标包括短路阻抗、负载损耗、空载损耗、声级水平、容量、质量、尺寸与性能之间的关系。

短路阻抗：在额定频率及参考温度下，在变压器一对绕组中，某一个绕组端子之间的等效串联阻抗$Z=R+jX(\Omega)$就是变压器的短路阻抗。

负载损耗：在变压器一对绕组中，一个绕组流经额定电流，另一个绕组短路，其他绕组开路时，在额定频率及参考温度下，这个绕组所消耗的功率。而在IEC标准里所给定的损耗参考标准均为总负载损耗值。

空载损耗：给变压器一个绕组施加额定频率下的额定电压，当其他绕组开路时，变压器吸取的功率定义为空载损耗。而流经该绕组线路端子的电流的方均根值定义为变压器的空载电流。通常以变压器额定容量下绕组额定电流的百分数值表示。

声级水平：在额定电压、额定频率下，变压器铁芯处于激磁条件时，在规定的距离弧线上测得的噪声等级。

除此之外，一台变压器的重要参数还包括额定容量、绕组的额定电压、额定电压比、绝缘水平、绕组及油（为油浸式变压器时）的温升、绕组联结组标号等。

其中对于用户或者整个供电系统最关心且最具有直接相关性的莫过于涉及能源传输效率的负载损耗和空载损耗、关乎噪声污染的声级水平、影响变压器可靠运行（即抗干扰能力）的短路阻抗和绝缘水平。其中绝缘水平可以通过合理的结构设计予以保证，并通过出厂试验确保达标。

在具体设计中，对变压器主要性能参数的选用，应保证变压器可靠运行为基础，综合考虑技术参数的先进性和合理性，结合损耗的评价，提出变压器的技术经济指标；还要考虑系统的安全运行、运输及安装空间的需要和可能，以及在提出高性能参数的同时，由变压器的制造而相应增加的制造成本。

1. 短路阻抗

当负载的功率因数一定时，变压器的电压调整率与短路阻抗基本成正比，变压器的无功损耗与短路阻抗的无功分量成正比。短路阻抗大的变压器，电压调整率也大，因此，短路阻抗小较为适宜。然而，短路电流倍数与短路阻抗成反比，短路阻抗越小，则短路电流倍数越大，电网所受的影响越大，系统中开关开断的短路电流也大。对变压器则是，当变压器短路时，绕组会遭受巨大的电动力，并产生更高的短路温升。为了限制短路电流，则希望较大的短路阻抗。

然而，对于芯式变压器，当取较大的短路阻抗时，就要增加绕组的匝数，即增加导线质量，或者增大漏磁面积和降低绕组的电抗高度，从而增加铁芯的质量。由此可见，高阻抗变压器不仅相应增加制造成本，而且严重影响变压器传输效率。

随着短路阻抗的增大，负载损耗也会相应增大。因此，选择短路阻抗要考虑电动力和制造、电能损耗成本，两者兼顾。

2. 负载损耗

负载损耗包括绕组直流电阻损耗、导线中的涡流损耗、并列导线间的环流损耗和结构件（如夹件、钢压板、箱壁、螺栓、铁芯片、铁芯拉板等）的杂散损耗。

降低绕组直流电阻损耗的有效方法是增大导线截面积，这样就会导致绕组体积增大，相应增加导线长度，为了设计出低负载损耗的变压器，需耗用较多的导线，因而制造成本必然增加。

导线中的涡流损耗是指，绕组处于漏磁场中，在导线中产生的涡流损耗。在大型变压器中，涡流损耗有时会达到直流电阻的 10%以上，纵向漏磁场在导线中产生的涡流损耗是该部分损耗的主要部分。当变压器短路阻抗增大时，纵向漏磁场增大，导致涡流损耗增加。降低涡流损耗的途径有可采用多根导线并联，或用组合导线或换位导线。但是,考虑绕组的机械强度,若采用自黏性换位导线,或不惜牺牲损耗而采用截面积大的单根导线,这样又会使成本增加。

对于并列导线间的环流损耗,由于变压器绕组很多由多根导线并列绕成,且每根导线在漏磁场中占据的空间位置不同,因而它们各自产生的漏感电动势也不尽相同,由于漏感电动势之差会产生环流,故而产生环流损耗。当要求变压器短路阻抗大时,由前所述原因可知,需要减小电抗高度,增加导线匝数,但这种方式会增加环流损耗。为了抵偿该损耗的增大,需要采取适当的导线换位方式或增加导线截面积,以减小直流电阻损耗。

对于结构件的杂散损耗来说,在大型变压器中,杂散损耗有时会达到直流电阻损耗的30%。

3. 空载损耗

变压器的空载损耗主要是指由铁芯带来的损耗,它由磁滞损耗、涡流损耗和附加损耗组成。磁滞损耗和导磁材料的单位磁滞损耗及质量成正比,与磁通密度的二次方也成正比。涡流损耗也与导磁材料质量及磁通密度的二次方成正比。可见降低空载损耗可以通过减小铁芯质量、采用单位磁滞损耗小的导磁材料、降低磁通密度实现。而减轻铁芯质量和降低磁通密度都将不同程度地增加绕组铜线的用量,并且铜线用量的增加还不仅仅只是带来线圈成本的增加,同时由于绕组铜线用量的增加是基于导线长度的变化而引起的,所以这样的增加直接导致绕组电阻的增大,从而导致负载损耗的增大。

1.6　现代电力系统与超导变压器

电力变压器是电力电网中的主要电气设备,其制造工业随着电力工业的大规模发展而不断发展,以达到可靠性高、效率高、制造工艺成熟等目标。电力变压器的进一步发展趋势是降低损耗水平、提高单机容量、减小单机体积、加强环保功能、电压等级向750～1000kV特高压方向发展。现在变压器正处于一个成熟的发展阶段,仅仅采用传统方法已经难以满足现代电力工业发展的需求。提高电力变压器的性能,有赖于新材料、新工艺的采用和新型电力变压器的研究与发展。超导材料在减小变压器的体积和总损耗,以及提高单机容量等方面具有巨大的潜力,非常符合电力工业发展的需要。

从经济上看,超导材料的低阻抗、高电流密度特性有利于减小变压器的总损耗,提高电力装置和系统的效率,采用超导变压器将会大大节约能源,降低运行成本;从绝缘运行寿命上看,超导变压器的绕组和固体绝缘材料都运行于深度低温(如液氮温区77K)下,不存在绝缘老化问题,即使在两倍于额定功率下运行也不会影响运行寿命。在紧急情况下,可由一台超导变压器承载原本由两台变压器供电的负载,提高了系统的安全性;从对电力系统的贡献来看,正常工作时超导变压器的内阻很低,增大了电压调节范围,有利于提高电力系统的性能;当电路发生短路时,超导体失超进入有阻状态,限制了电流尖峰。这种潜在的故障电流限制能力使得变压器阻抗要求与短路电流要求得以分离,相应的电力系统元件按限制后的电流来设计,减小了整个系统的投资;从环保角度看,超导变压器采用液氮进行冷却,取代了传统变压器所用的强迫油循环冷却或空冷,降低了噪声,避免了变压器可能引起的火灾危险和由于泄漏造成的环境污染。总体来看,超导变压器具有体积小、质量轻、损耗低、效率高、阻燃、特殊功效等优点,将成为本世纪最理想的节能变压器,极具潜在的开发前景。

超导线圈可以在 1T 甚至到 10T 的磁场条件下运行。省略铁芯的空芯变压器可在远高于铁芯磁饱和磁通密度的高磁场下运行。虽然空芯变压器的漏磁大,励磁电流大,但因不要铁芯,体积、质量和损耗(铁损部分)均将减少,并可积极利用漏磁大的特性,得到一些附加效益,如可兼作无功电抗器。

超导体失超后会产生常导电阻。利用超导体的这一特性可以制成超导限流器。如果超导变压器上的某一绕组失超,由于常导电阻的出现,在电压、电流的电磁特性上均将出现某种变化。超导变压器上也可以增设附加绕组,该绕组内部超导体的失超特性将会使变压器具有限制短路电流、失超检测和保护等功能。

虽然超导变压器的广泛应用还有待于相关超导、低温技术的进一步发展及超导线材价格的进一步下降,但是,根据上述特点,超导变压器将首先在以下场合获得应用:①供电密度高、容量大而土地价格昂贵、安装空间紧张的大城市内部配变电站;②其他超导电力装置,如超导发电机、超导电缆、超导磁储能系统等与常规电力系统的变压器连接装置;③超导装置失超检测中所需要的电磁耦合器件、高效无功电抗器等常规技术难以实现的特殊功能需求。

2006 年,韩国理工大学(Korea Polytechnic University)、韩国电气工程与科学研究院(Korea Electrical Engineering and Science Research Institute)等合作设计了 33MVA 的单相超导变压器。表 1-3 列出了该单相超导变压器与韩国主流的技术指标相近的传统变压器的性能比较。

表 1-3　超导变压器与传统变压器性能对比

项目	传统变压器	超导变压器
容量/MVA	20	33
占地/m^2	5.5	4.6
体积/m^3	20.6	15.7
容积率/(m^2/MVA)	0.28	0.14
效率/%	99.3	99.4

对比结果显示，超导变压器容量比传统变压器容量大，同时减少占地、体积、质量等。

2002 年，日本埼玉大学（Saitama University）、新潟大学（Niigata University）等设计了一台 100MVA 三相超导变压器，并与传统 100MVA 油浸式变压器进行了性能对比。最终设计的 100MVA 超导变压器和传统变压器参数对比如表 1-4 所示。

表 1-4 100MVA 超导变压器和传统油浸式变压器参数对比

项目	油浸式变压器	高温超导变压器
带材	铜	Bi2223/Ag
带材的临界电流密度/(A/mm^2)	3	40
铁芯窗口($H \times W$)	2600mm×550mm	1950mm×620mm
铁芯磁通密度/T	1.73	1.73
匝电势/V	135	135
阻抗百分比/%	7.5	7.5
铁芯质量/t	37.0	32.5
损耗/kW	380	90
效率/%	99.62	99.91

注：超导变压器铁芯的窗口尺寸比传统变压器小约 15%；铁芯质量也减轻约 15%。超导变压器的效率为 99.91%，比传统变压器高 0.3%。

新材料的发现与应用总会给处于发展瓶颈的产品带来脱胎换骨般的重生。随着高温超导材料性能的不断提高，其在电力行业中的应用成为现实[1-3]。特别是第二代高温超导钇钡铜氧带材的出现，其低损耗、低电阻特性和高电流密度特性，使得低电压等级、大容量、高阻抗、低损耗、低噪声、小体积的综合性能优势集中于一台变压器身上得以实现。

高温超导变压器相比传统变压器的先进性可体现在如下几个方面。

1）可承载电流密度大，几乎没有电阻

在降低空载损耗的措施中，可通过减小铁芯截面积、减轻铁芯质量，同时通过增加有效匝数以保证磁通密度不发生改变，甚至在减小磁通密度的情况下来降低空载损耗。在这种方式下，采用高温超导带材就可以有效弥补传统铜线圈绕组导线长度增长引起的直流电阻过大的缺点。

由于超导带材可承载的电流密度是铜线可承载电流密度的 60 倍以上，同容量、同电压等级的高温超导变压器绕组比传统铜线圈绕组体积小得多，但超导带材需要在低温环境，如温度低于 77K 时才能实现其超导性能。同时由于带材的几乎零电阻的特性，高温超导变压器在运行时的负载损耗极小，约为同等规格传统变压器负载损耗的4%,实现了真正的低损耗。

2)没有温升,运行寿命长

传统变压器,无论是油浸式变压器还是干式变压器,其运行时的发热始终会影响内部绝缘材料的绝缘性能,使传统变压器的可靠使用寿命不超过20年。而超导变压器整个内部结构处在77K极低的温度环境中,且由于超导带材的零电阻特性,几乎不会产生热量,所以理论上高温超导变压器具有更长的使用寿命。

3)线圈结构分散,漏磁大、阻抗高、损耗低、效率高

高温超导变压器绕组冷通道把层与层之间的线圈分割出一定的距离,从而使得整体漏磁面积增大,整个阻抗值也随之增大。高温超导变压器此时不仅实现了对传统变压器电压等级的改变,同时兼具对输电系统感性无功补偿的作用。传统节能电力变压器负载损耗占总损耗的80%,主要为焦耳热损耗。超导材料因其在直流情况下电阻为零,没有焦耳热损耗,所以在减小变压器的总损耗方面具有巨大的潜力。虽然超导体在交流状态下存在交流损耗,会带来额外的制冷成本,但即使加上制冷消耗,40MVA以上数量级的高温超导变压器在效率和经济性方面仍优于常规变压器。

4)结构紧凑,体积小、质量轻,机械性能好

由于绕组每一根线圈都由独立的骨架支撑,整个绕组近似于传统干式变压器一体成型结构,层间线匝与匝间线匝之间受相互作用力的变形量几乎为零。对整个绕组两端及内表面加设减振绝缘橡胶后,可有效实现对绕组振动的受力缓冲。高温超导线材能够传输比常规铜线大数十倍的电流,对于大容量变压器,与同容量的传统变压器相比,高温超导变压器的体积可以减小30%~70%,质量可以减小40%~60%。因此,使用高温超导变压器可以减少原材料、降低运输费用、简化安装设备以及减少占地面积和空间。

5)阻燃

在超导变压器中,液氮或液氦既是冷却剂又是绝缘体的一部分,二者均具有良好的绝缘性能。由于氦气和氮气都不可燃,加上极低的温度,高温超导变压器具有良好的阻燃特性。这一特点可以提高变电站的安全性能。

6)特殊功效

超导装置运行在低温环境中,通过连接低温(超导系统)和高温(常规系统)的电流引线的热传导而侵入的热量,占超导装置热损耗的绝大部分。若以高温超导变压器作为超导电力装置和常规电力系统的接口设备,通过电磁耦合而不是直接接触来连接不同温度的装置,可以降低侵入超导装置的热量,提高效率。

综上分析,高温超导变压器将会是整个电力能源工业中又一个时代性的电气设备与性能突破。

参 考 文 献

[1] Jin J X, Xin Y, Wang Q L, et al. Enabling high-temperature superconducting technologies toward practical applications. IEEE Transactions on Applied Superconductivity, 2014, 24 (5): 5400712.

[2] 金建勋. 高温超导体及其强电应用技术. 北京:冶金工业出版社,2009.

[3] 金建勋. 高温超导储能原理与应用. 北京:科学出版社,2011.

第 2 章　变压器原理与设计

2.1　铁芯变压器

2.1.1　空载运行

变压器是利用电磁感应原理将电能转化成磁能，再将磁能转换成电能的装置，它具有变压、变流和变阻抗的作用。超导变压器的工作原理和传统变压器的工作原理相同。超导变压器和传统变压器类似，主要由铁芯和绕组两部分组成，铁芯可以用传统的高导磁硅钢片制成，也可以采用非晶合金片。由于硅钢片的铁损比起非晶合金来要大得多，因而要想尽可能降低空载损耗，就必须尽可能降低硅钢片的用量，即制成“小铁芯”。如果是采用非晶合金，由于其铁损只有硅钢片的 1/3，因而铁芯可以做得大一些，即“大铁芯”。至于绕组，则一律采用超导绕组。由于超导绕组在超导状态下流经导线的电阻几乎为零，故其负载损耗极小，节能效果极为明显。

变压器的相关性能参数的解释如下。

额定容量 S_N，是指铭牌规定的额定使用条件下所输出的视在功率，是输出能力保证值。

额定电压 U_{1N}/U_{2N}，其中 U_{1N} 是指根据绝缘强度和允许发热所规定的应加在初级绕组上的正常电压有效值，U_{2N} 是指一次侧加额定电压时次级绕组侧的开路电压，在三相变压器中额定电压为线电压。

额定电流 I_{1N}/I_{2N}，是指在额定容量下，变压器在连续运行时允许通过的最大电流有效值。在变压器中指的是线电流。

三者关系：单相为 $S_N=U_{1N}I_{1N}$；三相为 $S_N=\sqrt{3}U_{1N}I_{1N}=\sqrt{3}U_{2N}I_{2N}$。

空载运行和电压变换如图 2-1 所示，将变压器的原边接在交流电压 U_1 上，次级开路，这种运行状态称为空载运行。此时，次级绕组中的电流 $I_2=0$，电压为开路电压 U_{20}，初级绕组通过的电流为空载电流 I_{10}，电压和电流的参考方向如图 2-1 所示。图中 N_1 为初级绕组的匝数，N_2 为次级绕组的匝数。

次级开路时，通过初级的空载电流 I_{10} 就是励磁电流。磁动势 $I_{10}N_1$ 在铁芯中产生的主磁通 Φ 既穿过初级绕组，也穿过次级绕组，于是在初级、次级绕组中分别感应出电动势 e_1 和 e_2。e_1 和 e_2 与 Φ 的参考方向之间符合右手螺旋定则，由法拉第电磁感应定律可得

$$\begin{cases} e_1 = -N_1 \dfrac{d\Phi}{dt} \\ e_2 = -N_2 \dfrac{d\Phi}{dt} \end{cases} \tag{2-1}$$

e_1 和 e_2 的有效值分别为

$$\begin{cases} E_1 = 4.44 f N_1 \Phi_m \\ E_2 = 4.44 f N_2 \Phi_m \end{cases} \tag{2-2}$$

式中，f 为交流电源的频率；Φ_m 为主磁通的最大值。

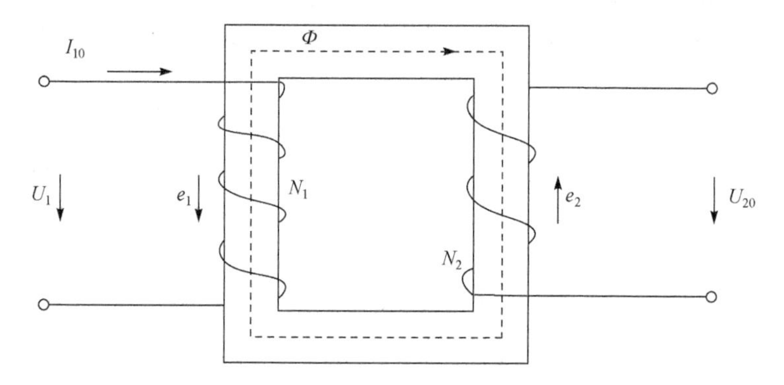

图 2-1　变压器的空载运行

超导变压器绕组电阻为 0，如果忽略漏磁通的影响，可认为初级、次级绕组上电动势的有效值近似等于初级、次级绕组上电压的有效值，即

$$\begin{cases} U_1 \approx E_1 \\ U_{20} \approx E_2 \end{cases} \tag{2-3}$$

因此

$$\frac{U_1}{U_{20}} \approx \frac{E_1}{E_2} = \frac{4.44 f N_1 \Phi_m}{4.44 f N_2 \Phi_m} = \frac{N_1}{N_2} = K \tag{2-4}$$

由式(2-4)可见，变压器空载运行时，初级、次级绕组上电压的比值等于两者的匝数之比，K 称为变压器的变比。若改变变压器初级、次级绕组的匝数，就能够把某一数值的交流电压变为同频率的另一数值的交流电压。

$$U_{20} = \frac{N_2}{N_1} U_1 = \frac{1}{K} U_1 \tag{2-5}$$

当初级绕组的匝数 N_1 比次级绕组的匝数 N_2 大时，$K>1$，这种变压器为降压变压器；反之，当 N_1 的匝数小于 N_2 的匝数时，$K<1$，为升压变压器。

2.1.2　负载运行

如图 2-2 所示，变压器的初级绕组接交流电压 U_1，次级绕组接上负载 Z_L，这种运行状态称为负载运行。这时次级的电流为 I_2，初级电流由 I_{10} 增大为 I_1 且 U_{20} 略有下降，这是因为有了负载后，I_1、I_2 会增大，初级、次级绕组本身的内部压降也要比空载时增大。因为变压器内部压降一般小于额定电压的 10%，所以变压器有无负载对电压比的影响不大，可以认为负载运行时变压器初级、次级绕组的电压比仍然基本上等于初级、次级绕组匝数之比。

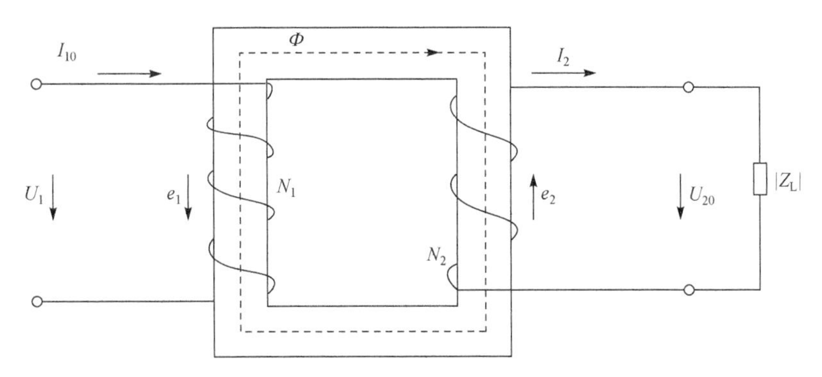

图 2-2　变压器的负载运行

变压器负载运行时，由 I_2 形成的磁动势 I_2N_2 对磁路也会产生影响，即铁芯中的主磁通 Φ 是由 I_1N_1 和 I_2N_2 共同产生的。由式 $U \approx E \approx 4.44fN\Phi_m$ 可知，当电源电压和频率不变时，铁芯中的磁通最大值应保持基本不变，那么磁动势也应保持不变，即

$$F = I_1N_1 + I_{10}N_1 \tag{2-6}$$

由于变压器空载电流很小，一般只有额定电流的百分之几，因此当变压器额定运行时，$I_{10}N_1$ 可忽略不计，则有 $I_1N_1 = -I_2N_2$。

可见变压器负载运行时，初级、次级绕组产生的磁动势方向相反，即次级电流 I_2 对初级电流 I_1 产生的磁通有去磁作用。因此，当负载阻抗减小，次级电流 I_2 增大时，铁芯中的磁通 Φ_m 将减小，初级电流 I_1 必然增加，以保持磁通 Φ_m 基本不变，所以次级电流变化时，初级电流也会相应地变化。初级、次级电流有效值的关系为

$$\frac{I_1}{I_2} = \frac{N_2}{N_1} = -\frac{1}{K} \tag{2-7}$$

由式(2-7)可见，当变压器额定运行时，初级、次级的电流之比近似等于其匝数之比的倒数。若改变初级、次级绕组的匝数比值，就能够改变初级、次级绕组电流的比值，这就是变压器的电流变换作用。

不难看出，变压器的电压比与电流比互为倒数，因此匝数多的绕组电压高，电

流小；匝数少的绕组电压低，电流大。

2.2 空芯变压器

2.2.1 空载运行

如图 2-3 所示，空芯变压器的初级绕组 AX 接在电源上，次级绕组 ax 开路，此时的运行状态称为空载运行。

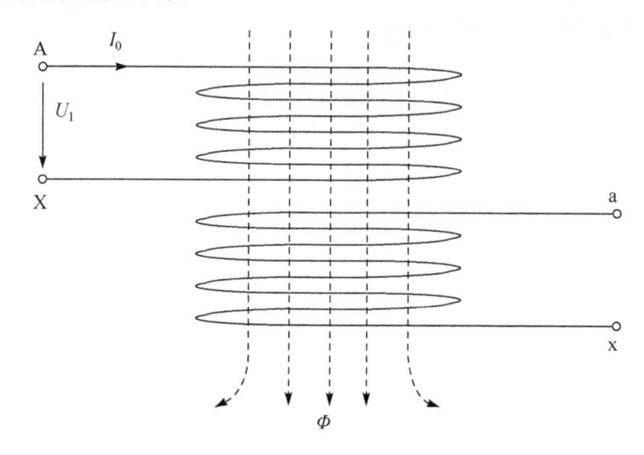

图 2-3 单相空芯变压器的空载运行

变压器次级开路，初级接入交流电压 U_1 时，初级绕组中有空载电流 I_0 流过，其等效电路如图 2-4 所示，其中 ω、R_s 分别为电源的角频率和固有电阻，L_1、L_2 分别为初次级或者说发射侧或接收侧的电感。

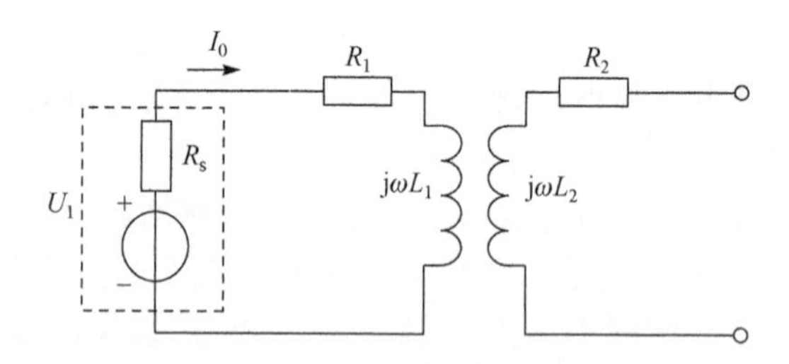

图 2-4 单相空芯变压器的空载等效电路图

根据基尔霍夫定律，可得

$$U_1=(R_1+\mathrm{j}\omega L_1)I_0 \tag{2-8}$$

则空载电流可表示为

$$I_0=\frac{U_1}{R_1+\mathrm{j}\omega L_1} \tag{2-9}$$

2.2.2 负载运行

在图 2-5 中，次级绕组接有负载阻抗 $Z(Z=R+\mathrm{j}X)$后，空芯变压器带负载运行。

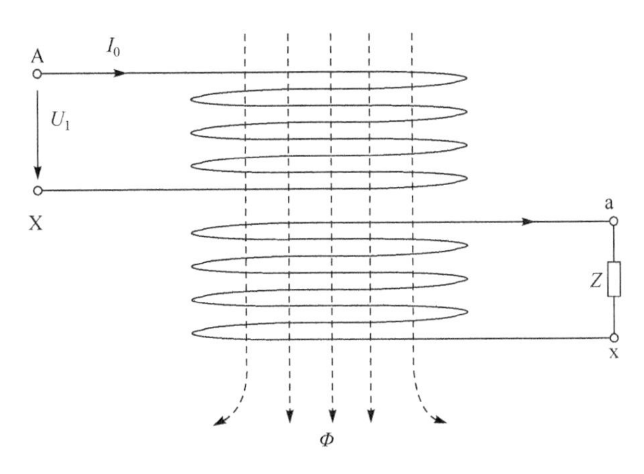

图 2-5　空芯变压器的负载运行

空芯变压器在负载运行情况下的等效电路模型如图 2-6 所示。设定 R_1、L_1、I_1、Z_{11}和 R_2、L_2、I_2、Z_{22}分别为初级、次级绕组的电阻、电感、电流和等效阻抗，M 是初级和次级之间的互感，Z 是负载的等效阻抗。

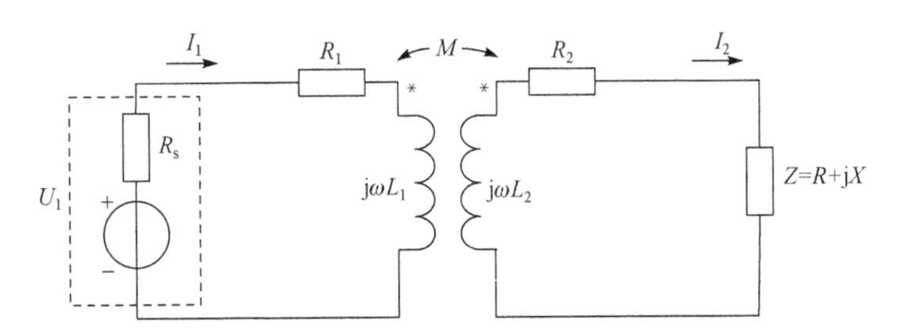

图 2-6　空芯变压器负载运行时的等效电路

根据基尔霍夫定律，可得

$$U_1=(R_1+\mathrm{j}\omega L_1)I_1-\mathrm{j}\omega MI_2=Z_{11}I_1-\mathrm{j}\omega MI_2 \tag{2-10}$$

$$0=(R_2+\mathrm{j}\omega L_2+Z)I_2-\mathrm{j}\omega MI_1=Z_{22}I_2-\mathrm{j}\omega MI_1 \tag{2-11}$$

所以流过初级和次级绕组的电流可以表示为

$$I_1=\frac{U_1}{Z_{11}+(\omega M)^2/Z_{22}} \tag{2-12}$$

$$I_2=\frac{\mathrm{j}\omega MU_1}{[Z_{11}+(\omega M)^2/Z_{22}]Z_{22}}=\frac{\mathrm{j}\omega MU_1/Z_{11}}{Z_{22}+(\omega M)^2/Z_{11}}=\frac{U_{oc}}{Z_{22}+(\omega M)^2/Z_{11}} \tag{2-13}$$

式中，U_{oc}为次级开路感应电压。

基于上述初级和次级侧的电流公式得出的初级和次级绕组的等效电路如图 2-7 所示。

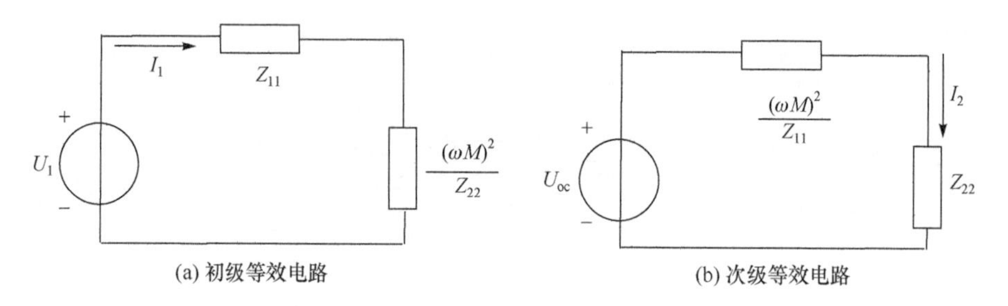

图 2-7　初级和次级的等效电路

图 2-7 中的反映阻抗为

$$Z_r=\frac{(\omega M)^2}{Z_{22}}=\frac{\omega^2 M^2}{R_{22}+jX_{22}}=\frac{\omega^2 M^2 R_{22}}{R_{22}^2+X_{22}^2}-j\frac{\omega^2 M^2 X_{22}}{R_{22}^2+X_{22}^2}=R_r+jX_r \tag{2-14}$$

式中，R_r 为反映电阻；X_r 为反映电抗。

所以可以得到空芯变压器空载运行时的额定容量和效率为

$$P=I_1^2R_1+I_1^2R_r=I_1^2R_1+I_1^2\frac{\omega^2 M^2 R_{22}}{R_{22}^2+X_{22}^2} \tag{2-15}$$

$$\eta=\frac{I_1^2R_r}{I_1^2R_1+I_1^2R_r}=\frac{\omega^2M^2R_{22}/(R_{22}^2+X_{22}^2)}{R_1+\omega^2M^2R_{22}/(R_{22}^2+X_{22}^2)}=\frac{\omega^2M^2R_{22}}{(R_{22}^2+X_{22}^2)R_1+\omega^2M^2R_{22}} \tag{2-16}$$

当 $Z_r=Z_{11}^*=R_1-j\omega L_1$ 时，有

$$P_m=I_1^2R_r=\left(\frac{U_1}{Z_{11}+Z_r}\right)^2R_r=\frac{U_1^2}{4R_1} \tag{2-17}$$

从功率和效率这两个公式中可以看出，变压器的传输功率和效率随着 I_1、ω 和 M 的增大而增大。所以，传统空芯铜绕组变压器都选择高频化技术来提高传输功率和效率。

2.3　传统油浸式变压器设计要点

常规传统油浸式变压器，不论容量大小、电压等级高低，其结构均由铁芯、绕组及其引线、器身绝缘、绝缘油、油箱及变压器外部组件构成。不同的是，因其容量大小的差异，对其各个构成部分的结构设计及外部组件的选配会有所不同，例如，小容量(一般小于 4000kVA)变压器绕组一般采用层式线圈结构，大容量一般采用饼

式线圈结构；由于电压等级的高低差异，对各个部分的绝缘距离及抗过电压击穿能力的设计也会有相应的变化，例如，10kV电压等级的绕组端部不需要设计角环，而35kV及以上电压等级的绕组就需要对其设计专门的角环，以此来提高工频电压下端部的耐压能力，避免绕组端部产生过电压击穿，同时又延长了端部的爬电距离，实现较为良好的端部绝缘效果。

具体到每一台变压器的设计时，则需要在达到国家标准或者国家机械工业局标准及国际电工委员会（International Electrotechnical Commission，IEC）标准的前提下，充分满足客户对变压器因具体安装环境及运行条件等现场情况所提出的各种细节性要求。

现就一台容量为1MVA，电压等级为10kV，联结组标号为Yyn0的"11"型常规三相油浸式配电变压器设计，结合基本设计方案对变压器设计要点作概要性的阐述和说明。

2.3.1　基本设计要求

变压器的设计任务就是用户所需求的变压器需要达到的运行要求。其主要包括变压器类型、额定参数、性能参数、外形尺寸以及各种细节性相关要求。设计任务一般都是由用户与变压器生产厂商签订的技术协议或者订购合同体现出来的。

变压器类型主要涵盖变压器相数、绕组数量、调压方式、冷却方式及适用场合等相关内容。

变压器额定参数主要包括变压器的额定容量、每个电压等级的额定工作电压、电压组合、联结组标号、额定频率等。

变压器性能参数主要包括变压器的额定空载损耗、额定负载损耗、空载电流、短路阻抗、绝缘水平、变压器绕组温升及油面温升、变压器噪声等级等。

变压器的外形尺寸不仅只是整个变压器的长、宽、高，还包括变压器箱底支架的安装孔水平距离或者支架小车的轨距。

为了让变压器能更可靠地在特殊环境中运行，用户在变压器设计细节方面提出的主要要求如下。

1. 对绝缘性能的要求

对于运行环境空气中污秽比较多的地方，要求变压器裸露在空气中的元器件具有更高的绝缘性能，并且可能要求选用耐污型户外陶瓷套管；而需要在高海拔运行环境的变压器，因高海拔地区气压较低，空气绝缘强度减弱，则需通过增大套管带电处彼此之间距离及带电处对地距离，实现增强空气绝缘的效果。

2. 对抗腐蚀性的要求

在沿海潮湿环境中运行的变压器，要求其外部组件，包括油箱都应具有较好的抗腐蚀性能。

3. 对温升限值的要求

海拔低于1000m时，变压器设计温升均可按照标准温升限制进行设计，但当海拔超过1000m时，需要按照油浸自冷式变压器，海拔每增加400m，设计温升限制降低1℃；油浸风冷式变压器，海拔每增加250m，设计温升按限制降低1℃要求进行设计。

4. 对变压器外部附件的要求

由于部分用户对变压器运行参数的数据获取或者远程控制的要求不同，常常会对像压力释放阀、储油柜油位显示器等附件的功能实现有不同的要求。

如果用户没有特别的要求，则生产厂商可按照所订购的变压器类型及额定数据所对应需要达到的适用标准进行设计制造。

按照S11-1000/10±5%/0.4，Yyn0配电变压器适用标准JB/T 3837—2010的要求，其额定空载损耗为1150W，偏差不得超过+15%；额定负载损耗为10300W，偏差不得超过+15%；空载电流为0.6%，偏差不得超过+30%；短路阻抗为4.5%，偏差不得超过±10%。同时根据国家标准GB 1094.2—1996《电力变压器 第二部分 温升》对常规全密封油浸自冷式铜线圈配电变压器温升设计要求，这台变压器绕组的设计温升不得超过65K；绝缘油顶层温升不得超过55K。

2.3.2 变压器内部结构设计

变压器方案设计涵盖对铁芯、绕组、器身绝缘、引线、变压器油箱及其组件和附件等的方案设计。变压器参数计算包括变压器电磁计算、温升计算及油箱尺寸计算。对于变压器的整个设计，方案设计与参数计算是分不开的。对设计参数的计算有多种专业仿真设计软件，如Xformer Designer和EMTDC等，最简单的可采用基于最普遍应用的Microsoft Excel平台，通过编写适合自己企业的计算程序，进行自动计算，从而达到计算速度快、计算结果最优的效果。

1. 铁芯结构设计

1）硅钢片牌号的选择

变压器铁芯构成了整个变压器的磁通路，是一次侧向二次侧电能转换的媒介，其工作性能直接影响整个变压器的运行性能。同时其单位质量的损耗是影响整个变压器能量传输效率的一个关键因素。

硅钢片的晶粒取向性也是决定硅钢片性能的重要指标。Si-Fe合金晶粒因晶轴的方向不同，容易磁化的程度也不尽相同。所以，要得到导磁性最好的硅钢片，在工厂加工轧制过程中，应使得轧制方向尽可能与磁化轴一致。

硅钢片性能的好坏用它在相同磁场强度下的磁通密度值和单位损耗来表征。在磁场中，磁场强度矢量 H 沿任意一条闭合路径的线积分等于穿过该闭合路径的限定面积中流过电流的代数和，即 $\oint_l H\mathrm{d}l=\sum_{k=1}^{n} I_k = NI$。又因磁压 $U_{\mathrm{m}}=\int_l H\mathrm{d}l$，且磁通量 $\Phi=BS$，$B=\mu H$，则通过磁路欧姆定律可知硅钢片的磁阻 $R_{\mathrm{m}}=U_{\mathrm{m}}/\Phi=l/(\mu S)$。通过推论，当铁芯截面积及磁路确定的情况下，选择的磁导率 μ 越大，磁阻越小，导磁性越好。就目前全球变压器铁芯材料应用来看，非晶合金软材在导磁性能上是最好的，但是要考虑这一台变压器整体设计加工工艺和油浸式的特殊形式，例如，选用导磁率相对比较高的武钢牌号为30Q130冷轧取向硅钢片作为“11”型配电变压器的铁芯材料。

2）磁通密度的初选

由冷轧硅钢片构成的变压器铁芯，所选择的额定工况下的磁通密度上限应该低于此类硅钢片磁饱和点以下的磁通密度值。同时考虑到过电压或者变压器故障运行时需要实现5%过励磁要求，即在电压超过最大额定电压5%时，在额定容量下依然能够不断电连续运行。而且磁通密度越高，铁芯温升也就越高，所以在成本条件及空载损耗允许条件下，可以适当选择较低磁通密度进行设计计算(通常选择为1.55～1.7T)。

3）铁芯的结构选择和直径计算

因为此台变压器联结组标号为Yy联结，而Yy联结无三次谐波电流回路，而三相五柱式或单相组合式变压器的铁芯中有三次谐波磁通流通，三次谐波磁通会加重铁芯“导磁负荷”，磁通密度增高，所以一般Yy联结选用三相三柱式铁芯结构。同时采用45°斜接缝，铁轭为“D”型结构，芯柱为外接圆柱形结构，以此在不影响导磁率的前提下，尽量减少漏磁和铁芯质量。

根据行业及变压器设计经验，1MVA三相油浸式配电变压器铁芯尺寸比较大，铁芯的芯柱需要使用玻璃丝绑扎带进行有效的绑扎，铁轭也需要使用玻璃丝绑扎带和上、下夹件夹紧，这样可使铁芯在机械上成为一个整体。

在对整个铁芯结构设计时，需要特别注意的就是：①铁芯与其他金属结构件之间需要实现有效的绝缘；②在实现有效绝缘的同时，铁芯必须有且仅有一点可靠接地；③对铁轭进行夹持的夹件必须具有足够的强度和刚度，以保证在受到铁芯反作用力时不会发生变形。

变压器高导磁冷轧取向硅钢片铁芯截面计算公式为

$$D=K\sqrt[4]{P'} \tag{2-18}$$

式中，D 为铁芯直径尺寸；P'为变压器每柱容量；K 为经验系数，K 随电源频率、铁芯磁通密度及结构的变化而变化，对三相双绕组变压器一般取 50～57。

其中对于三相三柱式双绕组变压器铁芯，每柱容量为

$$P'=\frac{1}{3}S_e \tag{2-19}$$

式中，S_e 为额定容量。

由于变压器铁芯截面的选择与绕组使用材质无关，只是考虑到由于超导带材的使用可能允许变压器有更大裕度的过负荷持续运行情况，所以把铁芯截面设计得比同等容量传统变压器要大，故在此经验系数选为 54。1MVA 超导变压器铁芯截面圆直径为

$$D=54\times\sqrt[4]{1000/3}\approx 230(\mathrm{mm}) \tag{2-20}$$

2. 绕组结构设计

1）绕组匝数的初步确定

(1) 初级额定分接头与次级匝数计算。

根据变压器每相匝数设计原理公式

$$U=\sqrt{2}\pi fWB_mA_z\times 10^{-4} \tag{2-21}$$

式中，U 为变压器相电压，单位 V；f 为变压器运行额定频率，单位 Hz；W 为每相绕组匝数；B_m 为芯柱中的磁通密度，单位 T；A_z 为芯柱横截面积，单位 cm^2。

鉴于以上对硅钢材质磁通密度的要求，再结合硅钢片性能参数，选定初步计算的磁通密度 B_m'为 1.6T。且通过折算得出铁芯柱截面积 A_z 为 $382.8\mathrm{cm}^2$，则根据匝数设计原理公式可初定初级每相绕组匝数 W'为

$$W'=\frac{\sqrt{2}U_1\times 10^4}{2\pi fB_m'A_z}=\frac{\sqrt{2}\times 10000\times 10^4}{2\sqrt{3}\times 3.1416\times 50\times 1.6\times 382.8}=424(\text{匝}) \tag{2-22}$$

根据变压器中初级和次级绕组的匝数比近似等于初级和次级额定相电压的比值，即

$$\frac{n_1}{n_2}=\frac{W_1}{W_2} \tag{2-23}$$

可以初定次级绕组匝数约为 17 匝。

因为在整个计算中所得结果都取近似值，所以必须用次级所计算出的匝数验算初选磁通密度，以确保最终设计的磁通密度 B_m 在合理的范围之内。具体计算方法可由匝数设计原理公式得出，即

$$B_m=\frac{\sqrt{2}U_2\times 10^4}{2\pi fW_2A_z}=\frac{\sqrt{2}\times 400\times 10^4}{2\sqrt{3}\times 3.1416\times 50\times 17\times 382.8}=1.5975(\mathrm{T}) \tag{2-24}$$

所得磁通密度在允许的范围之内。

再验算校正初级额定电压并实际调整为 425 匝。同时可计算出绕组的匝电势 e 为

$$e=\frac{U}{W}=\sqrt{2}\pi f B_{\mathrm{m}} A_{\mathrm{z}} \times 10^{-4} \tag{2-25}$$

则此线圈匝电势为

$$e=\sqrt{2}\times 3.1416\times 50\times 1.5975\times 382.8\times 10^{-4}=13.5846(\mathrm{V}) \tag{2-26}$$

(2) 计算初级分接头匝数。

变压器分接头必须满足电压 10×(1±5%)的电压分配标准,即最大分接头电压为

$$U_{\max}=10\times(1+5\%)=10.5(\mathrm{kV}) \tag{2-27}$$

最小分接头电压为

$$U_{\min}=10\times(1-5\%)=9.5(\mathrm{kV}) \tag{2-28}$$

则通过绕组匝电势 e 可计算出最大分接抽头匝数为

$$W_{\max}=\frac{U_{\max}}{\sqrt{3}e}=\frac{10500}{\sqrt{3}\times 13.5846}\approx 446(\text{匝}) \tag{2-29}$$

最小分接头匝数为

$$W_{\min}=\frac{U_{\min}}{\sqrt{3}e}=\frac{9500}{\sqrt{3}\times 13.5846}\approx 404(\text{匝}) \tag{2-30}$$

(3) 电压比校验。

按照 GB 1094.1—2013 规定,变压器实际电压比偏差不得超出所规定电压比的±0.5%,则对于主分接头,其电压比偏差为

$$\left(\frac{425}{17}-\frac{10}{0.4}\right)\Big/\frac{10}{0.4}\times 100\%=0 \tag{2-31}$$

同理,可计算最大分接头与最小分接头的电压比偏差分别为−0.06%和 0.06%,符合标准要求。

2) 绕组线圈用导线的选择

目前,在变压器行业中普遍采用铜质圆导线、扁导线、组合导线、换位导线和铜箔。

组合导线和换位导线主要适用于大容量、需要流过较大电流的绕组中。圆导线的绝缘一般是一层缩醛类漆,因其绝缘性不高,且一般只适合单根绕制工艺要求,所以只能用在小容量、较低电压等级的变压器绕组中。扁导线在绕组中的用途相对比较广泛,所有不同的绕组型式均可用扁导线进行绕制。扁导线一般采用绝缘纸进行包扎实现绝缘,其厚度通常为 0.3mm、0.45mm、0.95mm、1.35mm、1.95mm、2.45mm(指两边绝缘厚度之和)。铜箔是一种比较特殊的带材,其本身

不带绝缘材料，只是在进行变压器绕组绕制时加入一定厚度的绝缘材料，在特殊的绕制机上一起绕制。铜箔一般用于低电压等级变压器的低压绕组。箔式绕组安匝分布容易控制，辐向漏磁很小。由它引起的轴向电动力不大，所以对于容量较大的低电压等级变压器低压绕组采用铜箔不失为一种比较明智的选择。

变压器绕组导线有效导电截面的选择也是对导线型号选择的一部分。例如，纸包扁铜线 ZB-0.45/1.6×11.2，其中“1.6”和“11.2”为视在导电截面的高度和宽度，单位为 mm。而在扁导线生产加工过程中，其导线的棱角不可能做成 90°，往往会依据线规的统一标准在棱角处制作成相应半径的圆弧角。经查纸包扁铜线线规表可得，此扁铜线棱角圆弧角半径为 0.5mm，则其有效导电截面积为 $1.6\times11.2-(2\times0.5)^2+3.1416\times0.5^2=17.7054(\text{mm}^2)$。

具体到变压器设计对导线型号选择时，不再与电工普遍适用的导线选择一致。因为变压器中的导线构成的线圈不仅仅只是引导电流，还要考虑其载流下引起的负载损耗和线圈温升，并且需要线圈导线具有一定的过电流承载能力，所以综合考虑各方面因素结合变压器行业长期设计经验，一般选择载流密度为 3A/mm^2 左右。再通过载流密度和线圈额定相电流计算出有效导电截面积，并选择与此截面积相接近的导线型号进行验证。

通过参照铜导线规格，综合考虑匝间电压的影响，并计算高低压线圈额定相电流，可初步选定高压侧线规为 ZB-0.45/2.36×9.00，且绕组采用单根并绕的层式线圈结构；低压侧绕组设计成由 12 根线规为 ZB-0.45/3.00×13.20 并绕的双螺旋线圈结构。

根据电流密度计算公式

$$J=\frac{I}{S} \tag{2-32}$$

式中，J 为电流密度，单位 A/mm^2；I 为电流，单位 A；S 为导体截面积，单位 mm^2。

可计算高压线圈电流密度为

$$J_1=\frac{I_{1n}}{S_1}=\frac{S_e}{\sqrt{3}U_{1n}nS_1}=\frac{1000}{\sqrt{3}\times10\times1\times20.690624}\approx2.791(\text{A/mm}^2) \tag{2-33}$$

低压线圈电流密度为

$$J_2=\frac{I_{2n}}{S_2}=\frac{S_e}{\sqrt{3}U_{2n}nS_1}=\frac{1000}{\sqrt{3}\times0.4\times12\times39.050624}\approx3.080(\text{A/mm}^2) \tag{2-34}$$

式中，n 为线圈并绕导线根数，$I_{1n}=I_1/1000$，$U_{1n}=U_1/1000$，$I_{2n}=I_2/1000$，$U_{2n}=U_2/1000$。计算中所用高压线圈和低压线圈单根导线截面积 S_1 和 S_2 可通过纸包扁铜线线规表查得。

3) 绕组尺寸计算

由于低压线圈采用新双螺旋式线圈结构，则可计算出低压线圈净高为

$$H_2 = (k+1) d n_1 (W_2 + 1) \tag{2-35}$$

式中，k 为线圈绕制裕度系数（纸包扁线为 0.8%～1.2%，漆包圆铜线为 0～0.5%）；d 为单根导线宽度（包括绝缘厚度），单位 mm；n_1 为每匝线圈辐向并绕根数；W_2 为低压侧线圈每层匝数。所以当绕制裕度系数取 0.97%时，低压线圈净高为

$$H_2 = (1+0.97\%) \times 13.7 \times 2 \times (17+1) = 498(\text{mm}) \tag{2-36}$$

但在对高压线圈净高进行计算的时候需要根据以上计算方法做验证性计算。因为高压线圈为多层圆筒式线圈，所以每一层的匝数不确定。具体做法是选择大概适当的数据（即每层匝数）进行线圈净高计算，最终确定结果与低压线圈净高最接近的每层匝数。但是在此过程中还需要注意，对于多层圆筒式线圈其最外层匝数不得低于正常层匝数的 90%。通过在计算程序上进行试算，最终确定高压线圈每层 50 匝，共 9 层，最外层匝数为 46 匝。这样，总匝数刚好等于 446 匝，当绕制系数取 1.14%时，高压线圈净高为 450mm。

在选择多根导线并联绕制时，需要注意如下事项。

(1) 绕制过程中必须进行换位，即导线位置的互换。换位的目的在于：①避免由多根导线绕制的绕组中的导线由于在漏磁场中所处的位置不同，感应出不同的漏电动势，从而使变压器绕组产生较大的附加损耗；②避免因导线长度的不同导致单根导线电阻值不等，从而流过各根导线的电流不相等，各根导线上产生的热量就会有较大的差别，严重时会影响变压器的安全运行。

(2) 需要根据自己生产制造车间工艺选择合适的并联根数和所并联导线型号相协调的方案。并联根数多，选择的导线就越细，则漏磁相对增大，整个绕组机械受力性能也会变差；并联根数过少，选择的导线越粗，则绕制难度也就越大，不利于绕制过程中的换位操作。

(3) 载流量较大，并联根数较多的时候，并联导线之间的热点温升较大，通常需要在并联层之间夹上油道空隙进行绕制。

3. 器身绝缘设计

变压器的绝缘分为内部绝缘和外部绝缘两大部分。其中内部绝缘又分为主绝缘和纵绝缘。主绝缘就是变压器绕组（或引线）对地（包括对铁芯柱及油箱）和其他绕组（或引线）之间的绝缘。纵绝缘是同一绕组上各点（包括线匝、线饼、绕线层）之间或其相应同相的引线之间以及分接开关各部分之间的绝缘。外部绝缘即空气中的绝缘，包括套管本身的外部绝缘和套管间及套管对地的绝缘。

变压器和所有电气设备一样，必须在长期的运行中保持高度的电气可靠性。而其绝缘可靠性是变压器长期可靠运行的关键。

1) 绝缘材料的选用

所有油浸式变压器内部绝缘均采用油纸绝缘结构。油纸组合绝缘结构大致可

以分为三种类型:直接覆盖、制作绝缘层和绝缘隔板。

直接覆盖的方法对于工频电压下,特别是被杂质污染时,可以较大地提高导体之间的击穿电压。电场越均匀,其作用越显著。但直接覆盖在冲击电压下几乎没有多大的作用。油纸绝缘直接覆盖只具有阻碍导电或极性杂质在电极表面形成小桥所引起的击穿安全隐患。

采用油纸绝缘制作变压器绕组的层间绝缘几乎是所有油浸式变压器所通用的措施,它在工频和冲击电压下都有显著提高绝缘强度的作用。在极不均匀的电场中,在电场比较集中的地方加上绝缘层,则该处油中电场强度降低,油间隙的耐压强度就能提高很多。在变压器引线外包绝缘层也属于此原理。通过在引线外加包一定厚度的绝缘纸,使其引线与引线之间和引线与接地之间油间隙击穿电压得以提高。

但是在均匀的电场中,如果油间隙中已经具有一定厚度的绝缘层,但是耐压强度还达不到,此时再增加绝缘材料的厚度反而适得其反。因为电场强度与介电常数成反比,故油中的电场强度反而会提高,结果可能引起绝缘油击穿。针对这种情况,可以采用小油隙绝缘结构实现提高耐压强度的目的。小油隙绝缘结构即把整个间隙用较薄的绝缘纸均匀分割成一定数量的小间隙。

绝缘隔板一般安置于两个电极之间的间隙中。变压器两个绕组之间的纸筒、绕组外的围屏、绕组端部的角环等均属于这类结构。隔板的作用除了可以防止"小桥"的形成,还可以在不均匀的电场中,利用油中自由离子在隔板上的积聚,使电场变得比较均匀,从而避免局部过电压击穿,提高绝缘耐压能力。具体设计时,需要注意把隔板的尺寸做得适当大,最好是使隔板的形状和电极形状相适应,以避免绕过隔板或沿隔板表面发生放电。

要知道所选择的绝缘材料或者所设计的绝缘结构是否可靠,就必须检查其是否存在绝缘缺陷。变压器绝缘缺陷一般分为两大类:一种是集中缺陷,如产品的绝缘局部损坏,局部绝缘材料中含有气隙或者杂质在工作电压下发生局部放电;另一种是分布缺陷,如变压器绝缘材料受潮、老化等。

目前变压器行业检测变压器绝缘缺陷的有效方法就是进行绝缘试验。通过相应的试验把产品隐藏的缺陷检查出来。绝缘试验可分为绝缘特性试验和绝缘耐压试验两大类。绝缘特性试验主要用于判断变压器产品中是否存在分布性缺陷。试验主要包括绝缘电阻测量、吸收比和极化指数测量,以及介电损耗率的测量。绝缘耐压试验主要用于发现变压器产品中的集中性缺陷。绝缘耐压试验包括工频耐压试验、感应耐压试验、局部放电的测量、雷电冲击及操作冲击试验,以及按制造厂商和用户协议所进行的绝缘特殊试验。

油浸式变压器绝缘的可靠性主要从以下三个方面得到保证。

(1) 满足电气性能的要求。

变压器在长期运行时,既要承受长期最大工作电压的作用,又要耐受各种可能发生的过电压的冲击。后者对变压器绝缘来说常常是“致命的”,因而它是决定变压器绝缘水平的主要依据。

而检测一台变压器绝缘的电气性能,目前行业内也主要是依靠前面提及的各种电压试验来得出结论。

(2) 满足机械性能的要求。

在变压器设计时,需要保证所选用的绝缘材料和整个绝缘结构在发生短路电动力作用下具有足够的动稳定性和机械强度。

(3) 满足热性能的要求。

众所周知,温度会加速绝缘的老化,特别体现在温度对油浸式变压器油纸绝缘的影响上。油纸绝缘老化的根本是绝缘纸在温度影响下,纤维素发生断链,引起聚合度下降,导致绝缘纸机械性能降低。温度越高,分子反应越活跃,老化速度就会加快,甚至使绝缘急速脆化,继而失去绝缘性能。因此,在进行具体材料选择和结构设计时需要在严格控制这项温升标准下,尽量减少变压器内部热点温升,同时用户需要尽量避免变压器处在长期过载条件下运行。

2) 器身绝缘结构设计

变压器运行时,在一定的电压作用下,由于各个部位电极形状的不同,它们之间的电场分布也会有显著的差别,因而产生放电和击穿的情况也会有显著的差别。要把变压器的器身绝缘设计得安全可靠,就必须清楚地了解变压器中电场的基本类型。

变压器内部电场一般分为稍不均匀电场和极不均匀电场。稍不均匀电场主要包括:同铁芯上高低压绕组之间同轴圆柱电场;不同相绕组之间的圆柱电场;内绕组对有电屏蔽的铁芯柱之间的同轴圆柱电场。极不均匀电场主要包括:内绕组对没有电屏蔽的铁芯柱的棱角处的电场;引线对周围其他金属结构件之间的电场;绕组端部和铁轭之间的电场。

所有油浸式变压器器身的绝缘均采用油纸绝缘结构。为了适应各种电场绝缘的要求,需要结合油、纸绝缘覆盖,制作绝缘层、绝缘隔板等基本绝缘结构,对器身绝缘设计与之相匹配的绝缘结构,达到实现安全可靠绝缘的目的。

对这一台较小容量、小电压等级的变压器纵绝缘设计,因为其匝间电压较低,且线圈整体辐向尺寸不大,所以匝与匝之间或者是低压侧的线饼之间不需要用平尾垫块设置绝缘间隙和纵向油道。由此,更多的是考虑线圈层间绝缘的设计。层间绝缘设计主要参考层间电压值、层间各部位电压的分布情况和层间绝缘纸单张耐受电压值对层间绝缘纸进行规格的选择和数目的设定。在正常层,可根据每层线圈总电势的2倍为参照标准选择绝缘纸数目,而在设计首层或者最后层层间绝缘的时候则需要增加绝缘纸数目，以抵抗外部的冲击电压和操作过电压。

这里，高压线圈层间电压为

$$U_c = 2W_c e \tag{2-37}$$

式中，W_c 为每层线圈总匝数。

计算出的层间电压为 1358.46V。如果选择单层耐压为 600V 的棱格点胶纸，则需要 3 张这样的绝缘纸，而在首层和最后层可设计为 5 张绝缘纸重叠。因为在线圈层间的电压是一个叠加形式，计算出的层间电压为两端部电压，其接近跨层处电压接近单层线圈电压，因此在工厂实际设计中，常会采取宽窄配合的形式使用层间绝缘纸，即可以采用 2 张宽绝缘纸和 1 张窄绝缘纸搭配；在每层端部布置窄的，增加绝缘强度，跨层处只有宽的绝缘纸提供绝缘。这样做既能节约绝缘材料，且能进一步缩小线圈辐向尺寸，减少铜用量，降低成本，又能利于线圈内部的散热。

需要注意的是，在纵绝缘的设计同时还要权衡线圈平均温升的变化，设计相应的层间油道，以避免线圈内部温度过高导致热击穿。

对于主绝缘的设计，主要从绝缘距离上考虑，特别是木夹件上引线距离和引线对地距离、线圈端部绝缘距离。

通过数据标准(图 2-8，表 2-1 和表 2-2)查证和综合计算可得：高压线圈整体高度为 530mm，辐向宽度为 72mm；低压线圈整体高度为 530mm，辐向宽度为 48mm。

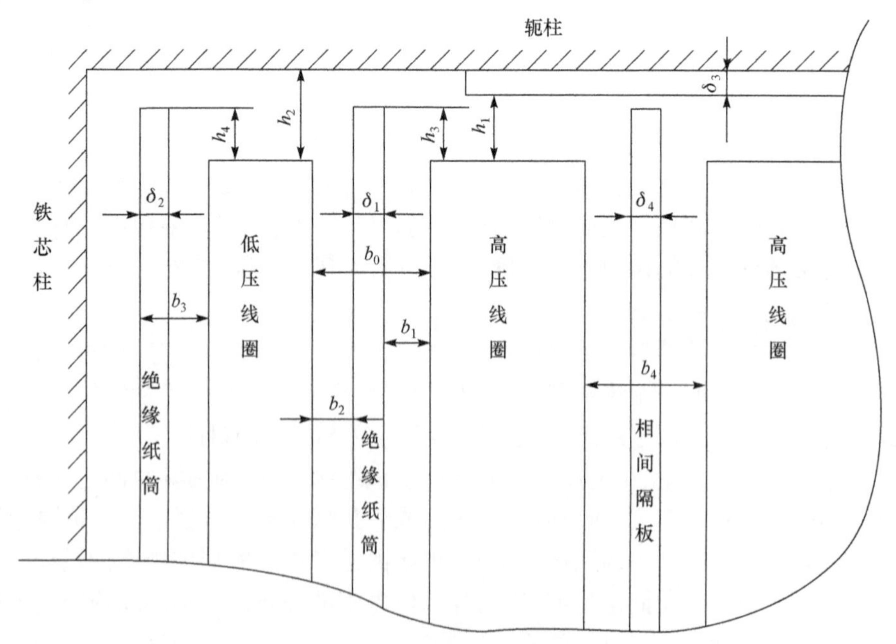

图 2-8　传统油浸式变压器绝缘结构图

表 2-1　低压绕组主绝缘尺寸

低压绕组电压等级/kV	绕组形式	尺寸/mm				高压绕组电压等级/kV
		b_3	δ_2	h_2	h_4	
0.4	层式	1.0	1.0	15	—	≤10
0.4		1.0	1.0	20	—	15
0.4		1.0	1.0	25	—	35
3,6		9	3.0	25	15	≤10
3,6		9	3.0	25	15	15
3,6,10		10	3.0	40	30	35
15		10	3.0	50	30	35
0.4,3,6	螺旋式 连续式	9.5	3.5	30	20	≤15
10		10	3.5	50	30	35
15		14	3.5	50	30	35

表 2-2　高压绕组主绝缘尺寸(单位:mm)

电压等级	≤10kV		15kV		35kV		≤15kV	35kV
绕组形式	层　式						连续式	
联结法	Y	D	Y	D	Y	D	Y 或 D	Y 或 D
b_0	7	7	10	10	27	27	16	27
δ_1	2	2	3	3	4	4	3.5	4
b_1	0	0	0	0	13～15	13～15	6	13～15
b_2	5	5	7	7	8～10	8～10	6.5	8～10
h_1	20	20	30	30	65	65	35	65
h_3	8	8	18	18	43	43	20	50
δ_3	2	2	2	2	2	2	0	3
b_4	8	12	12	12	15	15	17	27
δ_4	0	0	0	0	0	2	3	3

结合尺寸表,且在实际中出于对线圈装配的考虑,需设计低压绝缘纸筒内径比铁芯截面圆大 3mm。如此可计算出当层间油道为 3mm 时,低压线圈内径为 238mm。于是,可计算出低压线圈单根导线的绕制长度,以便于计算其直流电阻,从而进一步计算出低压侧负载损耗和低压绕组平均温升。通过工程计算可得出低压线圈单根导线长度约为 11m。同理,可计算出当高压线圈层间油道为 5mm 时,高压线圈内径为 462mm,单根导线长度为 420m。

4. 变压器性能参数计算

1) 空载损耗计算

在变压器正常或者空载运行时，铁芯中都会通过和电源频率相同的正弦交变磁通。在磁性硅钢片铁芯中有交变磁通流过时就会产生涡流损耗和磁滞损耗。涡流损耗和磁滞损耗总共占变压器空载总损耗的99%以上，因此在变压器行业中以铁芯的涡流损耗和磁滞损耗之和作为其空载损耗值，忽略空载电流在绕组导线中的感应电流损耗，可以认为

$$P_0=P_h+P_e=\sigma_h f B_m^n G+\sigma_e f^2 B_m^2 G \tag{2-38}$$

式中，P_0 为铁芯空载损耗，单位 W；P_h 为磁滞损耗，单位 W；P_e 为涡流损耗，单位 W；σ_h 为磁滞损耗特性相关系数；σ_e 为涡流损耗特性相关系数；f 为电源频率，单位 Hz；B_m 为铁芯中的磁通密度幅值，单位 T；n 为磁通密度相关指数，一般取值为 2～2.5($B_m\geqslant 1$T 时，$n=2$)。

在工厂设计计算中，通常以铁芯的基本铁耗作为变压器空载损耗值，即

$$P_0=K_{p0}G_{Fe}P_{Fe}W \tag{2-39}$$

式中，K_{p0}为空载损耗附加系数；G_{Fe}为铁芯总质量，单位 kg；P_{Fe}为硅钢片单位质量铁损，单位 W/kg。

2) 空载电流计算

变压器的空载电流主要指对变压器初级绕组施加额定频率的额定电压，其余绕组开路，流经绕组线路端子的电流。空载电流由有功电流和无功电流组成，即 $I=\sqrt{I_{oa}^2+I_{or}^2}$，$I_{oa}$是有功分量，$I_{or}$是等效正弦无功分量。空载电流以占额定电流的百分比作为其值，其中

$$I_{oa}=\frac{P_0}{S_N\times 10^3}\times 100=\frac{P_0}{10S_N} \tag{2-40}$$

$$I_{or}=\frac{k}{10S_N}(q_{Fe}G+N_f q_\sigma A_f) \tag{2-41}$$

式中，S_N 为变压器额定容量，单位 kVA；k 为励磁电流附加系数；q_{Fe}为铁芯单位质量的磁化容量，单位 VA/kg；q_σ 为接缝处单位面积的磁化容量，单位 VA/cm^2；A_f 为接缝处的净面积，单位 cm^2；N_f 为接缝数目。

注意：励磁电流附加系数与铁芯制造厂家生产工艺和硅钢片材料等因素有关，一般铁芯外接圆直径为 ϕ215～ϕ360mm，k 取值为 1.15。铁芯单位质量的磁化容量 q_{Fe}和接缝处单位面积的磁化容量 q_σ 一般都由硅钢片供应商提供数据，不同牌号、不同生产线生产的硅钢片都有所差别。

3）负载损耗计算

在变压器的一对绕组中，一个绕组流经额定电流，另一个绕组短路，其他绕组开路时，在额定频率及参考温度下，所汲取的功率就是变压器的负载损耗。

变压器的负载损耗包括基本铜耗、附加铜耗两部分。其中附加铜耗又包括涡流损耗、环流损耗、杂散损耗和引线损耗。对于小容量变压器可以不计入引线损耗。

（1）基本铜耗。

额定情况下的基本铜耗为高低压基本铜耗的总和，即

$$P_D = 3I_{1N\phi}^2 r_1 + 3I_{2N\phi}^2 r_2 \tag{2-42}$$

式中，$I_{1N\phi}$为高压线圈额定相电流，单位 A；$I_{2N\phi}$为低压线圈额定相电流，单位 A；r_1为高压线圈在 75℃时的直流总电阻，单位 Ω；r_2 为低压线圈在 75℃时的直流总电阻，单位 Ω。

无氧铜在 75℃温度环境下的电阻率可近似定为 $0.02135\Omega \cdot mm^2/m$。在实际运行中，线圈的温度可能略高于 75℃，此时需要通过电阻率折算公式进行折算，即

$$\rho = \rho_{75}\frac{234.5+\theta}{234.5+75} \tag{2-43}$$

式中，ρ_{75}为铜在 75℃时的电阻率，单位 $\Omega \cdot mm^2/m$；θ 为当前温度，单位℃。

根据前面高低压线圈查得的各自导线截面积和所计算出单根线长可分别计算出高低压线圈各自额定情况下的电阻。

高压线圈电阻为

$$r_1 = \frac{\rho_{75} I_1}{S_1} = \frac{0.02135 \times 420}{20.69024} = 0.4333(\Omega) \tag{2-44}$$

低压线圈电阻为

$$r_1 = \frac{\rho_{75} I_2}{S_2} = \frac{0.02135 \times 11}{12 \times 39.0524} = 0.0005(\Omega) \tag{2-45}$$

如此，变压器的基本铜耗为

$$\begin{aligned} P_D &= 3 \times \left(\frac{S_e}{\sqrt{3} \times U_{n1}}\right)^2 r_1 + 3 \times \left(\frac{S_e}{\sqrt{3} \times U_{n2}}\right)^2 r_2 \\ &= 3 \times \left(\frac{1000}{\sqrt{3} \times 10}\right)^2 \times 0.4130 + 3 \times \left(\frac{1000}{\sqrt{3} \times 0.4}\right)^2 \times 0.0005 \\ &= 7255(W) \end{aligned} \tag{2-46}$$

（2）涡流损耗。

对于涡流损耗的计算常用解析法和混合算法，但在工厂实际设计中常将导线单位质量的涡流损耗用单位质量的基本铜耗的百分比表示，即

$$K_W=\left(\frac{P_e}{I^2R}\right)_{75}\times100\%=\frac{0.29a^2f^2B_m^2}{2.36(I/100A_k)^2} \tag{2-47}$$

化简得

$$K_W=\left(\frac{0.0625afA_kW\rho}{H}\right)^2\times100\% \tag{2-48}$$

式中,a 为漏磁系数;f 为工作频率,单位 Hz;A_k 为导线截面积,单位 cm^2(注:此截面积为并绕导线总截面积);W 为线圈匝数;ρ 为洛氏系数;H 为绕组净高,单位 cm。

(3) 环流损耗。

变压器线圈环流是当线圈中并绕导线根数超过两根(包括两根)时,由于并绕导线的直流电阻不平衡产生的。但在设计中,由于高压线圈只有一根导线并绕,不存在环流,故不予计算高压线圈环流损耗。低压线圈虽然有 12 根导线并绕,但采用新型双螺旋线圈结构,线圈完全换位,整个线圈各根导线长度相同,可近似认为线圈中各根导线电阻相等,不产生环流。由此,此变压器的传统设计损耗中不计入环流损耗。

(4) 杂散损耗。

变压器的杂散损耗主要指漏磁场在变压器内部各部件(如铁芯夹件)上产生的损耗。具体计算公式为

$$P_z=\frac{k_z\Phi_0^2U_k^2H_k^3}{S_\delta[H_k+2(R_\delta+R_p)]^2}\times\left(\frac{f}{50}\right)\times\left(\frac{S}{S_e}\right)^2 \tag{2-49}$$

式中,U_k 为额定容量下的短路阻抗百分数;H_k 为绕组净高(电抗高度),单位 mm;Φ_0 为铁芯柱磁通量,单位 Wb;k_z 为修正系数;S_δ 为变压器油箱内壁周长,单位 mm;R_δ 为变压器油箱的平均折合半径,单位 mm;R_p 为主磁通空道的平均半径,单位 mm;S 为变压器实际工作容量,单位 kVA。

由公式(2-49)可以看出杂散损耗的大小主要取决于漏磁场的强弱,而漏磁场的强度随着变压器容量的增长很快。在三相双绕组变压器中,杂散损耗在严重的情况下可达到基本铜耗的 20%～30%。这样大的损耗不仅使变压器的效率降低,而且因为油箱、夹件等部件的形状不规则,常容易因此而引起危险性的局部过热,从而引发变压器事故。但在超导变压器中,由于金属部件几乎都是由不导磁的玻璃钢制成,不存在漏磁在部件中产生电流,形成杂散损耗,因此超导变压器在这一方面有显著的优势。

在通过对涡流损耗和杂散损耗的计算机程序计算之后可得其涡流损耗为 136W,杂散损耗为 155.8W。综上,其设计为传统型变压器负载损耗 7546.8W。此负载损耗在传统电力变压器 11 型负载损耗要求范围之内。再通过对变压器空载损耗的工程计算,得出传统型结构空载损耗为 1208W。由此可计算出此容量传

统型变压器传输效率为

$$\eta=\frac{S_e-(P_0+P_k)}{S_e}\times 100\%=\frac{1000-(1.208+7.5486)}{1000}\times 100\%=99.1\% \tag{2-50}$$

4）阻抗电压计算

阻抗电压是变压器中非常重要的性能参数。在额定电流下主分接阻抗电压的允许偏差一般为±5%，但是由于制造上的偏差和试验误差的存在，一般要求阻抗电压的计算值和标准值的偏差不大于±2.5%。

阻抗电压包括电阻电压降和电抗电压降两个分量。一般电阻电压降很小，对于 8000kVA 及以上的变压器可略去不计。同时在高阻抗变压器设计中，为了满足较小的直流电阻带来的负载损耗，常常以增大电抗值来满足高阻抗变压器的阻抗要求。

对于此台 1MVA 小型双绕组（高、低次绕组无轴向油道）配电变压器，其电抗电压降为

$$U_{kx}\% = \frac{49.6 fIW \sum D\rho K}{e_t H\times 10^6} \tag{2-51}$$

式中，f 为电源频率，单位 Hz；I 为额定电流，单位 A；W 为主分接时的总匝数；e_t 为每匝电势，单位 V/匝；H 为两个线圈的平均电抗高度，单位 mm；ρ 为洛氏系数；K 为附加电抗系数，10kV，1MVA，Yyn0 型一般取 1.15；

$$\sum D = \frac{1}{3}(a_1r_1 + a_2r_2) + a_{12}r_{12} \tag{2-52}$$

式中，r_1 为内绕组的平均半径，单位 cm；r_2 为外绕组的平均半径，单位 cm；a_1 为内绕组的厚度，单位 cm；a_2 为外绕组的厚度，单位 cm；a_{12} 为漏磁空道的厚度，单位 cm；r_{12} 为漏磁空道的平均半径，单位 cm。

5）绕组温升及油面温升计算

变压器绕组温升计算较为复杂。不同型式线圈的计算方法不同，但螺旋式无轴向油道绕组可按照层式绕组温升计算方法进行计算。计算方法的不同主要区别在于对油中导线的散热面积的计算会因绕组线圈型式的不同而有所区别。但最终绕组对油平均温升均为

$$T_x=T_{x1}+T_{\Delta j}+T_{\Delta y} \tag{2-53}$$

式中，T_x 为绕组对油平均温升，单位℃；T_{x1} 为与线圈表面的单位热负荷相关量，单位℃；$T_{\Delta j}$ 为绝缘校正温升，单位℃；$T_{\Delta y}$ 为线圈层数校正温升，单位℃。此外，绕组温升 $T_r=T_x+T_{yx}$，T_y 为油面温升。

波纹式油箱变压器的油面温升的计算主要根据由对流和辐射散出的热量及有效散热总面积计算出单位面积的热负荷 q，再由 $\Delta\theta_0=0.26q^{0.8}$ 计算出油面温升

$\Delta\theta_0$ 值。

5. 引线布置

变压器的引线一般分为绕组端部线端与套管连接的引出线、绕组端部之间的连接引线和绕组分接与调压开关相连的连接引线三种。

变压器引线的布置需根据所选用引线的种类、调压开关类型和安装位置、变压器联结组标号以及引线的绝缘距离等要素进行设计。变压器引线种类有裸铜圆线、纸包圆铜线、纸包铜电缆、裸铜排和铜管等。具体选用哪种类型的引线需要根据载流量、机械强度、电压等级和工艺可行性等要素进行选择。

一般低压引线因其载流量要求较大,通常会选择铜排作为其引出线。而铜排在油浸式变压器中使用时绝大部分都是不带绝缘的裸铜排,所以需要考虑其有效的绝缘。同时因其质地坚硬,所以在设计铜排走线时,需要考虑车间加工装配的可行性。特别是在低压绕组端部线段和铜排焊接处,需要预留足够的空间以避免在焊接过程中烧坏周围的绝缘甚至绕组线圈。对于电压等级高的绕组,为改善其电场和绝缘,兼顾工艺和操作的可行性,往往采用质地较软的纸包铜电缆作为引线。

所有引线在进行布置时都需要用夹件对其进行有效的固定,以防止引线之间的串动。一般油浸式变压器引线夹件采用层压木进行加工制作。需注意引线在木夹件上的绝缘距离小于引线在油中的绝缘距离。对此台 1MVA、高压侧额定电压为 10kV、低压侧额定电压为 0.4kV 变压器木夹件上引线布置位置设计时,需参照表 2-3 中木夹件上的绝缘距离要求进行设计。

表 2-3 圆引线间和引线到其他部分的绝缘距离(单位:mm)

<table>
<tr><th rowspan="2">电压等级</th><th rowspan="2">工频实验电压</th><th rowspan="2">引线绝缘厚度</th><th rowspan="2">引线到平面距离</th><th rowspan="2">引线到尖角距离</th><th rowspan="2">引线到引线距离</th><th colspan="3">木夹件上引线</th><th rowspan="2">引线到绕组距离</th></tr>
<tr><th>到悬浮铁距离</th><th>到引线距离</th><th>到接地铁距离</th></tr>
<tr><td rowspan="2">0.5kV</td><td rowspan="2">5kV</td><td>0</td><td>10</td><td>10</td><td>10</td><td>20</td><td>20</td><td>20</td><td>10</td></tr>
<tr><td>2</td><td>0</td><td>0</td><td>0</td><td>0</td><td>0</td><td>0</td><td>10</td></tr>
<tr><td rowspan="3">10kV</td><td rowspan="3">35kV</td><td>0</td><td>20</td><td>20</td><td>20</td><td>35</td><td>50</td><td>50</td><td>25</td></tr>
<tr><td>2</td><td>10</td><td>10</td><td>10</td><td>25</td><td>20</td><td>30</td><td>15</td></tr>
<tr><td>3</td><td>10</td><td>10</td><td>10</td><td>25</td><td>0</td><td>20</td><td>15</td></tr>
</table>

6. 变压器绝缘油的选用

变压器绝缘油是天然石油在炼油过程中的一个馏分经精制和添加适当的稳定剂调制而成的。现今主要从绝缘油的化学特性、物理特性和电气特性三方面对变压器绝缘油的性能进行评估。

对于绝缘油的选用一般根据变压器所需要运行现场的环境最低温度进行选择。温度越低，绝缘油黏度就越大。其黏度越大，流动性就会越差，如此，不利于变压器绕组和铁芯的散热。为了避免环境温度过低，影响变压器绝缘油的流动性，降低散热能力，对于在现场温度较低环境运行的变压器，可以通过选用同一温度下黏度较低的绝缘油。如在高海拔，年最低温度可达到－30℃环境运行的变压器，可选用 GB 2536—2011 标准下的克拉玛依 45＃变压器绝缘油，而一般常规变压器选用 25＃绝缘油就可以满足要求。

2.3.3　油箱结构设计

油浸式变压器的油箱是保护变压器器身的外壳和盛装绝缘油的容器，也是装配变压器外部组件、附件的骨架，同时又是提供对流和辐射散热的部件。

根据油浸式变压器油箱需要实现的功能，则其需要至少满足以下要求。

1）油箱密封性好，不发生漏油或者渗油

制造油箱的所有钢材和钢材连接处的焊缝不能出现渗漏现象，并且油箱的机械性连接处的密封也不能出现渗漏。这些取决于钢板材质、焊接结构设计、焊接工艺以及密封件材料和密封结构设计的合理性。

2）具备可靠的机械强度

作为外壳和支撑骨架的油箱必须具备一定的机械强度。这就要求：①油箱能够承受变压器器身和绝缘油的质量，并且能够通过吊起油箱起吊整个变压器（除组合式变压器）；②能够承受外部所有附件施加的压力；③能够承受在运输过程中的加速度冲击力以及安装现场的地震或者风力等载荷。

变压器在出厂的时候都需要进行 12h 密封试验和持续 5min 内部正压试验。整个试验不能出现渗漏和损伤，更不能发生永久性的变形。在两项试验中，容量为 315kVA 及以下波纹式油箱承受 20kPa 压力，400kVA 及以上波纹式油箱承受 15kPa 压力，其剩余压力不得小于规定值的 70％。

3）油箱结构形式需要随容量的增大而改变

随着变压器容量的增大，考虑到大容量变压器器身质量较大，装配或兼修调运都不太方便，其油箱结构需从小容量变压器的桶式油箱结构改变为钟罩式结构。

同时由于容量的增大，电磁损耗与容量的 3/4 次方成正比，而变压器油箱外表面积增加却与容量的 1/2 次方成正比，即损耗增加的速度超过了油箱的散热速度。因此容量越大，油箱所需要加设的散热器（如波纹散热片）就会增多或设计辅助散热的工作单元（如加装风机增大空气流动、加装强迫油循环泵机加速油循环速度等）增大散热速度。

此台 1MVA 三相油浸式变压器的容量属于小容量变压器范畴，装设合适的波纹散热片就可以达到温升要求。其制造油箱钢材可选用冷轧 Q235 碳素钢。所选钢材的厚度则需根据尺寸的大小，结合油箱需要达到的承受压力的标准进行选择。

对其箱底、箱壁、箱沿、箱盖分别进行加工制作，然后再将箱底、箱壁、箱沿焊接在一起，形成一个桶状结构。箱盖和油箱之间夹一根密封圈，通过螺栓固定在一起。设计中需注意：①不管是箱盖和油箱之间的密封圈，还是其他附件安装法兰上的密封件，其铺设位置都应设计在紧固螺栓所在弧线范围之内，且预留有一定供密封件受力时伸张的弹性距离；②油箱底部的安装支架槽钢的安装孔开孔横向和纵向尺寸需满足前面所提到的国家统一安装固定尺寸标准或者客户特殊标准；③油箱箱壁上油样阀的焊装位置不能离箱底太近，以避免变压器长期运行产生的油污沉积在箱底阻塞取样通道；④箱盖上套管的布置必须满足高、低压套管各在一边，面向高压侧，高压侧套管相序从左至右依次为 A 相、B 相、C 相，低压侧依次为 0 相、a 相、b 相、c 相；⑤箱盖上水银温度计座（用于供水银温度计测量绝缘油温度）和信号温度计座（用于供绕组温度计测量绕组温度）的焊装位置尽量布置在远离绕组端部引出线周围，避免因引出线局部的相对高温影响测量准确性；⑥所设计油箱各部位组件应具有协调性和合理性，不能出现某一个组件、附件影响另一个组件、附件正常工作的现象。

2.3.4 变压器组件的选配

一台变压器的组件大致包括分接开关、套管、散热器、气体继电器、压力释放阀、变压器用温度计、套管电流互感器、储油柜等。

一般除了需要依据行业标准硬性选配的组件外，其余组件的选配需要根据用户的要求进行选型加装。

根据对容量为 1MVA、电压等级为 10kV 的常规无励磁调压变压器的组件配置标准，需要选配与工作额定电压及承载电流相匹配的无励磁调压开关，结合标准 JB/T 8637—1997《无励磁分接开关》选择 WSPⅢ 1125/10-3×3 型无励磁调压分接开关。开关为无励磁三相盘形结构手动调节方式开关，其额定通过电流为 125A，大于高压侧最大工作电流；额定电压等级为 10kV，分接头数目为 3 个，满足 10kV（±5%）调压分接要求。

套管的选配需要满足绝缘（内绝缘和外绝缘）、载流（额定和过载电流）、机械强度（稳定和地震环境）等各方面的要求。所选择的套管绝缘电压等级不得低于安装处额定电压等级，如果在海拔较高或者空气污染很严重的工作场合，所选用的套管绝缘电压等级可能还会在此基础上升高一个等级。结合国内套管标准 GB/T 4109—1999《高压套管技术条件》和技术要求选择高、低压及零相均选择户外型变压器电容陶瓷套管。高压选配 BJL-10/275 户外型陶瓷套管，低压选配 BF-1/2000 户外型陶瓷套管。由于零相承载电流很小，故在零相配置额定载流量约为三分之一低压额定相电流的户外型陶瓷套管。这里选择 BF-1/600 户外型陶瓷套管。

变压器大都采用波纹散热片、片式散热器和强风冷却器来扩大散热面积。一般来说，小容量的变压器使用波纹散热片就可以达到有效的散热效果。需要焊装波纹散热片的变压器需要在焊装对应侧壁开出一个孔，开孔长、宽尺寸一般为散热片长、宽尺寸减去 15mm 或 20mm。如此才能形成焊装时连接部位的搭接，同时不会因为搭接尺寸过大而影响绝缘油的流动循环。而具体需要多大尺寸型号的波纹散热片则需要通过温升计算等进行选配。

气体继电器属于变压器的一种保护用组件，当变压器内部有故障，而使油分解产生气体或造成油流冲击时继电器的接点动作、给出信号或自动切除变压器。按照国家标准 GB/T 6451—1999，容量为 800kVA 及以上的变压器应装有气体继电器。气体继电器都应安装于变压器油箱和储油柜之间的管路中(如果变压器没有设计储油柜，则可以安装在变压器油箱箱盖上)。根据气体继电器标准 JB/T 9647—1999，此台 1MVA 全密封变压器可选用 QJ1-25 型气体继电器。

变压器的另一种自身保护装置是压力释放阀。当变压器有严重故障时，油分解产生大量气体。如此对于全密封的油箱内压力急剧升高，会导致变压器油箱破裂。压力释放阀通过及时打开，排出部分变压器油，降低油箱内的压力。待油箱内的压力降低之后，压力释放阀就会自动关闭，保持油箱的密封性。按照国家标准 GB/T 6451—1999，对容量为 800kVA 及以上的油浸式变压器都应安装压力保护装置。压力释放阀必须安装在变压器油箱的上部，对于全密封变压器，一般都装设在油箱箱盖上。1MVA 全密封变压器可根据压力释放阀适用标准 JB 7065—1993，选择型号为 YSF1-25/50Y、开启压力位 25kPa、喷油口径为 50mm、带防雨罩的常规压力释放阀。近几年，在小容量全密封变压器上也可采用通过在箱盖上装设带有压力释放功能的管式油位计实现压力释放保护的效果。

油浸式变压器用温度计按用途分如下几类：

(1) 测量顶层变压器油的温度计。一般小容量变压器采用在油箱箱盖上设置一个注有一定量绝缘油的水银温度计座，在需要进行油顶层温度测量的时候，把量程为 0～120℃水银温度计插入油中直接进行测量。容量较大的变压器可以专门设计装配一个压力式温度计进行实时测量。

(2) 测量绕组平均温度的绕组温度计。绕组温度计是利用“热模拟”原理来进行变压器绕组温度测量的，而不是直接测量绕组温度。绕组温度计同样可以作为绕组热点温度计使用。

(3) 测量绕组热点温度的热点温度计。根据变压器用温度计标准 JB/T 6302—1992《变压器用压力温度计》和 JB/T 8450—1994《变压器绕组温度计》设计要求，对 1MVA 常规全密封油浸式变压器选用 BWY-803A 压力式温度计和 BWR-3L8Y 绕组温度计。

套管电流互感器是为测量和保护设备提供电流源的设备。所提供的电流源可以是其他元器件的工作电源，也可以是一些保护设备的信号源。

为了保证油浸式变压器的绝缘强度，并且散出器身产生的热量，油浸式变压器器身需要全部浸没在绝缘油中。但是由于大容量变压器在温度变化下，其油箱容积变化幅度较大，因而需要为其设计专门的储油柜来吸收或补充因油箱容积缩小或增大引起的绝缘油流动量。但是对于全密封变压器，则不需要专设储油柜，因为它可以通过波纹散热片或者片式散热器的可收缩、膨胀功能实现这样的容积变化。

第 3 章　变压器铁芯技术

3.1　铁 芯 材 料

3.1.1　发展概述

变压器铁芯材料是指变压器铁芯本体的磁性材料。铁磁材料有高的磁导率，变压器的发展初期使用普通铁片作为铁芯材料，之后采用热轧磁性钢片用于变压器铁芯制造。1934 年高斯发明了冷轧取向硅钢片，从此，冷轧取向硅钢片逐渐代替了热轧磁性钢片。20 世纪 70 年代以后，开发出高导磁的磁性钢片(Hi-B)，其单位损耗和励磁安匝均比普通晶粒取向磁性钢片要小。80 年代，又开发出磁畴细化的更低损耗的磁性钢片。1960 年美国研发出非晶合金材料，1974 年研制出铁基非晶合金。非晶合金的铁芯损耗要比取向磁性钢片小，磁导率也很高。非晶合金适合制造空载损耗更低的变压器，其节能效果显著，但由于其饱和磁通密度低、厚度薄、加工困难、材料价格比较高，尽管在变压器制造中有良好的表现，但是在大容量变压器制造中仍未使用。

从变压器的发展历史看，铁芯磁性材料的发展见表 3-1。其中，$P_{15/60}$表示铁芯磁通密度为 1.5T、频率为 60Hz 的单位损耗；$P_{17/50}$表示铁芯磁通密度为 1.7T、频率为 50Hz 的单位损耗；ZDKH 为使用激光照射使磁畴细分；ZDMH 为使用机械刻痕使磁畴细分[1]。

表 3-1　铁芯磁性材料的发展

年份/年	材料品质	磁性钢片厚度/mm	单位损耗/(W/kg)	
			$P_{15/60}$	$P_{17/50}$
1890～1905	软铁叠片	0.35	12.98	—
1900	瑞典木碳钢	0.35	7.7	—
1905	涂漆钢片	0.35	—	—
1910	3.25%热轧磁性钢片	0.35	3.85	—
1925	4%热轧磁性钢片	0.35	3.08	—
1935	3.2%冷轧取向磁性钢片	0.35	—	—
1945	3.2%冷轧取向磁性钢片	0.33	1.254	—
1968	3%冷轧取向磁性钢片(日本钢铁公司)	0.33	—	—
1970	3%冷轧取向磁性钢片(Hi-B)	0.30	0.88	0.98

续表

年份/年	材料品质	磁性钢片厚度/mm	单位损耗/(W/kg)	
			$P_{15/60}$	$P_{17/50}$
1974	3%冷轧取向磁性钢片(Hi-B)(川崎钢铁公司)	0.30	—	0.98
1974	非晶合金	—	—	—
1977	3%冷轧取向磁性钢片(Allegheny Ladlow)	0.30	—	—
1980	非晶合金	—	0.55	—
1982	3%冷轧取向磁性钢片(ZDKH)	0.23	—	0.85
1988	3%冷轧取向磁性钢片(ZDMH)	0.23	—	0.85

磁性钢片最主要的性能是铁芯损耗、磁通密度等磁力特性。由表 3-1 可以看出,冷轧晶粒取向磁性钢片的损耗较之过去的热轧磁性钢片的损耗有很大的降低。因此,目前在变压器制造业,制造电力变压器几乎无例外地使用各种不同牌号的晶粒取向磁性钢片作为铁芯材料,只有在部分配电变压器生产中,为了降低空载损耗,使用非晶合金作为铁芯的导磁材料。

在冷轧晶粒取向电工钢带生产出以前,变压器使用热轧磁性钢片作为生产铁芯的材料。热轧磁性钢片的制造工艺是通过热轧将硅钢碾压成钢片,一般含硅量在 4%(质量分数)左右。在热轧磁性钢片中,晶粒的排列是不规则的,因而导致磁性能没有方向性,饱和磁通密度比较低,约为 1.6T,因此,在变压器中铁芯使用的磁通密度为 1.4~1.5T;钢片的铁芯损耗也比较大,50Hz 在磁通密度为 1.5T 时的损耗大于 2W/kg。因此,在 20 世纪 50 年代,冷轧晶粒取向磁性钢带问世以后,变压器制造业已用冷轧晶粒取向磁性钢带取代了热轧磁性钢带。

冷轧磁性钢带是将硅钢热轧到一定厚度后,再冷轧到最终厚度。冷轧磁性钢带分为晶粒无取向磁性钢带和晶粒取向钢带。前者主要用于电机制造,后者用于变压器制造。本书后面只讨论变压器用冷轧晶粒取向磁性钢带。

在铁中添加硅可以降低铁中的磁滞损耗和涡流损耗,使得电工钢片的磁性能大大提高。20 世纪初,开始有了磁性钢片的生产并用于电工产品,1934 年发明了冷轧取向磁性钢片,由于铁芯损耗的降低和饱和磁通密度的提高,使用取向磁性钢片会使变压器的损耗有很大的下降,同时变压器的材料消耗也有很大的下降,可以在运输尺寸不变的条件下,制造出单台容量更大的变压器。

冷轧电工钢带分为取向钢带和无取向钢带,它们的区别在于晶粒的易磁化轴方位是否与钢带的轧制方向一致。冷轧取向磁性钢片的表面有两层膜,冷却时因热膨胀率的差别,产生差值对钢板施加张力,降低了铁损和磁致伸缩。冷轧取向磁性钢板的另一个重要特性是其磁致伸缩,它随晶粒排列方向和轧制方向一致程度的提高而降低,因此高导磁磁性钢片的磁致伸缩比常规取向磁性钢片小,即由高导磁磁性钢片制造的变压器铁芯的噪声比常规取向磁性钢片铁芯的噪声小一些。

非晶合金材料是美国阿利德化学公司首先研制成功的，于1979年用于制造变压器铁芯。非晶合金材料的磁滞损耗比常规晶粒取向磁性钢带小。由于非晶合金材料的厚度很小，电阻率为磁性钢带的3～6倍，所以涡流损耗也小。与相同容量常规磁性钢带变压器相比，空载损耗可降低70%左右；此外，非晶合金材料的磁导率高，变压器的励磁电流为晶粒取向电工钢带的1/12～1/8。非晶合金材料的饱和磁通密度低，其铁芯磁通密度比常规晶粒取向磁性钢片低，约和热轧磁性钢片接近。利用导磁性能出众的非晶合金来制造变压器的铁芯，能获得很低的空载损耗和空载电流。但是，非晶合金的物理和机械特性使变压器的制造出现很多困难。非晶合金片的磁致伸缩比磁性钢片约高10%，此外，铁芯夹紧力小，非晶合金变压器的噪声比常规磁性钢片变压器高6～8dB。

3.1.2　硅钢片材料

硅钢是含硅量在0.5%～5%、其他主要是铁的硅铁合金。它是电力电子和军事工业不可缺少的重要软磁合金，也是产量最大的金属功能材料，主要用作各种电机、发电机和变压器的铁芯。硅钢片按技术方法可以分为热轧硅钢片和冷轧硅钢片，其中冷轧硅钢片又可分为取向硅钢片和无取向硅钢片。根据磁感应强度的高低，取向硅钢分为普通取向硅钢(CGO)和高磁感冷轧取向硅钢(HGO，又称HIB)两大类。

热轧硅钢片是将Fe-Si合金用平炉或电炉熔融，进行反复热轧成薄板，最后在800～850℃退火后制成。热轧硅钢片主要用于发电机的制造，故又称热轧电机硅钢片，但其可利用率低，能量损耗大，近年来相关部门已强令要求淘汰。

冷轧无取向硅钢片最主要的用途是制造发电机，故又称冷轧电机硅钢。其含硅量为0.5%～3.0%，经冷轧至成品后的厚度，供应大多为0.35mm和0.5mm厚的钢带。冷轧无取向硅钢的饱和磁通密度 B_s 高于取向硅钢；与热轧硅钢相比，其厚度均匀，尺寸精度高，表面光滑平整，从而提高了填充系数和材料的磁性能。

冷轧取向硅钢带最主要的用途是制造变压器，故又称冷轧变压器硅钢。与冷轧无取向硅钢相比，取向硅钢的磁性具有强烈的方向性；在易磁化的轧制方向上具有优越的高磁导率与低损耗特性。取向钢带在轧制方向的铁损仅为横向的1/3，磁导率之比为6∶1，其铁损约为热轧带的1/2，磁导率为后者的2.5倍。

高磁感冷轧硅钢带为单取向钢带，主要用于电信与仪表工业中的各种变压器、扼流圈等电磁元件的制造。其应用场合有两个主要特点：一是小电流，即弱磁场条件下，要求材料在弱磁场范围内具有高磁性能，即高磁导率和高磁通密度；二是使用频率高，通常都在400Hz以上，甚至高达2MHz。为减小涡流损耗和交变磁场下的有效磁导率，一般使用0.05～0.20mm的薄带。表3-2为电工硅钢片的分类。

表 3-2　电工硅钢片的分类

项目	类别		硅含量/%	公称厚度/mm
热轧硅钢片(无取向)	热轧低硅钢(热轧电机钢)		1.0～2.5	0.50
	热轧高硅钢(热轧变压器钢)		3.0～4.5	0.35,0.50
冷轧硅钢片	无取向电工(冷轧电机钢)	低碳电工钢	≤0.5	0.50,0.65
		硅钢	0.5～3.2	0.35,0.50
	取向硅钢(冷轧变压器钢)	普通取向钢	2.9～3.3	0.20,0.23,0.27
		高磁感取向硅钢	2.9～3.3	0.30,0.35

电工硅钢片通常以铁芯损耗和磁感应强度作为产品磁性保证值,它的性能要求如下:

(1) 铁芯损耗低。铁损中包括磁滞损耗、涡流损耗与剩余损耗,它是衡量硅钢片质量的一项重要指标。铁损低时,既可节省大量电能,又可延长电机、变压器工作运转时间,而且可以简化冷却装置。

(2) 磁各向异性。电机在运转状态下工作,其铁芯用带齿圆形冲片叠成定子和转子组成,要求电工钢板各向同性,因此,一般用无取向冷轧硅钢或热轧硅钢制造。变压器在静止状态下工作,大中型变压器铁芯用条片叠成,一些配电变压器、电流和电压互感器以及脉冲变压器等用卷绕铁芯制造,这样可保证沿电工钢在轧制方向下磁化,因此采用冷轧取向硅钢制造。

(3) 磁感应强度高、导磁率高。磁感应强度即磁通密度是考核硅钢片质量高低的重要指标之一。当电机或变压器功率一定时,磁感应强度高,可缩小铁芯截面积,减小铁芯体积,降低电机和变压器的质量、总损耗和制造成本。

(4) 磁时效现象小。铁磁材料磁时效主要是由材料中碳和氮等杂质元素引起的,应尽量降低钢中碳和氮的含量。

(5) 有良好的表面质量与均匀的厚度。硅钢片表面质量良好和厚度均匀可提高铁芯的叠片系数。叠片系数提高意味着铁芯体积不变时电工钢片用量增多而有更多的磁通通过,有效利用空间增大,气隙减小,从而使激磁电流减小。叠片系数提高 1%,相当于铁损下降 2%,磁感应强度提高 1%。

(6) 有良好的冲片性。用户使用电工钢片时冲剪工作量很大,特别是小电机和家用电机,要求电工硅钢冲片性好,以便提高冲模和剪刀寿命,从而保证冲剪片尺寸精度和减小毛刺。

(7) 表面有绝缘涂层。主要目的是防止铁芯叠片间发生短路而增大涡流损耗。一般要求绝缘涂层的绝缘性、附着性、防锈性、耐蚀性和耐热性好,且绝缘涂层均匀。

冷轧取向硅钢带最主要的用途是变压器制造,降低取向硅钢片的铁损一直是国内外硅钢企业长期致力研究的重要课题。就硅钢材质,降低取向硅钢铁损的主要手段是增大含硅量,减小板厚及磁畴细化技术[2]。

(1) 增大含硅量。

目前工业生产的冷轧取向硅钢片含硅质量分数达 3.0%以上,一旦增加到 6.5%,其硅钢损耗明显下降,因此,它是 400Hz～10kHz 频率范围内最佳使用材料。

(2) 减小板厚。

目前采用的冷轧取向硅钢片的片型越来越薄,0.35mm 的已淘汰,一般厚度为 0.3mm、0.27mm、0.23mm、0.18mm,这样可以降低硅钢片的涡流损耗。表 3-3 为试验测得的厚度为 0.20mm、0.15mm、0.10mm、0.08mm、0.05mm 的取向硅钢薄带磁性。

表 3-3 试验结果

序号	厚度/mm	B_{1000}/T	B_{2500}/T	$P_{1.5/50}$ /(W/kg)	$P_{1.0/400}$ /(W/kg)	$P_{1.5/400}$ /(W/kg)	$P_{1.5/1000}$ /(W/kg)	$P_{1.5/4000}$ /(W/kg)
1	0.20	1.816	1.888	0.847	8.09	18.95	—	—
2	0.15	1.75	1.84	1.23	7.65	18.22	29.61	44.95
3	0.10	1.58	1.69	1.58	7.25	18.13	25.54	33.61
4	0.08	1.68	1.78	1.44	6.27	16.87	20.77	26.94
5	0.05	1.77	1.86	1.27	5.75	13.94	18.08	22.74

从表 3-3 中可知:0.20mm 取向硅钢薄带可在 400Hz 或 400Hz 以下使用,此时磁感应强度达 1.5T,其铁损较低。0.15mm 取向硅钢薄带在工作频率为 1000Hz 时,当磁感应强度达到 1.0T,其铁损值小于 30W/kg,因此可以认为,此种规格薄带在 1000Hz 或 1000Hz 以下的工作频率下使用均是合适的。0.10mm 及 0.08mm 取向硅钢薄带在工作频率为 3000Hz 以下时使用是较为合格的。当频率达 3000Hz 时,0.10mm 取向硅钢薄带选用的磁感应强度为 0.50T 左右,同等条件下 0.08mm 规格选用的磁感应强度值可以略高些,如 0.50～0.80T。0.05mm 取向硅钢薄带在工作频率为 5kHz 时,其磁感应强度为 0.50～0.60T,因此,它在上述 5 种规格薄带中适用范围最广,在 5kHz 及 5kHz 以下使用都是合适的。

(3) 细化磁畴。

刻痕技术:日本 Narita 进行了刻痕对取向硅钢畴结构和损耗影响的研究,他指出如刻痕垂直于带材的[001]方向,即能有效地降低畴壁间距和涡流损耗。

激光加工技术就是利用刻痕技术快速加热和冷却的特点,对取向硅钢片表面作划线处理,促进加热区产生微小塑性变形和高密度位错,减少主畴壁长,并同时产生残余张应力，达到细化磁畴和降低铁损的目的。

激光加工有两种方式：脉冲激光加工和连续激光加工。其中，用于脉冲激光加工的激光能量存在一定的最佳效果值。但必须指出，激光点距不能过小，否则相邻的激光作用区互相重叠，致使原有的涂层张应力大量释放，降低铁损的效果。

1984 年，新日铁制成了激光照射处理的高导磁的取向硅钢片铁芯。表 3-4 为脉冲激光加工降低铁损的结果。

表 3-4　脉冲激光加工降低铁损的结果

序号	脉宽/μs	激光电流/A	$P_{1.5/50}$下降/%	$P_{1.7/50}$下降/%	绝缘性破坏程度
1	200	21	5.1	6.6	较严重
2	550	21	4.9	5.9	严重
3	650	21	7.1	7.9	轻度
4	750	21	4.7	5.9	无损

注：试样为 30ZH120 牌号的冷轧取向硅钢片，按国标切取，尺寸为 30mm×300mm，经真空退火、消除剪应力、两片一组随机分组。

3.1.3　非晶合金材料

非晶合金材料具有高饱和磁感应强度、矫顽力小、损耗低的优点，应用于电力变压器中，其高效、节能、环保的效果已经被电力行业所认可。

1. 非晶合金材料概况

历史上首次报道成功制备的非晶合金是 1934 年 Krame 用蒸发沉积方法获得的非晶合金膜。此后不久，Brenner 等采用化学沉积法制备了 Ni-P 非晶薄膜。1959 年 Bemal 首次用密集的自由堆积硬球模型来解释非晶结构；同年，Cohen 等根据自由体积模型预言“假如冷却到足够快的程度，即使最简单的液体也可以通过玻璃化转变”，这一点很快被证明是正确的。1960 年美国加州理工学院发明了快速冷却制备非晶态合金的方法，制备出 Au-Si 非晶合金箔，从工艺上突破了制备非晶态合金的关键难题，以后被加以发展，做到连续生产，这种从合金熔体经急冷形成的非晶合金又称金属玻璃。1969 年 Pond 和 Maddin 关于制备一定连续长度条带技术的发明是制备非晶合金决定性的发展。这一技术为大规模生产非晶合金创造了条件，激发了人们研究开发非晶合金的浓厚兴趣。同年，陈鹤寿等用轧辊轧出厚几毫米，长可达几十米的薄带，这为非晶合金的大规模生产奠定了基础。与此同时，Tumbull 将成核理论运用于金属玻璃，提出了非晶形成的物理机理。1974 年陈鹤寿和 Turnbull 等通过石英管水淬法等抑制非均质形核的方法，在高于 103K/s 的淬火速率下制备出直径达 1～3mm 的 Pd-Cu-Si、Pd-Ni-P 非晶圆柱棒，但仅限于 Pd、Pt 等贵金属。之后如何制备相对便宜的块状非晶合金材料成为材料科学家的一个研究热点。

到 20 世纪 80 年代末期，日本东北大学的 Inoue 等创造性地发现了一系列具有极低临界冷速(约为一至几百开每秒)的多组元成分块体非晶合金。这一成果使块状非晶合金的研究获得了突破性的进展。他们首先发现 Mg-Ni-La，La-Al-TM (TM=Ni，Cu，Fe)系列非晶合金，其中 $La_{55}Al_{25}Ni_{20}$ 的 $\Delta T_x=69K$(其中 $\Delta T_x=T_x-T$ 为过冷液相区，T 为晶化温度)，并用低压铸造的方法制备出非晶合金板。1990 年，Zr-Al-TM 被研制出来，其临界冷却速度为 1～100K/s，最大厚度达 34mm。随后，Inoue 及 Johnson 等采用金属模浇铸方法系统评估了合金熔体转变成非晶合金的临界冷却速率，又分别在 Fe 基、Zr 基合金中发现具有高非晶形成能力的合金体系，主要有 Fe-(Al，Ga)-(P，B，C，Si)，(Fe，Co，Ni)-Zr-B，Zr-Al-TM，Zr-Ti-Al-TM，Zr-Ti-TM，Zr-Ti-TM-Be 等。1993 年，Inoue 通过石英管熔体水淬法制得直径 16mm、长 150mm 的 $Zr_{65}Al_{7.5}Ni_{10}Cu_{17.5}$ 的非晶圆棒，其临界冷却速率仅为 1.5K/s。同年，Johnson 等用水淬法制得直径达 14mm、质量超过 20kg 的 $Zr_{41.2}Ti_{13.8}Cu_{12.5}Ni_{10}Be_{22.5}$ 非晶合金，其临界冷却速率仅为 1K/s，非晶形成能力已接近传统氧化玻璃。由于块体非晶合金具有优越的性能和广阔的应用前景，非晶合金的学术及应用上的重要性在国际上引起了广泛的关注并已在美国、日本、欧洲有重大的科研投入。我国非晶态合金材料的研究从 1976 年开始，现已初步形成了非晶合金科研开发和应用体系，达到国际先进水平。随着国家非晶微晶合金工程技术研究中心的组建和千吨级非晶带材生产线的建立，非晶合金的产业化进程也将大大加快，将为我国电力电子工业的发展做出更大的贡献。

2. 非晶合金的分类

非晶合金的结构与玻璃相似，具有玻璃的性质，因此常被看成更为广泛意义上的玻璃，故称金属玻璃(metallic glass)。根据合金成分的不同，非晶合金主要可以分为过渡金属-类金属(TM-M)合金、过渡金属-稀土金属(RE-TM)合金、过渡金属-过渡金属(RE-RE)合金，以及一些三元系列，如过渡金属-过渡金属-类金属(TM-TM-M)合金、稀土金属-类金属-过渡金属(RE-M-TM)合金。但是自从 20 世纪 70 年代以来，研究较为集中在 TM-M 型和 RE-TM 型合金。由于 TM-M 型合金中含有较多价格便宜的类金属元素，因此性能优良，应用广泛；而 RE-TM 型的合金则是很好的磁泡记忆材料。

3. 非晶合金铁芯性能

非晶合金对于变压器最大的优点是有良好的铁磁性。非晶合金铁芯材料对机械应力非常敏感,无论张应力还是弯曲应力都会影响其磁性能,所以,铁芯损耗会随着铁芯材料所受压力的增大而增加。这需要在器身结构设计中加以充分考虑。其物理状态表现为金属原子呈无序非晶体排列,它与硅钢的晶体结构完全不同,这更有利于被磁化和去磁。加工成的非晶合金铁芯带材厚度仅 0.025mm,这种新材料用于变压器铁芯磁化过程相当容易,从而大幅度降低变压器的空载损耗。但是其磁通饱和值较硅钢材料低(1.57～1.59T),故非晶合金铁芯在设计磁通密度时一般在 1.3～1.35T 范围内取值较理想。

非晶合金铁芯均采用长方形截面。从结构形式上看,将下铁轭部分设计成有交错搭接布置接缝的开口单卷铁芯结构,用于非晶合金变压器铁芯结构,其主要有如图 3-1 所示的三相五柱式铁芯和如图 3-2 所示的三相平面式卷铁芯两种,其中采用三相五柱式铁芯较为普遍。

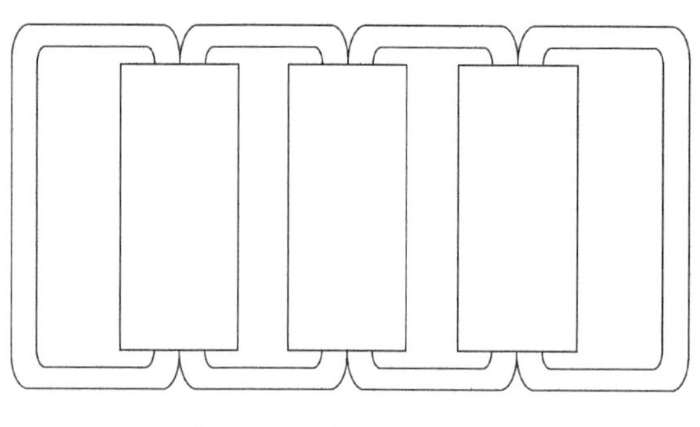

图 3-1　三相五柱式铁芯

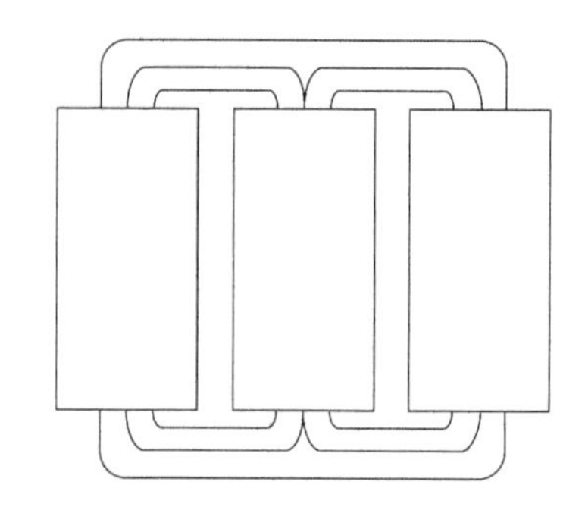

图 3-2　三相平面式卷铁芯

Allied 公司于 1979 年研制出 2605SC($Fe_{81}B_{135}Si_{3.5}C_2$)非晶合金材料,这种材料当磁通密度高于 1.4T 时其铁损随温度升高而增加,当磁通密度高于 1.35T 时其励磁容量随温度升高而大幅度增加。为了改善这一不良温度特性,后来成功研究出不含碳的 2605S2($Fe_{78}B_{13}Si_9$)非晶合金材料,它的温度敏感性要比 2605SC 小,温度特性得到了改善,但饱和磁通密度有所下降,正常工作磁通密度略低一些,其空载特性与温度的关系如图 3-3 和图 3-4 所示。

为了扩大非晶合金的应用范围,使较大容量的变压器也可使用非晶合金带(采用叠片结构的铁芯)。用 2605S2 非晶材料 6～10 张,经高温高压下凝结,再经退火处理而成。该材料称电力铁芯,其厚度为 0.12～0.25mm,其性能与高导磁电工钢片性能对比见表 3-5。

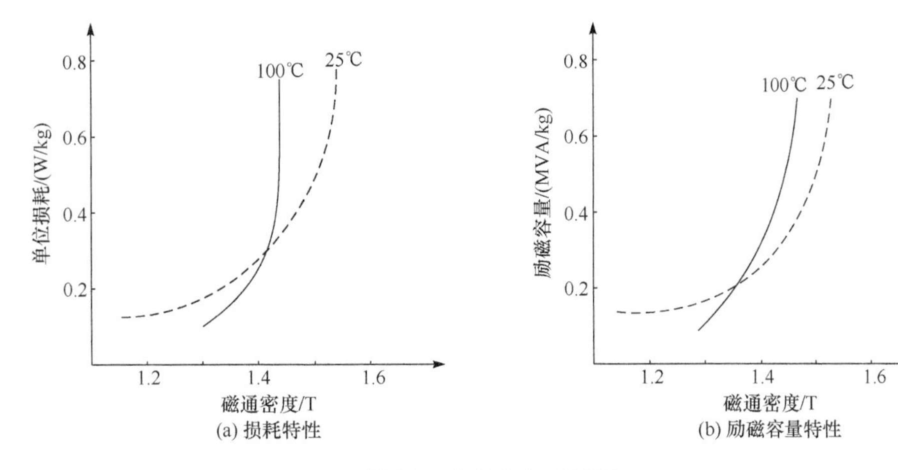

(a) 损耗特性　(b) 励磁容量特性

图 3-3　非晶合金 2605S2

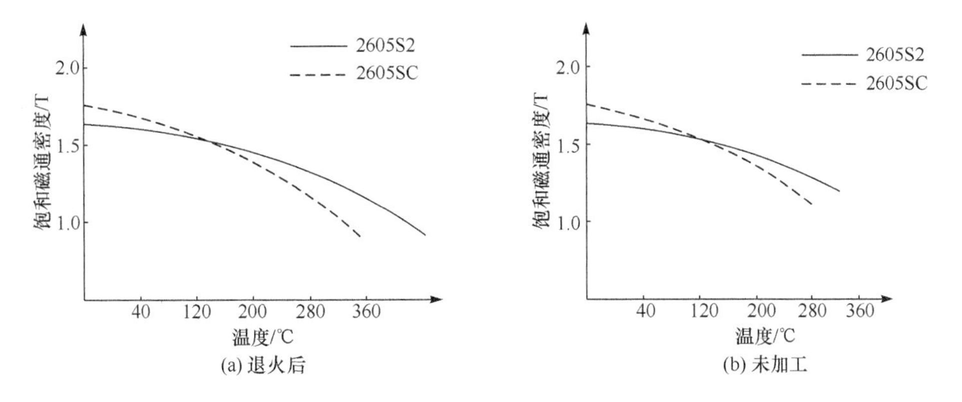

(a) 退火后　(b) 未加工

图 3-4　饱和磁通密度与温度关系

表 3-5　2605S2 性能与高导磁电工钢片性能对比

特性项目		非晶合金 2605SC	非晶合金 2605SZ	高导磁电工钢片 Z6H	电力铁芯片 2605S2
磁特性	100℃、1.4T/60Hz 时的单位损耗/(W/kg)	0.27	0.21	0.9	0.25
	100℃、1.4T/60Hz 时的励磁特性/(W/kg)	0.72	0.37	0.94	—
	25℃饱和磁通密度/T	1.61	1.55	2.08	1.58
	100℃饱和磁通密度/T	1.51	1.49	2.03	1.47

续表

特性项目		非晶合金 2605SC	非晶合金 2605SZ	高导磁电工钢片 Z6H	电力铁芯片 2605S2
磁特性	矫顽力/Oe	0.06	0.04	0.09	0.04
	剩磁/T	1.12	1.17	1.5	1.2
	磁滞伸缩/mm	309(较大)	27(较大)	4(较小)	—
	比电阻/$\mu\Omega$	125	130	4.5	—
物理机械性能	厚度/μm	30	30	300	130
	密度/(g/cm^3)	7.32	7.18	7.65	7.18
	叠片系数/%	>75	>75	97	90
	居里点/℃	375	414	746	415
	结晶温度/℃	475	550	—	535
	抗张力/(kg/mm^2)	70	150	32	—
	硬度(HR)	1050	900	210	—
退火条件	温度/℃	365	400	780～820	—
	时间/h	2	2	2	不需要退火
	磁场条件/mT	10	10	—	
	气体	N_2	N_2	N_2	

3.1.4　材料性能比较

1. 损耗比较

表 3-6 给出了在不同负载率下测量的非晶合金变压器与硅钢片铁芯变压器的总损耗值，图 3-5 是两者比较的曲线图。从图中可以看出，在不同的负载率下，非晶合金变压器的总损耗值均大大优于硅钢片铁芯变压器[3]。

表 3-6　不同负载率下非晶合金变压器与硅钢片铁芯变压器的总损耗值(120℃)

负载率/%	非晶合金变压器总损耗 $P_{非}$/W	硅钢片铁芯变压器总损耗 $P_{硅}$/W	$P_{非}/P_{硅}$
20	572	1564	0.365
30	823	1832	0.449
40	1175	2206	0.532
50	1628	2686	0.605

续表

负载率/%	非晶合金变压器总损耗 $P_{非}$/W	硅钢片铁芯变压器总损耗 $P_{硅}$/W	$P_{非}/P_{硅}$
60	2180	3273	0.666
70	2834	3967	0.714
80	3588	4768	0.752
90	4442	5674	0.782
100	5397	6688	0.806

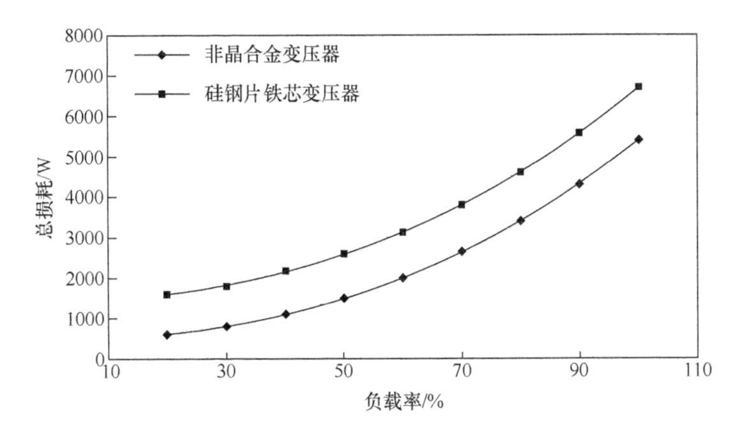

图 3-5　负载率与损耗的关系

2. 温升比较

表 3-7 列出了不同负载率下测量的非晶合金变压器与硅钢片铁芯变压器的温升值。从表中可以看出，在不同的负载率下，非晶合金变压器的高低压绕组、铁芯温升均低于硅钢片铁芯变压器。

表 3-7　不同负载率下非晶合金变压器与硅钢片铁芯变压器的温升值

负载率/%	非晶合金变压器温升/K			硅钢片铁芯变压器温升/K		
	高压绕组	低压绕组	铁芯	高压绕组	低压绕组	铁芯
20	30.5	35.4	29.8	32.2	39.1	53.4
30	32.6	37.7	31.6	34.5	41.2	55.2
40	35.2	40.3	33.4	39.5	44.7	58.1
50	38.4	46.7	36.8	44.4	50.5	60.2
60	44.7	53.6	40.5	49.1	58.2	63.3
70	52.2	60.4	45.2	57.8	66.2	66.9
80	62.0	66.7	49.6	68.8	75.2	71.3
90	73.7	70.3	54.9	83.6	87.6	76.5
100	85.0	83.0	60.8	94.3	96.3	82.4

3. 噪声比较

表 3-8 列出了不同负载率下测量的非晶合金变压器与硅钢片铁芯变压器的噪声值。从表中可以看出，在不同的负载率下，非晶合金变压器噪声比硅钢片铁芯变压器要高。这其中的原因是，非晶合金的制造技术不够成熟。随着非晶合金变压器制造技术的日益成熟，非晶合金变压器的噪声问题也会逐渐得到控制。

表 3-8　不同负载率下非晶合金变压器与硅钢片铁芯变压器的噪声值

负载率/%	非晶合金变压器噪声/dB	硅钢片铁芯变压器噪声/dB
空载	59.8	49.7
20	60.5	50.4
40	60.9	50.7
60	61.2	51.0
80	61.7	51.5
100	62.3	52.1

4. 变压器效率

表 3-9 列出了不同负载率下测量的非晶合金变压器与硅钢片铁芯变压器的效率。从表中可以看出，在不同的负载率下，非晶合金变压器效率要比硅钢片铁芯变压器高。对于效率要求高的情况，非晶合金变压器是一个很好的选择。

表 3-9　不同负载率下测量的非晶合金变压器与硅钢片铁芯变压器的效率值

负载率/%	非晶合金变压器效率/%	硅钢片铁芯变压器效率/%
20	99.36	98.28
30	99.39	98.65
40	99.35	98.78
50	99.28	98.81
60	99.20	98.80
80	99.01	98.69
100	98.81	98.53

通过以上损耗、温升、噪声和效率的比较可以看出，非晶合金变压器的损耗、温升值和效率均优于硅钢片铁芯变压器。由于变压器的寿命与变压器的温度有关，故非晶合金变压器的寿命也比硅钢片铁芯变压器的寿命长。

3.2　铁芯分类与结构

3.2.1　铁芯类别

铁芯是变压器的基本部件，由铁芯叠片、绝缘件和铁芯结构件等组成。铁芯本体由磁导率很高的磁性钢带组成，为使不同绕组能感应出和匝数成正比的电压，需要两个绕组链合的磁通量相等，这就需要用使绕组内磁导率很高的材料制造铁芯，尽量使全部磁通在铁芯内和两个绕组链合，并且使只和一个绕组链合的磁通尽量少。铁芯被绕组遮盖住的部分称为铁芯柱，其他未被绕组围住构成磁通闭合路径的部分称为铁轭。由铁芯柱和铁轭确定的空间是铁芯窗口，铁芯窗口的大小与绕组的数量和截面积有关。

变压器的铁芯一般分为两大类，即壳式铁芯和芯式铁芯。而每类铁芯中又分为叠铁芯和卷铁芯两种。其中由片状电工钢带逐片叠积而成的称为叠铁芯；卷铁芯用带状材料在卷绕机上的适当形状模具连续绕制而成。另外，还有双框铁芯，即大小框结构。由于现在均采用优质冷轧电工磁性钢带，钢带的宽度已能满足芯柱和铁轭宽度的要求，所以很少采用双框铁芯。此外，还有新型的双框和多框结构，如单相双框及三相四框结构。

若按变压器的相数分，单相变压器的铁芯统称单相铁芯，三相变压器的铁芯统称三相铁芯。此外，铁芯还可以按其柱数、框数等进行分类。

3.2.2　芯式变压器铁芯

芯式变压器铁芯的特点是，铁芯是垂直的，绝大多数情况下铁芯柱由多级铁芯片组成，内接于圆，在圆形面积内有尽可能大的铁芯截面积。绕组是圆形的，套装在铁芯柱上。

晶粒取向电工钢片和热轧磁性钢片的最大不同是导磁性能有方向性，空载损耗和空载电流降低很多。铁芯叠片不再是过去热轧磁性钢片的矩形片形，叠片用直接缝，为使铁芯能成为整体，采用穿芯螺杆夹紧。晶粒取向电工钢片均剪切成接近 45°，叠片接近 45°。接缝对接，以使磁通在整个磁路均沿轧制方向，此外，晶粒取向电工钢片的铁芯也取消了铁芯中的穿芯螺杆[1]。

1. 单相变压器铁芯叠片

一般情况下，在有特殊要求或当三相变压器运输有困难时，才采用单相变压器，其铁芯为如图 3-6 所示的两种结构。所有铁芯柱和铁轭均在同一平面内。

(1) 单相变压器双柱式铁芯。最简单的单相变压器铁芯见图 3-6(a)，它可以在一个柱套装高压、低压绕组，或将绕组分为两部分，分别套在两个铁芯柱上。如

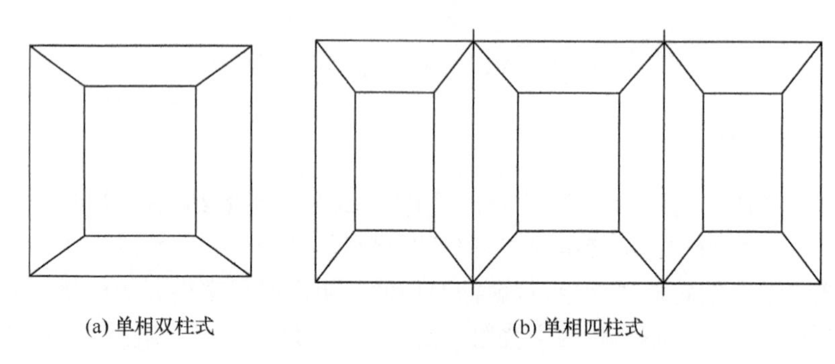

(a) 单相双柱式　　(b) 单相四柱式

图 3-6　单相变压器铁芯叠片

果在铁芯上套装两个绕组,则绕组可以方便地连接成串联或并联结构。单相变压器双柱铁芯一般用于小型变压器。

(2) 单相变压器四柱式铁芯。单相四柱式铁芯(有两个旁轭)见图 3-6(b),其两个柱上可以套装两个绕组,用来降低绕组的外径,由于铁轭高度比铁芯柱直径小,可以有效降低变压器运输高度,适合用于特大容量单相变压器。

2. 三相变压器铁芯叠片

三相变压器是生产和使用最多的变压器。因为一台三相变压器的价格比三台单相变压器组成三相组要低,同时三相变压器的安装面积比三台单相变压器组成三相组所需的安装面积要小,所以一般情况下都使用三相变压器,只有在运输条件限制或有特殊要求时,才使用三相组。但三相变压器如果需要备用变压器时,则需要一台三相变压器;而单相变压器组成三相组时,只要一台单相变压器备用即可。

三相变压器铁芯叠片图如图 3-7 所示。

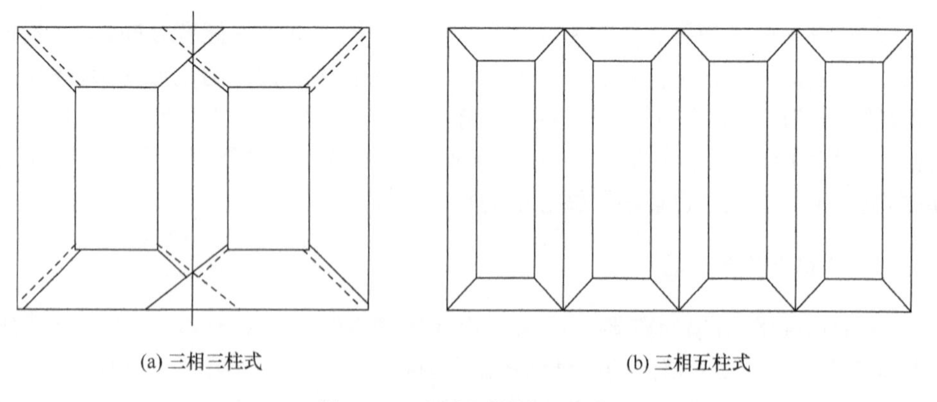

(a) 三相三柱式　　(b) 三相五柱式

图 3-7　三相变压器铁芯叠片

(1) 三相三柱式铁芯。应用最多的三相三柱式铁芯见图3-7(a)，其叠装工艺简单，单位质量的铁损小，即变压器的损耗系数小。由于三相在同一平面内，三相磁路的长度不相等，两边两相磁路的磁阻比中间一相磁阻大一些。当外加三相电压对称时，各相磁通相等，但三相的空载损耗不相等，三相的空载电流也不对称。在小容量变压器中表现较明显，一般 $I_{OA}=I_{OC}=(1.2\sim1.5)I_{OB}$。在大型变压器中，其不平衡度较小。但由于空载电流在变压器负载运行时所占的比例小，因而不会对变压器的实际运行带来大的影响。

三相三柱式铁芯每个柱内的磁通对应该相绕组的电压，设绕组有匝数 N，空载时有

$$U=e=-\frac{N\mathrm{d}\Phi}{\mathrm{d}t}=-\frac{N\mathrm{d}(BS)}{\mathrm{d}t} \tag{3-1}$$

式中，U 为绕组电压；e 为绕组感应电动势；Φ 为铁芯柱内磁通；B 为铁芯柱内磁通密度；S 为铁芯柱截面积。

由式(3-1)可知，当电压 U 是正弦时，磁通 Φ 或磁通密度 B 也是正弦变化的。但对铁芯柱内磁通分布的研究表明，尽管磁通 Φ 或磁通密度 B 也是正弦变化的，但在铁芯柱截面内各部分的磁通 Φ 或磁通密度 B 不是正弦变化的。

(2) 三相五柱式铁芯。三相五柱式铁芯如图3-7(b)所示。由于运输高度的限制，三相三柱式铁芯不能满足运输要求，不得不降低铁轭高度，铁芯做成三相五柱式，这种铁芯在三个中间的铁芯柱上分别套装A、B、C三相绕组，有三个芯柱和两个各有垂直部分与水平部分的铁轭。

图3-8表示三相五柱式铁芯内的磁通分布。由于磁通都在铁芯内，假定用等效正弦波分析，故有

$$\Phi_1+\Phi_A+\Phi_B+\Phi_C+\Phi_4=0 \tag{3-2}$$

因为是三角正弦波，$\Phi_A+\Phi_B+\Phi_C=0$，可以得出 $\Phi_1=-\Phi_4$，即两个边柱中的磁通是大小相等、相位相反的。

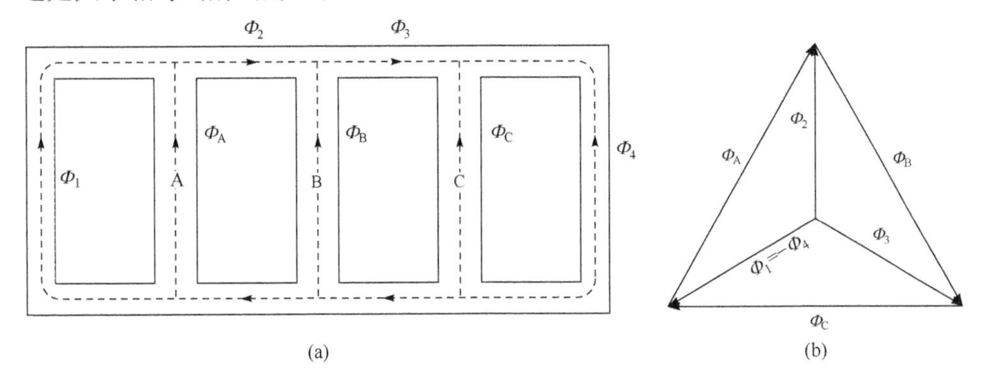

图3-8　三相五柱式铁芯内的磁通分布

由图 3-8(b)所示向量图,有

$$\Phi_A = \Phi_2 - \Phi_1 \tag{3-3}$$

$$\Phi_B = \Phi_3 - \Phi_2 \tag{3-4}$$

$$\Phi_C = -\Phi_3 - \Phi_4 = \Phi_1 - \Phi_3 \tag{3-5}$$

由式(3-3)～式(3-5)可知,磁通 Φ_A、Φ_B、Φ_C 和磁通 Φ_1、Φ_2、Φ_3 之间相当于电压的线电压和相电压的关系,当假定铁芯柱磁通和铁轭及旁柱磁通波形是正弦波时,铁轭和旁柱内磁通是铁芯柱的 $1/\sqrt{3}$,而不是铁芯柱内磁通的 1/2。铁轭和旁柱内磁通降低。就可以降低铁轭高度,达到满足运输的要求。此外,在铁芯柱内磁通是正弦波时,铁轭和旁柱内磁通不是正弦的。

由于铁芯质量的增加,波形中有高次谐波,所以在铁芯直径相同时,三相五柱式铁芯的空载损耗比三相三柱式铁芯的空载损耗大。

3.2.3 壳式变压器铁芯

1. 单相壳式变压器叠片

单相壳式变压器叠片的特点是铁芯叠片只有一种片宽,加工比较方便,铁芯截面为矩形。单相单柱壳式铁芯如图 3-9 所示,图 3-9(a)为单相单柱铁芯,图 3-9(b)为单相单柱铁芯剖面图。

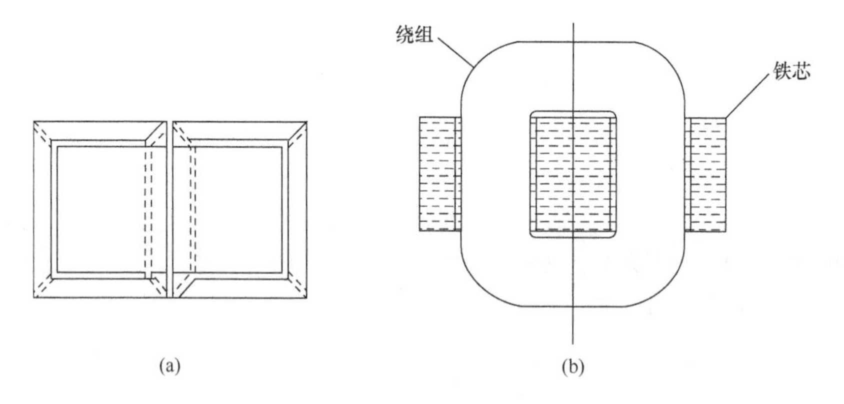

图 3-9　单相单柱壳式铁芯

2. 三相壳式变压器叠片

三相壳式变压器铁芯叠片分为两种结构:一种是普通三相,类似于芯式变压器的三相三柱式铁芯;另一种是三相五柱式铁芯。前者适用于容量比较小的壳式变压器,后者适用于容量特别大的壳式变压器。如图 3-10 所示,图 3-10(a)是普通三相铁芯;图 3-10(b)为三相五柱式铁芯。由图 3-10 可以看出,普通三相变压器铁芯的铁芯柱在三个相内是串联的，而三相五柱式铁芯的铁芯柱在三相内是并排的。由图3-9和图3-10可以看出，壳式变压器铁芯叠片的宽度是一样的，便于铁芯片的剪切。

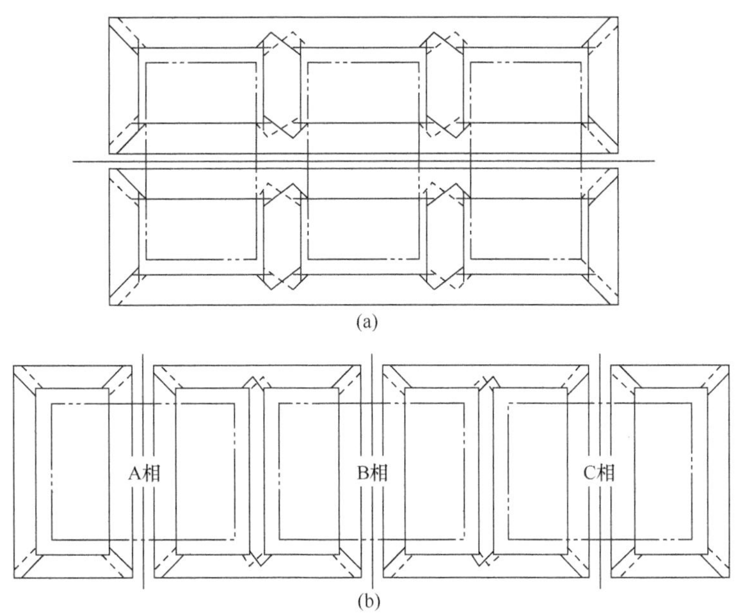

图3-10 壳式变压器三相铁芯

3.2.4 卷铁芯

卷铁芯与传统的叠铁芯相比，质量轻，空载损耗和噪声均相对比较低，广泛应用于小容量电力变压器。卷铁芯的磁通路径与磁性钢片的轧制方向一致。卷铁芯可分为铁芯片切断卷制和不切断卷制两种。切断卷制的卷铁芯，其线圈可用普通或自动绕线机绕制，绕组制造和套装简单。不切断卷制的卷铁芯，需要在铁芯上绕制线圈，因而制造工艺复杂。

卷铁芯必须经过退火处理，消除铁芯卷制时产生在钢片内的内应力，使铁芯磁路的导磁性能恢复到卷制前的水平。

卷铁芯可充分发挥磁性钢带的取向特性。在同等条件下，卷铁芯与叠铁芯相比，空载损耗和空载电流均大大降低。卷铁芯的空载损耗比叠片铁芯低7%以上。卷铁芯在生产线上卷制，不需要横剪，不需要人工叠片工序。在器身装配时，只需把绕组轴向紧固，省去了对铁芯的紧固。卷铁芯的生产工序要比叠铁芯少5～6道，因此生产效率比叠装铁芯高约5倍。

卷铁芯一般采用小于等于0.3mm的冷轧取向磁性钢带。卷铁芯的工艺性能好，材料的利用率几乎可达100%。

单相卷铁芯如图 3-11 所示。其结构优点是能使铁磁材料充分发挥出优越的电磁性能，使铁芯损耗系数降低。单相卷铁芯的铁芯柱和铁轭截面均为矩形，用磁性钢带连续绕制，明显降低了空载损耗、空载电流及变压器噪声。铁芯左右两个磁路对等，芯柱和铁轭的截面积相等，适用于小型单相变压器[1]。

1. 三相双框卷铁芯

三相双框卷铁芯的特点是铁芯三个框的磁路联系紧密，磁通分布较好，空载损耗及噪声比较低；缺点是对不切断铁芯绕制中柱绕组时困难。其结构如图 3-12 所示。

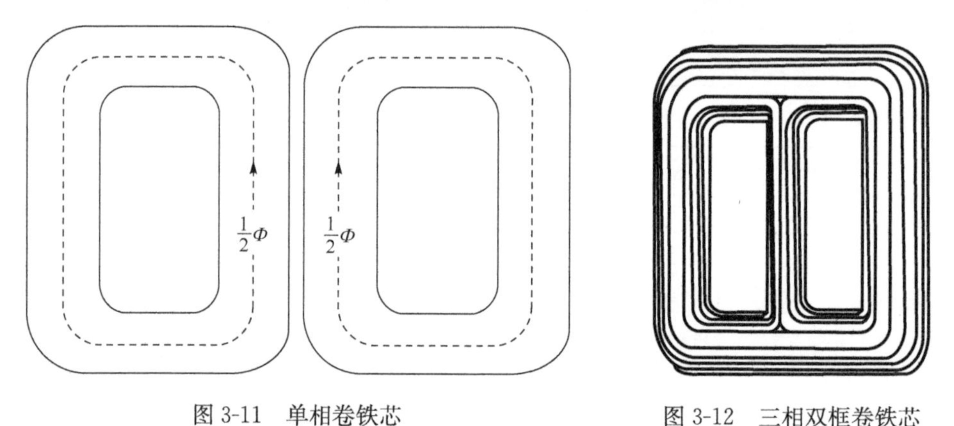

图 3-11　单相卷铁芯　　　　图 3-12　三相双框卷铁芯

2. 三相四框卷铁芯

三相四框卷铁芯由四个相同的框组成，其磁路相当于三相五柱式铁芯，由于铁轭和旁柱铁芯截面大，空载损耗低，但铁芯材料消耗大。在应用切断铁芯生产时，有比较高的生产效率。如图 3-13 所示三相四框卷铁芯，在其每个框的上部每层钢片卷制时有切口，可以很方便地打开放入绕组，然后再恢复成卷铁芯，中间有三个柱套装绕组。

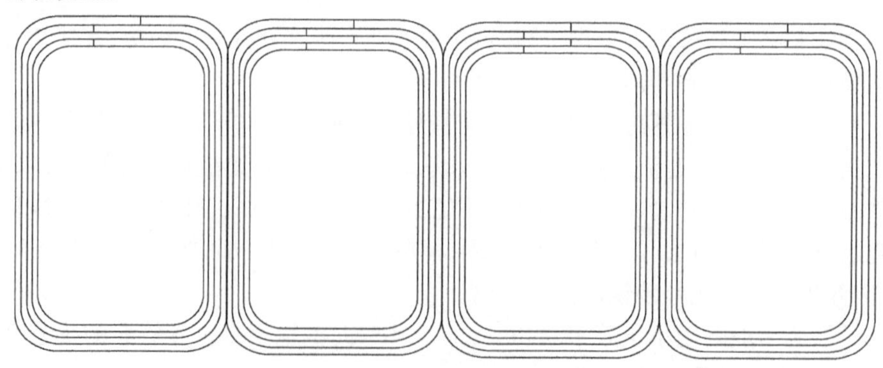

图 3-13　三相四框卷铁芯

3. 三角形卷铁芯

采用三只相同的半圆截面卷铁芯，组合成为立体三相变压器铁芯，使三相铁芯磁路完全对称。铁轭中磁通密度较低，空载电流、空载损耗比较小。

与传统叠片式S9型同容量配电变压器相比，它的空载损耗约下降44%，空载电流约下降90%，噪声级约下降13dB。三角形每个柱包含两个三角形的柱，绕组绕制比较复杂。它适用于容量较小的变压器。

3.2.5　超导变压器铁芯实例

表3-10给出了典型超导变压器的铁芯参数。三相超导变压器一般采用三相三柱式铁芯或三相五柱式铁芯结构[4]。单相超导变压器一般采用单相三柱式铁芯结构。

表3-10　典型超导变压器的铁芯参数

变压器容量	中国630kVA	中国1250kVA	中国300kVA	日本500kVA	韩国100MVA
铁芯材料	非晶合金	硅钢片	硅钢片	硅钢片	硅钢片
铁芯结构	三相五柱式	三相三柱式	单相三柱式	单相三柱式	三相三柱式
铁芯直径/mm	396	310	180	—	560
铁芯窗宽/mm	780	760	350	1580	1260
铁芯窗高/mm	870	810	1380	1110	2500
铁芯磁通密度/T	1.3	1.5	1.5	1.7	1.4
铁芯损耗/W	1031.1	—	637	2289	18300

3.3　铁芯损耗计算

铁芯的空载损耗主要包括铁芯片中的磁滞损耗、涡流损耗以及附加损耗等。空载损耗中的绝大部分是铁芯片中的损耗。

1. 磁滞损耗

磁滞损耗是铁磁材料在交流线圈引起的反复磁化过程中由于磁滞现象所产生的损耗。磁滞损耗的大小与磁滞回线的面积成正比，即磁滞损耗 $P_h = Vf(0.4\pi)^{-1}10^{-8}\int HdB$，相应单位为W、$cm^3$、Hz、Oe、Gs。微观来看，磁滞损耗与硅钢片内部的结晶方位、结晶纯度、内部晶粒的畸变等因素都有关系。由于磁滞回线的面积又与最大磁通密度 B_m 的平方成正比，所以磁滞损耗约和最大磁通密度 B_m

的平方成正比。此外,磁滞损耗是由交变磁化所产生的,所以它的大小还和交变频率f有关。具体来说磁滞损耗P_h的大小可用式(3-6)计算,即

$$P_h = C_1 B_m^2 f V \tag{3-6}$$

式中,C_1为由硅钢片材料特性所决定的系数(与铁芯磁导率、密度等有关);B_m为交变磁通的最大磁通密度;f为频率;V为铁磁材料总体积。

2. 涡流损耗

由于铁芯本身为金属导体,所以由电磁感应现象所感生的电动势将在铁芯内产生环流,即涡流。由于铁芯中有涡流流过,而铁芯本身又存在电阻,所以引起了涡流损耗。具体来说,经典的涡流损耗P_e的大小可用式(3-7)计算,即

$$P_e = C_2 \frac{B_m^2 f^2 t^2}{\rho} \tag{3-7}$$

式中,C_2为取决于硅钢片材料性质的系数;t为硅钢片的厚度;ρ为硅钢片的电阻率。

3. 异常涡流损耗

有的把它作为附加铁损的一部分来看待,一般认为它的大小与硅钢片内部磁区的大小(结晶粒的大小)以及硅钢片表面涂层的弹性张力等有关,可以用式(3-8)来进行估算,即

$$P_f = C_3 \frac{B_s^2 v^2 t}{\rho} \tag{3-8}$$

式中,C_3为取决于硅钢片材料的系数;B_s为饱和磁通密度;v为交变磁化时硅钢片内磁壁的移动速度。

总的来说,硅钢片内部磁区结晶粒的大小对异常涡流损耗影响较大。例如,取向硅钢片结晶粒的直径为3～20μm,而无取向性硅钢片的结晶粒直径为0.02～0.2μm,相应地,在取向性硅钢片中,异常涡流损耗甚至可达到总铁损的50%,而在无取向性的硅钢片中,异常涡流损耗甚至小到忽略不计的程度。

4. 附加铁损

附加铁损是指实测的铁损与计算所得出基本铁损之差。它不完全取决于材料本身,而主要与变压器的结构及生产工艺等有关。因此,无论什么类型的变压都存在附加铁损,只是存在大小的差别。

通常,引起附加损耗的原因主要有:

(1) 磁通波形中有高次谐波分量,它们将引起附加涡流损耗;

(2) 由机械加工所引起的磁性能变坏导致损耗增大;

(3) 在铁芯接缝以及芯柱与铁轭的T型区等部位所出现的局部损耗增大等。

对于附加铁损的计算，常借助引入一个“附加损耗系数”的办法来处理，当然这纯粹是一个经验系数，不可能依靠理论推导来求得。

5. 空载损耗的计算

在实际计算中，往往根据变压器所用硅钢片的型号和最大磁通密度 B_m，在有关手册中查得单位质量损耗，变压器某一部分单位质量损耗乘以这部分的质量，就是这部分的基本铁耗。如果变压器铁芯柱部分和铁轭部分截面积不相等，这两部分最大磁通密度也不相等，这两部分的基本铁耗应分别计算；如果铁芯柱部分和铁轭部分截面形状相同，截面积相等，则不必分别计算。对目前采用的铁芯柱和铁轭净面积相等的结构，这两部分的基本铁耗不需要分别计算。

附加铁耗并不单独计算，而是用基本铁耗乘以一个大于 1 的系数(空载损耗附加系数)得到变压器的空载损耗。

对目前采用的铁芯柱和铁轭净面积相等的结构，先由式(3-9)求出变压器铁芯(硅钢片)的总质量 G_{Fe}，再计算空载损耗 P_0，即

$$G_{Fe}=G_t+G_e+G_\Delta \tag{3-9}$$

式中，G_t 为铁芯柱质量，单位 kg；G_e 为铁轭质量，单位 kg；G_Δ 为角量，单位 kg。

$$P_0=K_{p0}G_{Fe}p_{Fe} \tag{3-10}$$

式中，K_{p0} 为空载损耗附加系数；G_{Fe} 为铁芯总质量，单位 kg；p_{Fe} 为硅钢片单位质量铁损耗，单位 W/kg。

典型的无取向硅钢片直流磁化和铁损曲线如图 3-14 所示，典型的取向硅钢片直流磁化和铁损曲线如图 3-15 所示。

典型的马格尼西(Magnesil)合金铁芯材料在不同工作频率情况下的铁损曲线如图 3-16 所示。

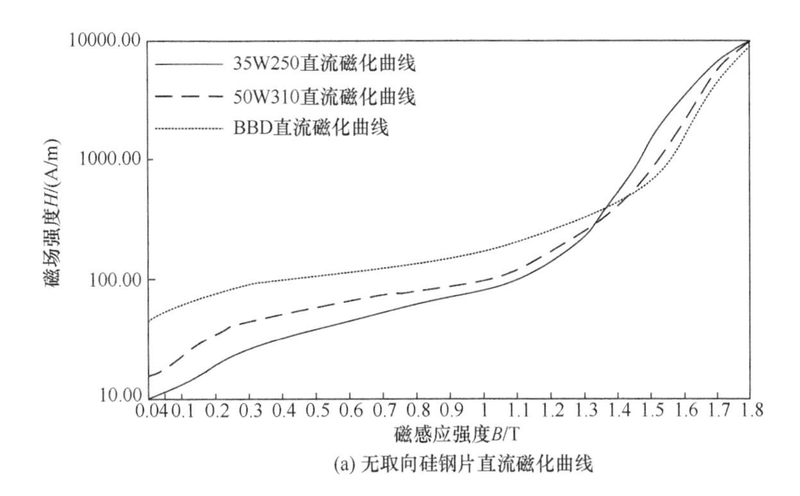

(a) 无取向硅钢片直流磁化曲线

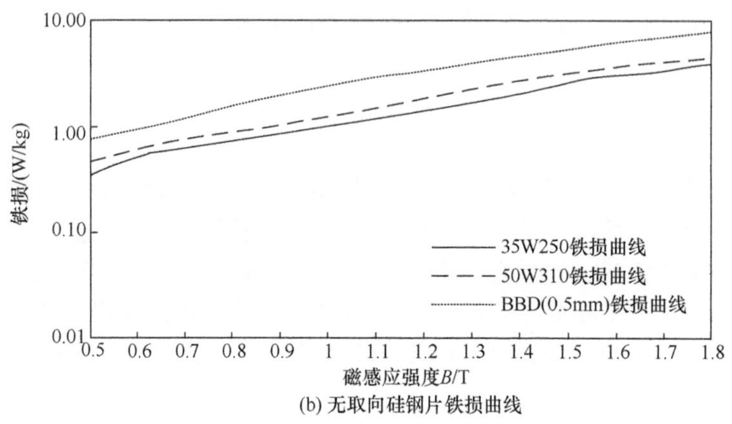

(b) 无取向硅钢片铁损曲线

图 3-14　无取向硅钢片特性

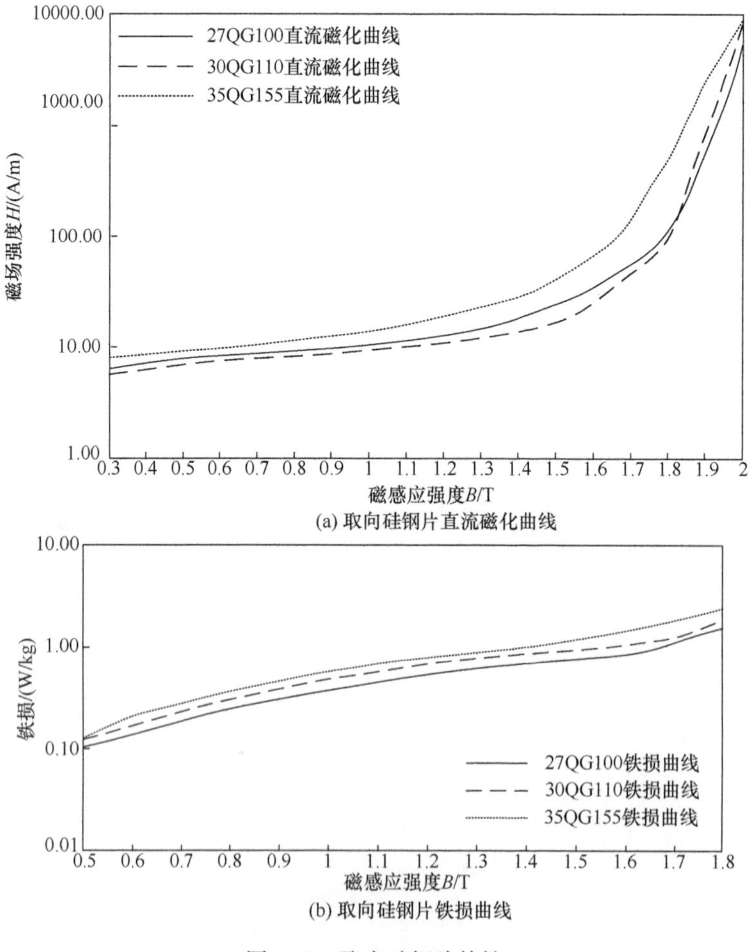

(b) 取向硅钢片铁损曲线

图 3-15　取向硅钢片特性

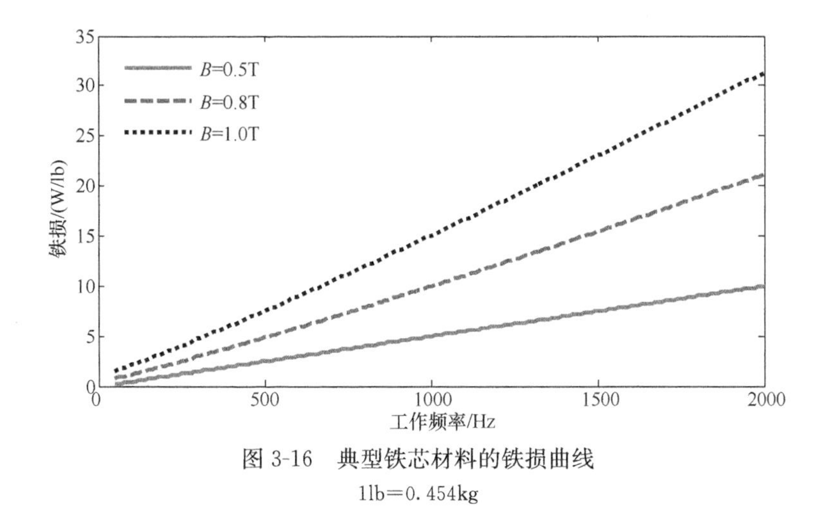

图 3-16　典型铁芯材料的铁损曲线

1lb＝0.454kg

3.4　低温铁芯技术

高温超导变压器主要由铁芯、高温超导线圈和液氮制冷系统组成。由于在液氮温度下高温超导带材的电阻接近于零，变压器绕组损耗比铁芯损耗小得多，整个变压器的损耗主要体现为铁芯损耗。铁芯材料的选取在很大程度上决定了超导变压器的效率，采用损耗较小的铁芯材料，将进一步减小超导变压器的总损耗，提高其效率。在一些设计中，为了简化低温杜瓦容器的结构，减小漏磁场，充分利用超导材料，可以采用冷铁芯结构，即铁芯直接浸泡在液氮中，采用液氮进行冷却。

下面分别对硅钢片和不同牌号的非晶合金材料在常温与低温下的磁性能，包括基本磁化曲线与损耗特性进行测试与比较，并研究它们对高温超导变压器结构设计的影响。采用牌号为 27QG110 的硅钢片与牌号分别为 SA1 和 RF1-1000 的非晶合金作为被测试样，分别在常温（293K）与低温（77K）下，测量各试样的基本磁化曲线与损耗特性，确定有关的技术参数，如饱和磁感应强度、剩余磁感应强度、矫顽力和激磁功率等。其中，牌号为 SA1 与 RF1-1000 的非晶合金均为铁基非晶合金，只是二者的工艺流程有所不同。

分别将待测样品卷制成环形，其规格如表 3-11 所示，采用冲击检流法测量铁芯材料的基本磁化曲线，如图 3-17 所示[5]。

表 3-11　试样规格

试样牌号	质量/g	外径/mm	内径/mm	横截面积/mm^2	厚度/mm	密度/($10^{-3}g/mm^3$)
27QG110	171.5	55.37	34.54	158.70	0.270	7.65
SA1	82.4	30.00	23.00	137.70	0.027	7.19
RF1-1000	135.0	33.80	33.80	165.56	0.030	7.18

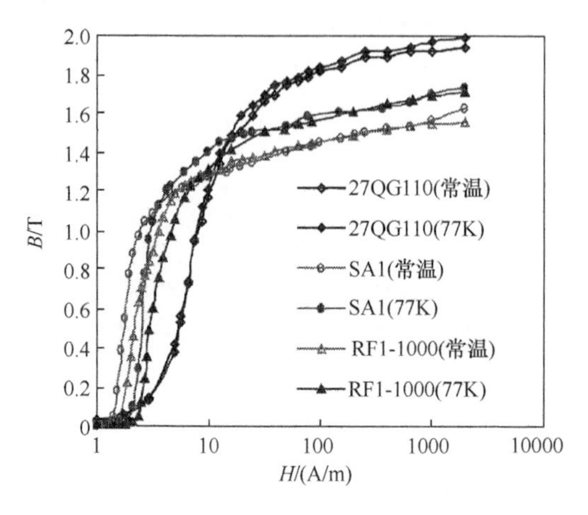

图 3-17 不同试样在常温与液氮温度下的基本磁化曲线

由图 3-17 可以得出以下结果。①在低温下，硅钢片的饱和磁感应强度比常温下的值高 0.05T，非晶合金的饱和磁感应强度比常温下的值高 0.13～0.14T。②在低温下，使非晶合金达到饱和的外磁场比硅钢片低，采用非晶合金作铁芯所需的磁化能量较小。牌号为 SA1、RF1-1000 的非晶合金以及牌号为 27QG110 的硅钢片分别在 $H=3.59\text{A/m}$、$H=6.94\text{A/m}$ 与 $H=25\text{A/m}$ 时进入饱和区。③在低温下，非晶合金的饱和磁感应强度远低于硅钢片的饱和磁感应强度，相应地，非晶合金的工作磁感应强度应比硅钢片小。

采用共地三电压法绘制出各试样的损耗曲线和激磁功率曲线，分别如图 3-18 和图 3-19 所示。

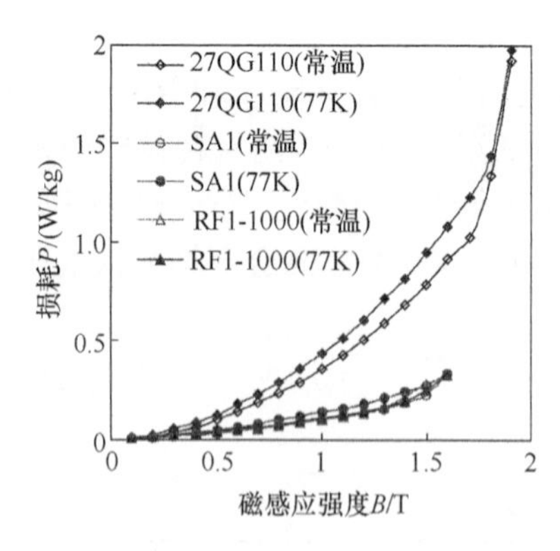

图 3-18 不同试样在常温与液氮温度下的损耗特性

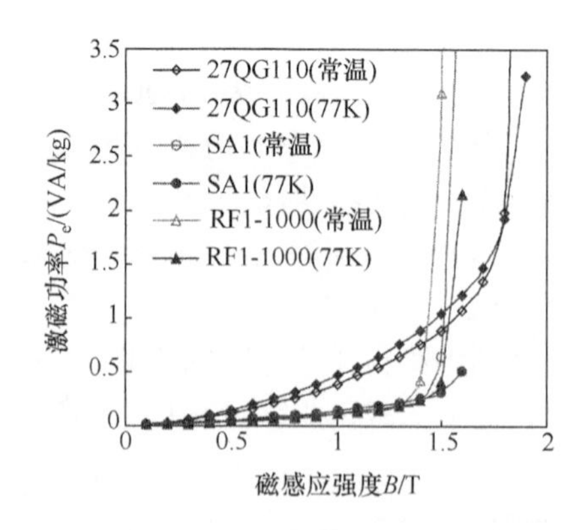

图 3-19 不同试样在常温与液氮温度下的激磁功率

图 3-18 与图 3-19 表明如下结论。①当各试样尚未饱和时($B<1.3\text{T}$)，非晶合金的单位损耗与单位激磁功率远低于硅钢片；两种非晶合金带材的单位损耗、单位

激磁功率差异很小。与牌号为 SA1 的非晶合金相比，牌号为 RF1-1000 的非晶合金先进入饱和区，磁性能略低于牌号为 SA1 的非晶合金。②当试样达到磁饱和后，单位激磁功率急剧增加，单位损耗随之增加。因此，当非晶合金达到磁饱和，而硅钢片尚未饱和时（$1.5T<B<1.7T$），非晶合金材料的激磁功率将迅速超过硅钢片。在较低的磁感应强度下（$B\leqslant 1.3T$），采用非晶合金作铁芯有利于降低铁芯损耗和激磁功率；在较高的磁感应强度下（$1.3T<B\leqslant 1.7T$），宜采用硅钢片制作铁芯，以免过高的激磁功率降低效率。③在液氮温度下，如果各试样尚未饱和，试样的损耗和激磁功率均比常温下高；如果试样饱和，由于饱和磁感应强度的提高，各试样的单位激磁功率反而比常温下低。

为了进一步比较各材料的性能，表 3-12 列出了在不同温度下，硅钢片与两种非晶合金带材的磁性能参数。试样的饱和磁感应强度 B_s、剩余磁感应强度 B_r 和矫顽力 H_c 等特征参数由冲击检流法测得。

表 3-12　被试软磁材料磁性能的比较

试样型号	B 饱和磁感应强度 B_s/T	剩余磁感应强度 B_r/T	矫顽力 H_c/(A/m)	工频(50Hz)	
				损耗 P/(W/kg)	激磁功率 P_e/(VA/kg)
27QG110(常温)	1.94	1.65	7.00	$P_{1.7}=1.030$	$P_{e1.7}=1.35$
27QG110(77K)	1.99	1.74	8.12	$P_{1.7}=1.228$	$P_{e1.7}=1.47$
SA1(常温)	1.57	1.28	2.07	$P_{1.3}=0.157$	$P_{e1.3}=0.18$
SA1(77K)	1.70	1.42	3.02	$P_{1.3}=0.208$	$P_{e1.3}=0.22$
RF1-1000(常温)	1.55	1.30	2.47	$P_{1.3}=0.162$	$P_{e1.3}=0.21$
RF1-1000(77K)	1.69	1.43	3.34	$P_{1.3}=0.165$	$P_{e1.3}=0.19$

表 3-12 中，$P_{1.7}$、$P_{e1.7}$、$P_{1.3}$、$P_{e1.3}$分别表示在 $B=1.7T$ 和 $B=1.3T$ 时，被试材料的铁损与激磁功率。由表 3-12 可知，在低温下，软磁材料除了饱和磁感应强度、单位损耗与单位励磁功率会略微增大，剩磁与矫顽力也会增加。软磁材料的总损耗由该材料的磁滞损耗和涡流损耗组成。饱和磁感应强度和矫顽力的增加意味着磁滞损耗的增加，而低温下铁磁物质电阻率的减小将增大材料的涡流损耗。牌号为 RF1-1000 的非晶合金的矫顽力比牌号为 SA1 的非晶合金矫顽力大，说明该材料的单位磁滞损耗较大；其总损耗比 SA1 非晶合金略小，说明该材料的单位涡流损耗较小。

由上述实验结果可以看出，与常温相比，液氮温度下各试样的饱和磁感应强度增加的幅度较小，而损耗与激磁功率增加的幅度较大。例如，硅钢片的饱和磁感应强度仅提高了 3.6%，而损耗与激磁功率（$B=1.7T$）分别提高了 19%与 9%。为减小低温下的损耗，不宜提高其在低温下的工作磁感应强度，可以使低温下的工作磁感应强度等于常温下的工作磁感应强度。

当铁芯在液氮温度下与常温下的工作磁感应强度相同时，假设冷铁芯与常温铁芯的体积与材料价格相同，考虑制冷功率，冷铁芯的损耗与因铁芯损耗所产生的用电费用是常温铁芯的几十倍。因此，采用冷铁芯并不经济。

参考文献

[1] 谢毓城. 电力变压器手册. 北京：机械工业出版社，2003.
[2] 董晶，卢凤喜. 变压器用取向硅钢片的现状及发展趋势预测. 钢铁研究，2005，(4)：59-61.
[3] 侯忠平，陈开全，胡晶金. 非晶合金变压器与硅钢片铁芯变压器运行参数比较. 机电工程研究，2012，41(2)：72-74.
[4] Choi J，Lee S，Park M，et al. Design of 154kV class 100MVA 3 phase HTS transformer on a common magnetic core. Physica C，2007，463-465：1223-1228.
[5] 陈敏，丘明，肖立业，等. 铁芯材料在低温下的磁性能的研究. 电工电能新技术，2003，22(1)：35-38.

第4章　超导变压器绕组技术

4.1　超导材料

4.1.1　实用超导线材

超导材料主要分为低温超导(low temperature superconductor,LTS)材料和高温超导(high temperature superconductor,HTS)材料两大类,其他类别还有硼化镁、铁基和有机超导材料等。其中LTS材料是具有低临界转变温度(T_c<30K),在液氦温度条件下工作的超导材料,主要分为金属、合金和化合物材料。由于液氮温区的制冷费用相比很低,高温超导装置的运行成本大大降低。

高温超导实用导线主要分为第一代BSCCO超导线材和第二代ReBCO超导线材。第一代BSCCO超导线材通常需要加工成超导体和正常金属材料构成的多芯复合线或带。近年来,BSCCO超导线材已在超导变压器中有较成熟的应用。然而,BSCCO超导线材强烈的各向异性使其不可逆磁场很小(在77K只有约0.2T),临界电流I_c易受外磁场影响,极大地限制了其应用范围。此外,受原材料银的成本限制,BSCCO超导线材最终预测市场价格约为50$/(kA·m)。由于特性和成本偏高因素,BSCCO超导线材被普遍认为是一种过渡超导材料。目前,世界上拥有BSCCO超导线材产业化技术的公司包括AMSC(美国)、SuperPower(日本/美国)、Sumitomo(日本)、Innost(中国)、EHTS(德国)、Trithor(德国)等。

图4-1为国产1G HTS带材和与其具有相同截面的铜线在常温下的I-U特性曲线。HTS带材在室温下与常规铜导线类似,电压随电流的增大而增大,且直线上升,电阻比同样横截面积的铜导线要小很多。

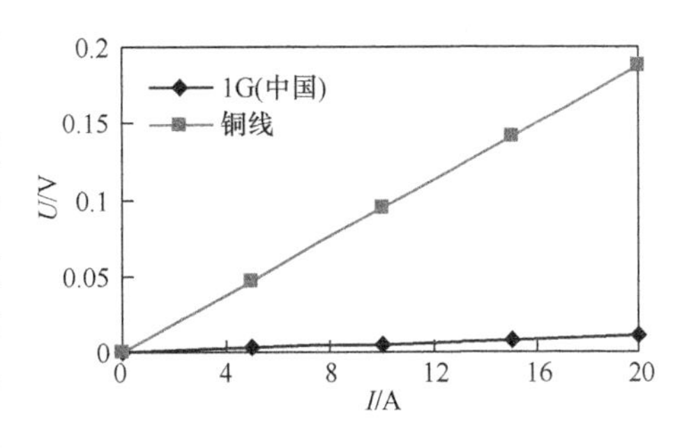

图4-1　HTS带材在常温下的I-U特性

在液氮环境下,实验发现当对超导线通以电流时,无阻的超流态要受到电流大小的限制,当电流达到某一临界值I_c后,超导体将恢复到正常态。这种由电流引起的超导-正常态转变是场致转变的特殊情况,即电流之所以能破坏超导电性,纯粹是由它所产生的磁场(自场)而引起的。对大多数超导金属元素正常态的恢复是突变的,称这个电

流值为临界电流 I_c，相应的电流密度为临界电流 J_c，对超导合金、化合物及 HTS 材料电阻的恢复不是突变的，而是随 I 增加逐渐变为正常电阻 R_n，通常人们以 $1\mu V/cm$ 作为判据，区分其超导态和正常态，其对应的电流为 I_c。

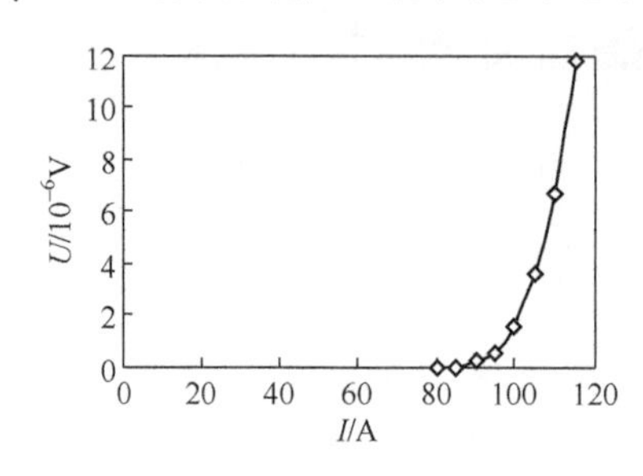

图 4-2　HTS 带材在自场下的 *I-U* 特性

图 4-2 所示为所测得的 HTS 带材在自场和液氮环境下的 *I-U* 特性曲线，可以得到实际所测样品的 I_c 为 97A，对应的 J_c 为 $8.5\times10^3 A/cm^2$。从图中可以看到，当样品电流低于 97A 时，样品中无电阻，电压近似为零。当样品电流高于 97A 时，发生突变，样品中出现电阻，样品电压随样品电流的增加急剧上升，恢复到正常态。

超导体在一定的外磁场作用下会失去超导电性。因此，在不同的外加磁场下，HTS 材料将具有不同的 I_c。图 4-3(a)所示为国产 1G HTS 带材样品在 0.05～1.5T 磁场下所测得的 *I-U* 特性曲线。从图中可以看到，随着外界磁场的增大，超导带材的 I_c 变小，由超导态向正常态过渡的转变宽度变窄；随着外界磁场的增大，I_c 急剧下降。当外界磁场超过 0.75T 时，I_c 已基本上接近于 0，通过很小的电流都能使带材失超，恢复到正常态。不同场下的实测 I_c 值总结如表 4-1 所示，图 4-3(b)为其变化趋势图。

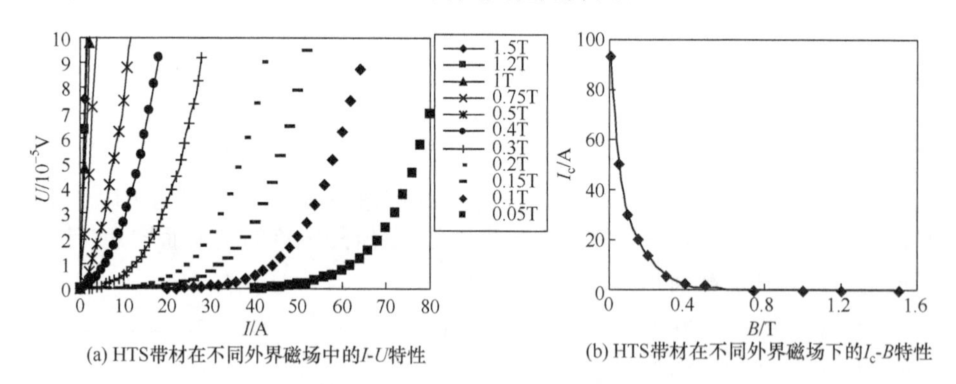

(a) HTS带材在不同外界磁场中的*I-U*特性　　(b) HTS带材在不同外界磁场下的I_c-*B*特性

图 4-3　HTS 带材在不同外界磁场中的临界电流特性($B/\!/c$)

表 4-1　不同外加磁场下的 I_c($B/\!/c$)

磁场/T	0.08	0.05	0.1	0.15	0.2	0.3
I_c/A	93	50	30	20	14	5.5
磁场/T	0.4	0.5	0.75	1	1.2	1.5
I_c/A	2	0.5	0.09	0.04	0.02	0.01

HTS 材料的晶体结构及其导电特性表明 HTS 材料具有较强的各向异性，沿 ab 面和沿 c 轴方向具有不同的感应电流，因此与外界磁场的作用效果也不同。图 4-4 所示为当磁场方向分别与 c 轴方向平行、成 45°和 90°时的 I_c-B 特性。从图中可以看到，$B/\!/c$ 和 $B\angle c=45°$时，Bi2223 HTS 带材在不同外加磁场下的 I_c 基本相同，且随外界磁场影响非常大，超过一定磁场强度，I_c 非常小。而在 $B\perp c$（即 $B/\!/ab$）条件下，I_c 要明显高于前两者，且在较高磁场下仍有较大的 I_c。在实际应用中对此应加以考虑。实验表明，Bi2223/Ag HTS 带材的超导电性具有强烈的各向异性，使得它的不可逆磁场小（在 77K 只有约 0.2T），其临界电流 I_c 容易受到磁场的影响，在较小的磁场下，其 I_c 急剧下降，这极大地限制了 Bi 系带材的应用范围。

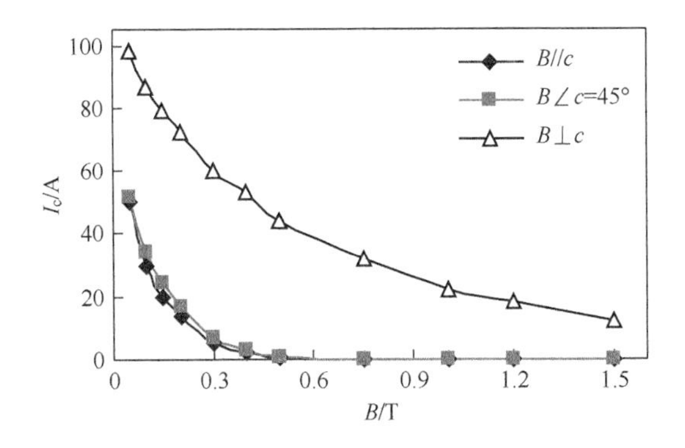

图 4-4　外界磁场与 HTS 带材成不同角度下的 I_c-B 特性比较

在继续改善第一代 HTS BSCCO 线材的同时，第二代 HTS ReBCO 涂层导体实用化技术也得到很大的发展。ReBCO 超导电性的各向异性较弱，在液氮温区附近及较高磁场下具有较大的临界电流和较好的高温磁场性能，其潜在的低制备成本和较少的交流损耗也比 BSCCO 线材更具实际应用优势。目前，世界上只有少数几家公司拥有 Re 系带材的产业化技术，如 AMSC（美国）、SuperPower（日本/美国）、EHTS（德国）、SuNAM（韩国）等，中国的上海超导科技股份有限公司（SSTC）、上海上创超导科技有限公司（SCSC）、苏州新材料研究所（Samri）等公司和研究机构也在进行产业化开发。

图 4-5 为 2G HTS 带材和铜线在常温下的 I-U 特性曲线。HTS 带材在室温下与常规铜导线类似，电压随电流的增大而增大，且直线上升，电阻比同样横截面积的铜导线要小。

图 4-6 为所测得的 HTS 带材在自场和液氮环境下的 I-U 特性曲线，可以得到实际所测样品的 I_c 为 102A（等价于 4.43×10^3 A/cm），对应的 J_c 为 1.05×10^4 A/cm^2。从图中可以看到，当样品电流低于 102A 时，样品中无电阻，电压近似为零。当样品电流高于 102A 时，发生突变，样品中出现电阻，恢复到正常态。

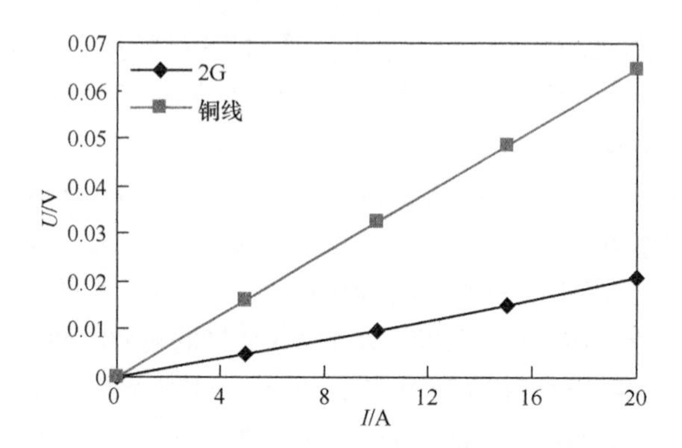

图 4-5　HTS 带材在常温下的 I-U 特性

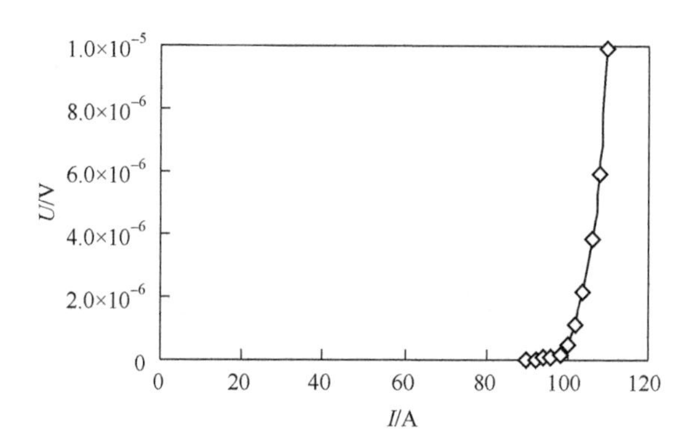

图 4-6　HTS 带材在自场下的 I-U 特性

超导体在一定的外磁场作用下会失去超导电性。因此，在不同的外加磁场下，HTS 材料将具有不同的 I_c，图 4-7 为 YBCO HTS 带材在 0.05～1.5T 磁场下所测得的 I-U 特性曲线。从图中可以看到，随着外界磁场的增大，超导带材的 I_c 变小，

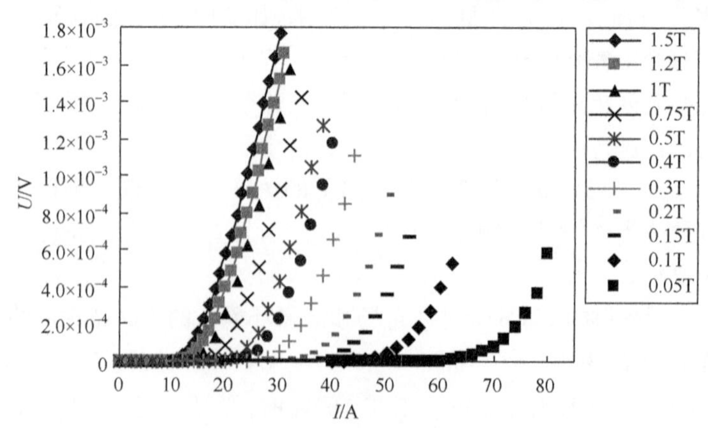

图 4-7　HTS 带材在不同外界磁场中的 I-U 特性

由超导态向正常态过渡的转变宽度变窄；随着外界磁场的加强，I_c 的下降幅度减缓。不同场下的实测 I_c 值总结如表 4-2 所示，图 4-8 为其变化趋势图。

表 4-2 不同外加磁场下的 I_c($B/\!/c$)

磁场/T	0.08	0.05	0.1	0.15	0.2	0.3
I_c/A	95	55	41	33	29	23
磁场/T	0.4	0.5	0.75	1	1.2	1.5
I_c/A	19	18	14	12	11	9

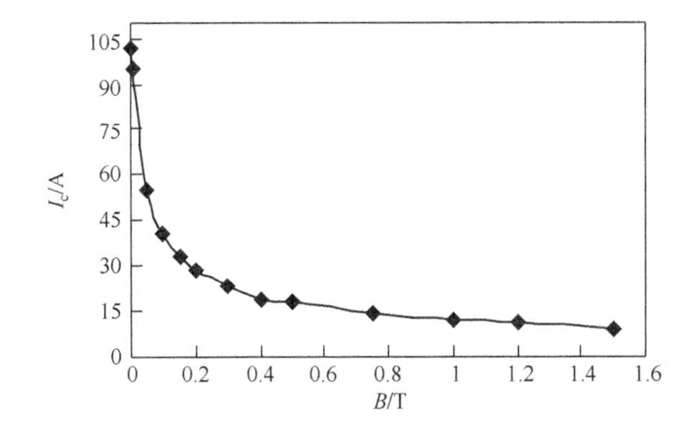

图 4-8 HTS 带材在不同外界磁场下的 I_c-B 特性($B/\!/c$)

图 4-9 为当磁场方向分别与 c 轴方向平行、成 45°和 90°时的 I_c-B 特性。从图中可以看到，$B/\!/c$ 和 $B\angle c=45°$时，YBCO HTS 带材在不同外加磁场下的 I_c 基本相同，而在 $B\perp c$(即 $B/\!/ab$)条件下，I_c 要较前两种高些，但不是很明显。在实际应用中对此应加以考虑。实验表明，YBCO 超导体超导电性的各向异性相对较弱，可以在液氮温区附近较高磁场下有较大临界电流，具有较好的高温磁场性能，它的

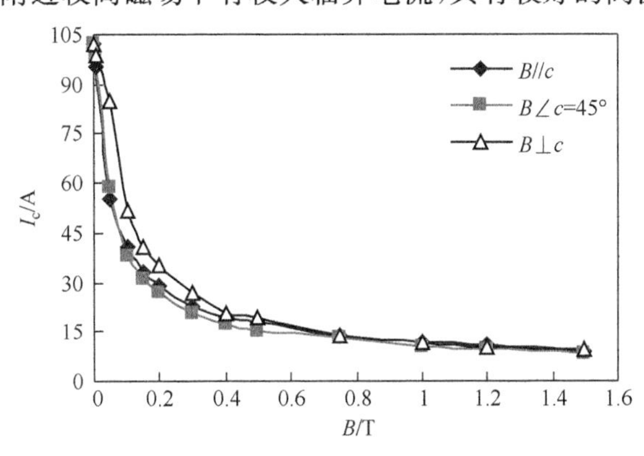

图 4-9 在不同角度下的 I_c-B 特性

实用化将使工作于液氮温区的 HTS 设备成为现实，是一个极具研究、开发前景的高技术产业。

4.1.2 超导复合导体

在超导变压器绕组设计中，由于单根超导带材一般不能承载低压绕组的大电流，通常会将多根超导带材并联使用，但并联导线各支路间存在的漏电抗，其微小的不平衡会引起很大的环流，增加交流损耗，漏磁场分布不均匀，从而降低临界电流，所以，高温超导变压器的绕组材料正在逐渐使用超导复合导体构成。目前，主要有两类超导复合导体，即连续换位复合导体（Roebel 电缆）和扭曲堆叠带复合导体（TSTC 电缆）。

1. Roebel 电缆

高温超导变压器低压绕组电流往往在千安级，这超过了单个涂层导体带材的临界电流。同时，超导变压器也要求低的交流损耗。Roebel 电缆通过周期性的换位可以使电缆中的电流和磁场分布比较均匀，因此其具有高临界电流、低交流损耗的特性。对 5mm 宽的 5 股绞线、10 股绞线或者 15 股绞线的电缆能够产生 700～2000A 的临界电流。对于 2mm 宽的 5 股绞线或 10 股绞线的电缆，在同样的传输电流下，其交流损耗则是 4mm 宽的单个带材的一半。图 4-10 为 Roebel 电缆几何图形。图中 W_T 是原始带材的宽度，W_R 是每股宽度，W_C 是股与股之间的间隙，W_X 是交叉宽度，ϕ 是交叉角[1]。

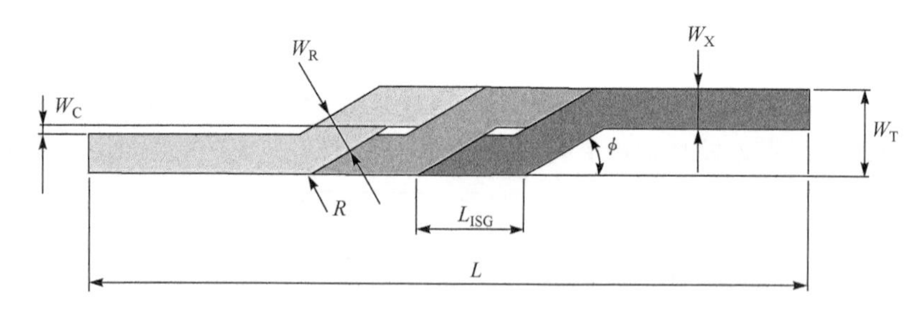

图 4-10 Roebel 电缆的几何结构示意图

1) 高临界电流

(1) 77K 时的传输电流。

电缆中每股线的临界电流在每个换位长度内是不同的，实验采用的是 5/2 电缆（5 股，每股绞线宽 2mm）。挑选了 5 个 810mm 长的绞线（9 个换位长度，每个换位长度为 90mm），挑选的原则是这 5 股绞线中央部分的临界电流 I_c 是相似的，如图 4-11(a)所示。对于每股绞线，自身每节的临界电流 I_c 差别在 4.3%以内。临界

电流是由 $E=1\times10^{-4}$ V/m 时决定的。在电缆中股线的相对位置如图 4-11(b)所示[2]。

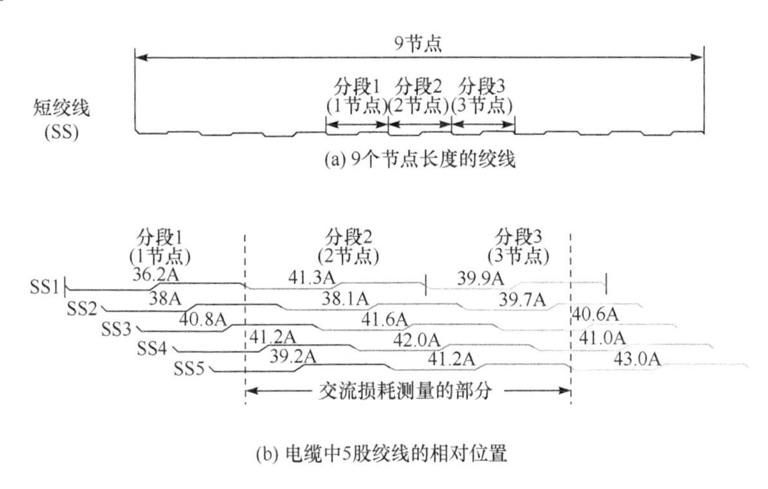

(a) 9个节点长度的绞线

(b) 电缆中5股绞线的相对位置

图 4-11　电缆中的绞线设计

对 5/2 电缆进行测量用的是电压循环法。所有的测量都是在 77K 下进行的，采用两个频率 59Hz 和 118Hz 测量。对 5/2 电缆的每股线进行测量，测量出来的 E-I 曲线如图 4-12 所示，临界电流是 $E=1\times10^{-4}$ V/m 时的电流。测量的股线不同，临界电流值不同，值从 149.4A 到 206.1A，如表 4-3 所示。5 股线的平均临界电流为 178.2A，这个电流就是电缆的临界电流。它比计算的所有绞线的临界电流的总和 203.2A 低 12%，主要是受股线自身磁场的影响。可以看出只有 5 股，每股宽只有 2mm 的电缆临界电流有 178.2A。

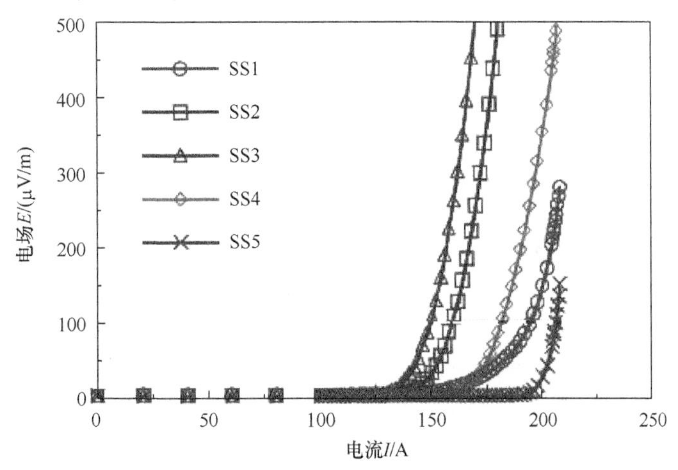

图 4-12　5 股并联的 5/2 Roebel 电缆的临界电流

表 4-3　Roebel 电缆对每股线进行测量时的临界电流

项目	SS1	SS2	SS3	SS4	SS5	平均
I_c/A	194.6	159.4	149.4	181.5	206.1	178.2

(2) 77K 下的传输电流。

Roebel 电缆工作温度不单是 77K 下，在变压器中其工作温度经常在 77K 以下。CERN(European Organization for Nuclear Research)第一个成功完成了在低温 4.2K 时的电流容量的测试，测试时场强上升到 10T。测试结果如图 4-13 所示，其中电缆 A 来自 GCS(General Cable Super Conductors)公司，电缆 B 和 C 来自 KIT 公司。从图中可以看出，在 4.5K，磁场强度大约为 0.5T 时，来自 KIT 公司的 10/5.5(10 股线，每股宽 5.5mm)的电缆的临界电流为 14kA[1]。

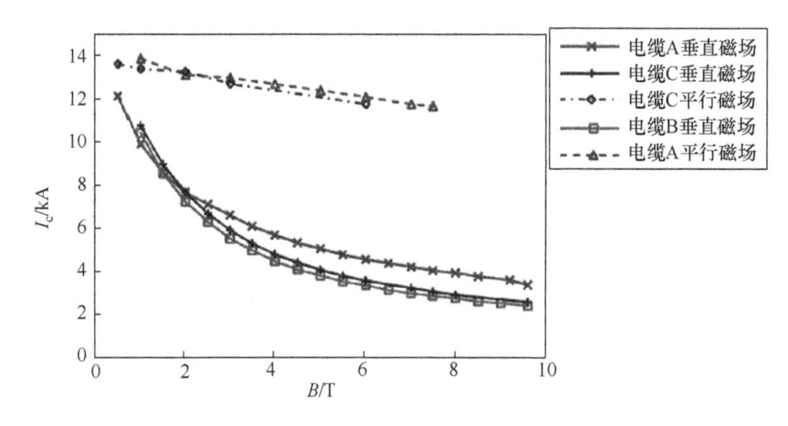

图 4-13　不同磁场下的临界电流

增加临界电流的方法有两种：一种是通过增加换位长度，以此增加绞线股数，进而增加临界电流；另一种是把绞线制作成叠片形式，结构如图 4-14 所示，R14×1

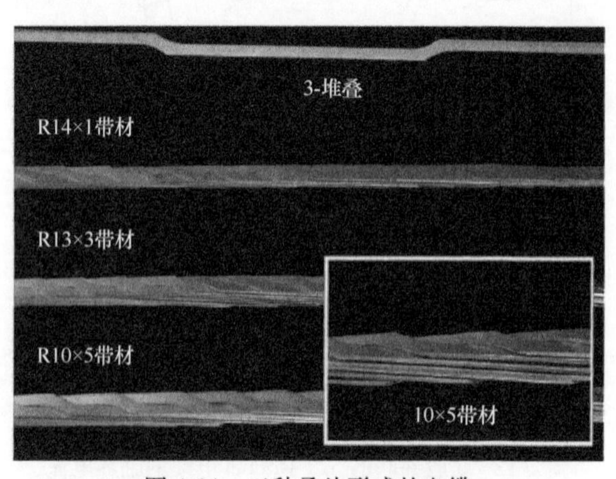

图 4-14　三种叠片形式的电缆

由14股绞线组成，R13×3是指13个叠片，每个叠片3股绞线，共39股绞线，R10×5是指10个叠片，每个叠片5股绞线，共50股绞线，每股的宽为2mm。

表4-4是这三种电缆的测量和计算的临界电流，表4-5是来自KIT和GCS公司近几年的Roebel电缆的特性。从表4-5中可以看出Roebel电缆的临界电流比原始导体的临界电流的值明显要高。

表4-4 三种电缆的测量和计算的临界电流

项目	测量的临界电流/A	计算的临界电流/A
R14×1	465	496.3
R13×3	1060	1066.8
R10×5	1195	1325.4

表4-5 KIT和GCS公司生产的Roebel电缆特性

项目	KIT-1	KIT-2	KIT-3	GCS-1	GCS-2	GCS-3
股线个数	10	15×3	10	9	15	15
原来的导体的临界电流/A	156	359	348	—	—	—
绞线宽度/mm	1.72～1.82	5	5.4～5.6	2	5	5
绞线的临界电流/A	54.3～71	149.5	140	—	123±1	105.5,125,180.4
换位长度/mm	115.7	188	125.8	90	300	300
电缆长度/m	1	1.1	5	0.54	5	21
电缆计算的临界电流/A	640	6727	1400	427	1950	2093.5
电缆测试的临界电流/A	447	2628	936	309	1100	1420

2）低交流损耗

Roebel电缆不仅有高临界电流，还有低交流损耗的特性。交流损耗主要有两种：传输损耗和磁化损耗。

（1）传输损耗。

实验把8/2 Roebel电缆（8/2表示有8股绞线，每股宽2mm）的传输交流损耗和一个由四个YBCO带材连接起来的叠片的传输损耗进行比较。其中每个YBCO带材的电流是一样的。这个叠片中，每个带材有相等的电流分布，因此，它相当于一个有换位结构的导体。图4-15(a)是叠片的横截面，图4-15(b)是Roebel电缆8股绞线的相对位置。实验中先测试了两种结构的临界电流，其中Roebel电缆测试的临界电流为290.7A，叠片结构的测试临界电流为339.1A[3]。

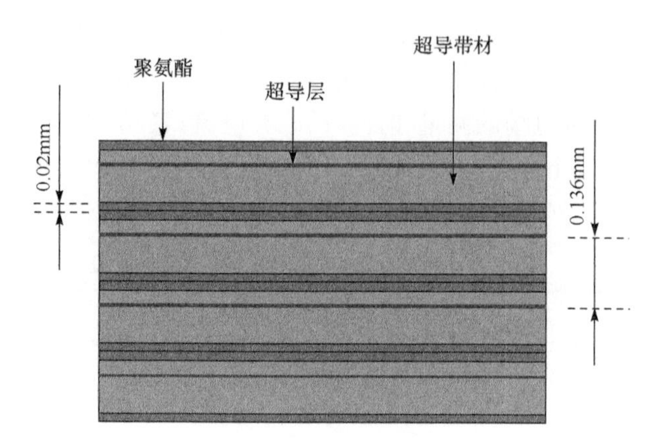

(a) 叠片的横截面

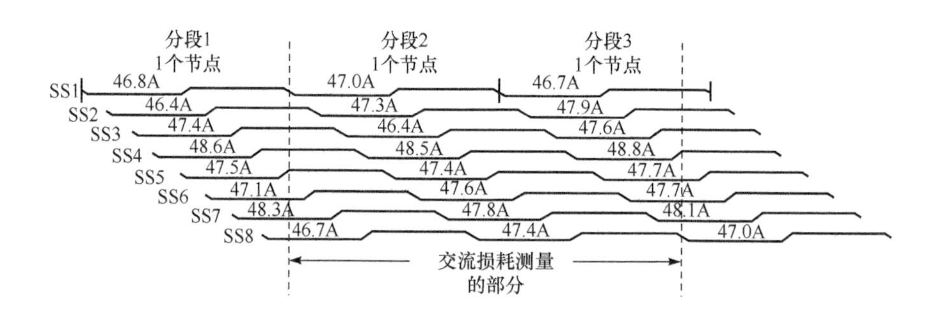

(b) Roebel电缆8股绞线的相对位置

图 4-15　Roebel 电缆中的绞线设计

图 4-16 为 8/2 Roebel 电缆的传输损耗测试图，从图中可以看出，传输交流损耗和频率无关，表明在传输损耗占主导地位的是磁滞损耗。这个结果和基于 Norris 椭圆(N-e)及 Norris 带状(N-s)模型的交流损耗进行了比较，如图所示，在低电流幅值和中电流幅值的时候，传输损耗在这两个 Norris 模型之间，在高电流时，传输损耗和 Norris 带状模型的损耗基本吻合。

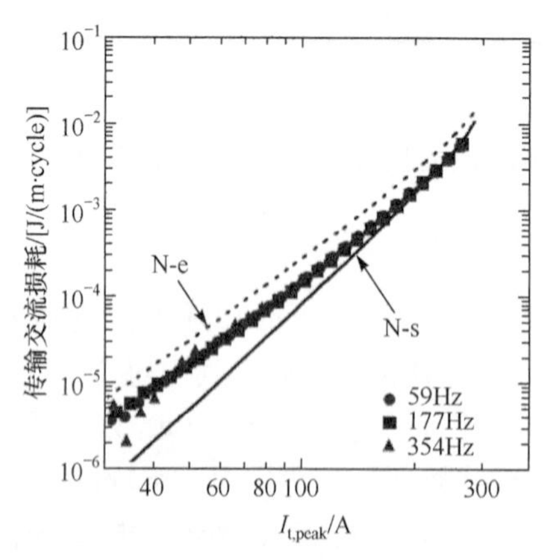

图 4-16　8/2 Roebel 电缆的传输损耗测试图

图 4-17 是叠片的交流损耗测试图。从图中也可以看出，传输交流损耗和频率无关，这个结果也和基于 Norris 椭圆和 Norris 带状模型的交流损耗进行了比较，但在整个电流幅值区间，叠片结构的交流损耗

都在两个 Norris 模型之间。

图 4-18 是 Roebel 电缆和叠片标准化交流损耗的对比图，图的垂直轴上的损耗用电缆和叠片电流的平方进行标准化，水平轴表示的是电缆和叠片中的电流与临界电流的对比。从图中可以看出，在 $I_t/I_c>0.4$ 时，电缆的标准化传输损耗小于叠片的标准化传输损耗。当 $I_t/I_c=0.99$ 时，叠片中的损耗大约是电缆中损耗的 1.5 倍。当 I_t/I_c 较小时，两者的损耗几乎一样。因此，可以看出 Roebel 电缆在临界电流和 YBCO 带材连接起来的叠片相差不大的情况下，确实有较低的传输损耗。

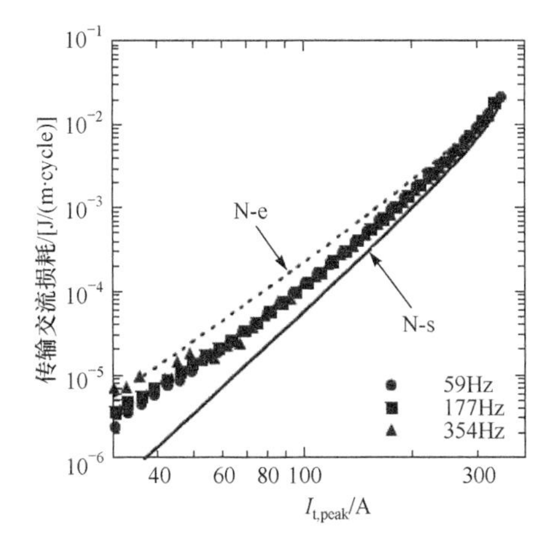

图 4-17　叠片的传输交流损耗测试图

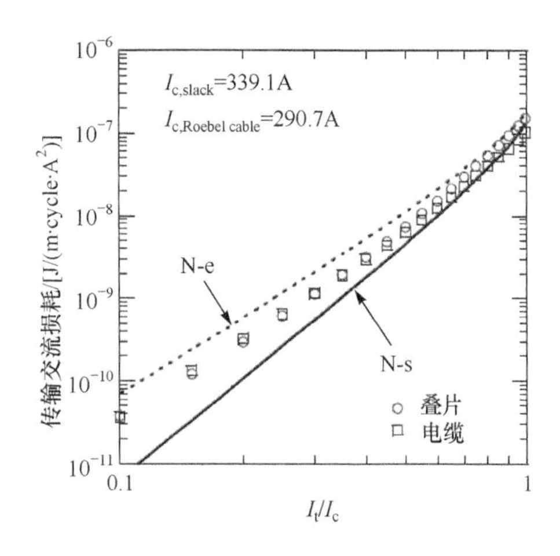

图 4-18　Roebel 电缆和叠片的标准化的交流损耗对比图

(2) 磁化损耗。

涂层导体在垂直磁场上有很大的磁化损耗，Roebel 电缆由于其周期性的重复换位模型，可以减少磁化损耗。实验中采用的是 11/Roebel 电缆。图 4-19 是电缆

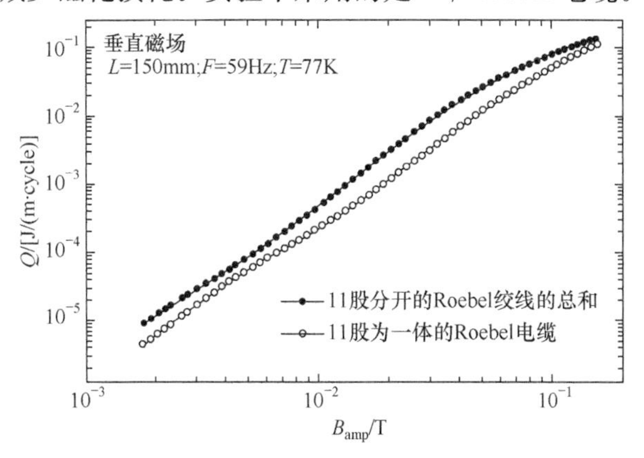

图 4-19　电缆的整体损耗和分开 11 股磁化损耗的总和的对比图

的整体损耗和分开的 11 股磁化损耗的总和的对比图。从图中可以看出电缆比分开的 11 股有较低的损耗。在低磁场的时候，电缆的磁化损耗比分开的 11 股的损耗减少了 50%[4]。

当传输电流和磁场同时作用时，由于传输损耗和磁场损耗相互作用，以及电缆外部不确定的磁场方向，交流损耗变得很复杂。研究表明：当磁场几乎垂直于电缆平面的时候，交流损耗随着磁场的垂直分量和传输电流的大小而增加，当磁场趋于平行时，磁化损耗所占的比重逐步下降，损耗主要是传输损耗。

2. TSTC 电缆

如图 4-20 所示[5]，该复合导体是将多根超导带材堆叠，并用钢丝捆绑，但捆绑不能太紧，在带材的层与层之间需要留有一定的空隙，令层与层之间的带材可以相对移动，根据带材移动的最大程度在该导体外面用液态焊锡固定，该复合导体具有能够传输大电流并且易于弯曲的优点，但研究表明当此复合导体中的带材所受洛伦兹力超过 50kN 时，其传输电流会有较大退化，该堆叠带应缠绕在半径较大的圆柱体或者是多边形柱体上。

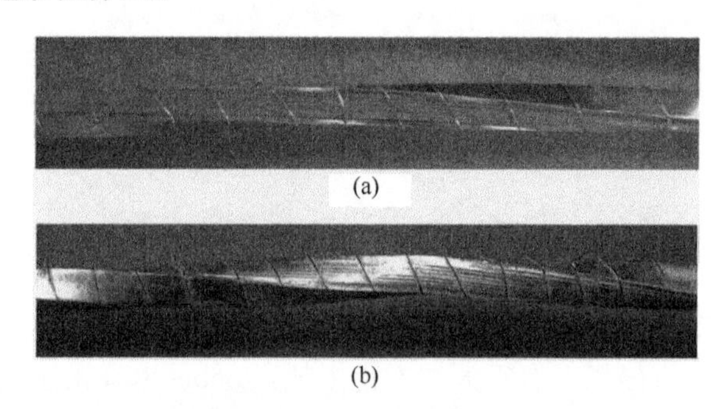

图 4-20　TSTC 结构示意图

1) 单个扭曲带材

(1) E-I 特性。

扭曲绕制的单根带材的宽度为 4mm，扭曲长度为 400mm。测试时，把这个带材放置在一个均匀的 20mT 的磁场中，测试的扭曲带材的电流如图 4-21 所示。由图可见，磁场以线性的速度在 $t_H=1s$ 时增加到 20mT，带材中的电流在 $t_I=10s$ 时开始以线性速度增加到 100A。对应的 E-I 特性曲线如图 4-22 中的实线所示，该扭曲带材的临界电流是电磁场达到 1×10^{-4} V/m 时对应的电流，即 66A。没有扭曲的直的带材在完全是平行磁场或者垂直磁场下，对应的临界电流分别是 63.5A 和 73.5A。因此，扭曲后带材的临界电流介于直的带材的平行磁场和垂直磁场下的临界电流之间[6]。

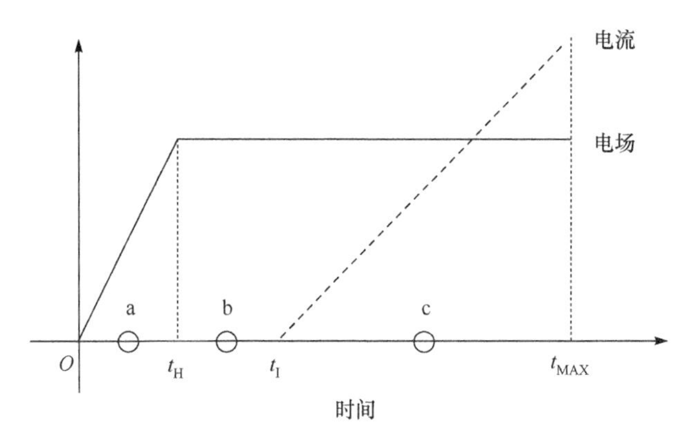

图 4-21　扭曲带材的测试电流

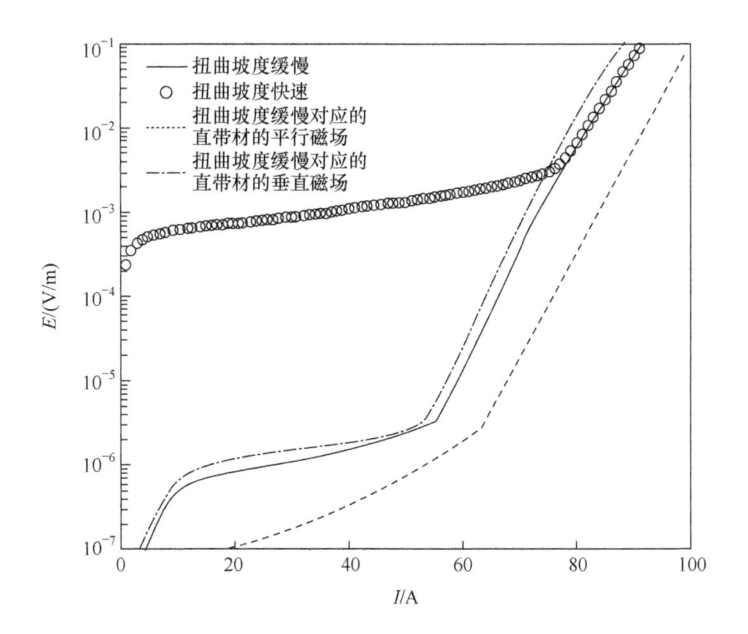

图 4-22　单根扭曲带材下的 E-I 特性曲线

图 4-23 是电流密度分量 J_z(整个电流密度 J_c 对其标准化)分布示意图，在开始加磁场，即 $t<t_H$ 时，在带材的边缘部分有较大的电流密度，如图 4-23(a)所示；当磁场稳定，即 $t_H<t<t_I$ 时电流密度开始逐步分布均匀，达到亚临界值，如图 4-23(b)所示；最终当 $t>t_I$ 时，出现了传输电流，电流密度也进一步提高，达到临界值，如图 4-23(c)所示。

(2) 磁化交流损耗。

扭曲的带材的磁场方向是多变的，如图 4-24 所示。图 4-24 是在 20mT 下，频率为 50Hz 时带材的瞬时功率密度分布。不同磁场下的功率密度分布如图 4-25 所示，图中也展示了没有扭曲的直的单根带材在平行磁场和垂直磁场下的功率分布。可以看出，和临界电流一样，扭曲的带材的损耗功率在直带材平行磁场和垂直磁场下的功率之间[6]。

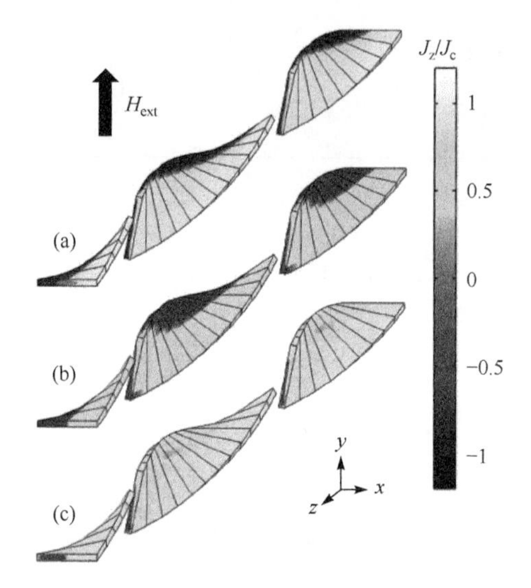

图 4-23　电流密度分量 J_z(用整个电流密度 J_c 对其标准化)分布示意图

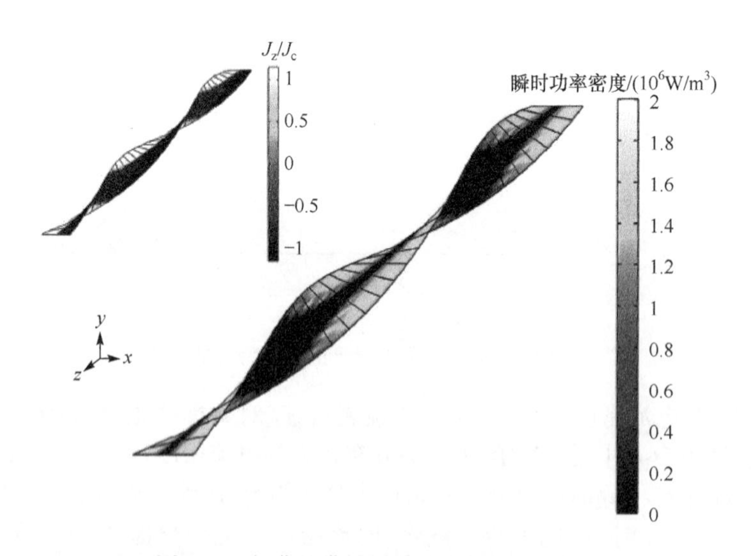

图 4-24　扭曲的带材的瞬时功率密度分布图

2) 多根扭曲带材

实验中测试了电缆的电流分布情况，如图 4-26 所示，在开始时，大部分的电流

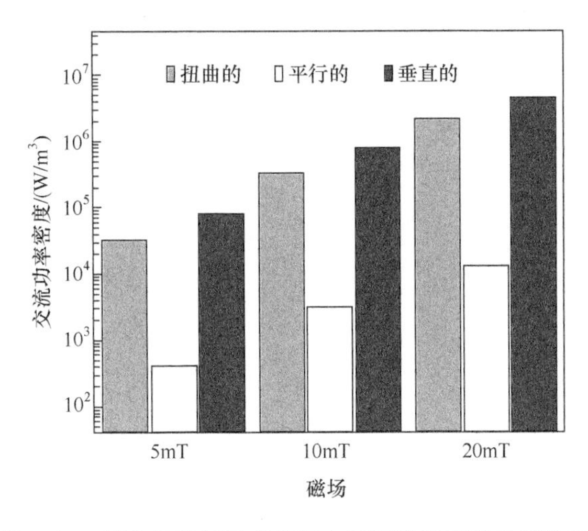

图 4-25　扭曲的带材及直带材在不同磁场下的功率分布

流向外部的带材内，接着开始流向内部的带材内，在很高的电流时，所有的带材有着相似的电流。实验还测试了没有扭曲的由四根带材组成的电缆的电流分布图，如图 4-27 所示。由图可见，在一开始，每根带材的电流由各自的瞬时电阻所决定，在达到高电流时，每根带材中的电流不同，尤其是第 4 根带材的电流比其他带材低很多。从这两个图也可以得知，扭曲后的带材并没有降低其临界电流[6]。

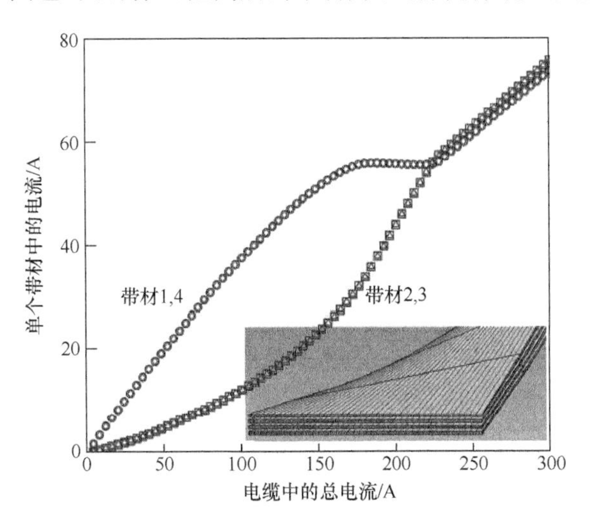

图 4-26　扭曲堆叠带的电流分布

另外，超导扭曲堆叠带的临界电流受扭曲长度的影响，当扭曲长度低于某个值时，扭曲堆叠带的临界电流比原来的带材要低，如图 4-28 所示。实验中原来的直的四个堆叠带长度为 340mm，然后扭曲带材到不同长度，测量它的临界电流。

图 4-28中 y 轴就是扭曲后的堆叠带和原始的堆叠带的临界电流之比，x 轴是堆叠带的扭曲长度。由图可以看出，当扭曲长度小于 120mm 时，扭曲的堆叠带的临界电流要低于原始临界电流[7]。

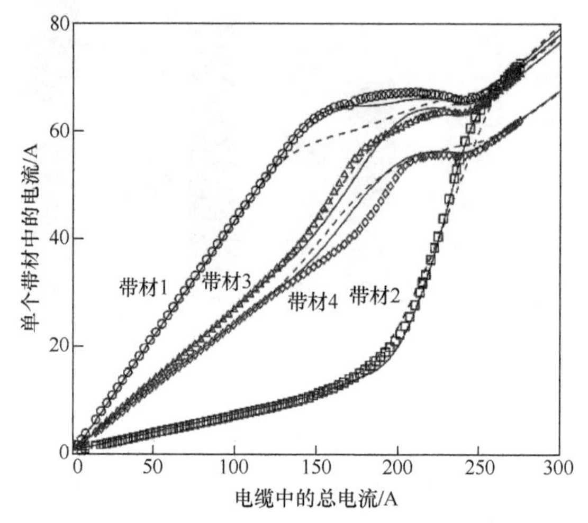

图 4-27 没有扭曲的带材的电流分布

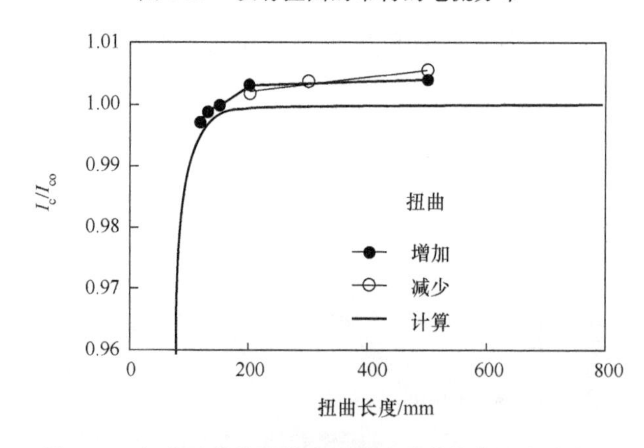

图 4-28 扭曲后的堆叠带和原始堆叠带的临界电流之比

4.2 绕组分类与结构

4.2.1 绕组分类

传统变压器绕组结构类型一般可分为两大类：层式和饼式结构。层式绕组的特点为叠层绕制而成；饼式绕组的特点为沿轴向高度绕组由一个个水平的线饼组成。饼式绕组是目前大中型变压器中用得最广泛的绕组型式。层式绕组和饼式绕组的细分情况见表 4-6。电力变压器的各种绕组的适用情况见表 4-7[8]。

表 4-6　变压器绕组型式细分表

<table>
<tr><th colspan="16">绕组</th></tr>
<tr><th colspan="4">层式</th><th colspan="12">饼式</th></tr>
<tr><th colspan="4">圆筒式</th><th colspan="2">连续式</th><th colspan="3">纠结式</th><th>内屏蔽式</th><th colspan="5">螺旋式</th><th>交错式</th></tr>
<tr><td>单层圆筒式</td><td>双层圆筒式</td><td>多层圆筒式</td><td>分段圆筒式</td><td>一般连续式</td><td>半连续式</td><td>普通纠结式</td><td>插花纠结式</td><td>纠结连续式</td><td>内屏蔽连续式</td><td>单螺旋式</td><td>单半螺旋式</td><td>双螺旋式</td><td>三螺旋式</td><td>四螺旋式</td><td>连续螺旋交替排列</td></tr>
</table>

表 4-7　不同形式绕组的适用情况

<table>
<tr><th>三相容量/kVA</th><th>电压等级/kV</th><th colspan="2">绕组型式</th><th>适用范围</th><th>说明</th></tr>
<tr><td>10～500</td><td>≤1</td><td colspan="2">单、双层圆筒式</td><td>内绕组</td><td>导线并绕根数 1～6 根(不超过 8 根)</td></tr>
<tr><td>10～500</td><td>3～10</td><td colspan="2" rowspan="2">多层圆筒式</td><td rowspan="4">高压绕组</td><td rowspan="4">并绕根数为 1 根(不超过 2 根)</td></tr>
<tr><td>50～630</td><td>35</td></tr>
<tr><td>630～2000</td><td>66</td><td colspan="2" rowspan="2">分段圆筒式</td></tr>
<tr><td>1000～4000</td><td>110</td></tr>
<tr><td>800～1250</td><td>0.4</td><td>双</td><td rowspan="9">螺旋式</td><td rowspan="9">低压绕组</td><td rowspan="9">1) 单、单半螺旋,并绕根数为 10～20 根(不超过 24 根);
2) 60 匝以上采用双、四螺旋;
60～100 匝以下采用单螺旋;
100～150 匝以下采用单半螺旋</td></tr>
<tr><td>1600～2000</td><td>0.4</td><td>四</td></tr>
<tr><td>4000～8000</td><td>3</td><td>单半</td></tr>
<tr><td>10000～160000</td><td>3</td><td>单</td></tr>
<tr><td>12500～16000</td><td>6</td><td>单半</td></tr>
<tr><td>20000～50000</td><td>6</td><td>单</td></tr>
<tr><td>25000～50000</td><td>10</td><td>单半</td></tr>
<tr><td>63000～80000</td><td>10</td><td>单</td></tr>
<tr><td>10000 及以上</td><td>10</td><td>双</td></tr>
<tr><td>630～3150</td><td>3</td><td colspan="2" rowspan="4">连续式</td><td rowspan="4">高、低(中)压绕组</td><td rowspan="4">导线并绕根数 1～4 根;绕组匝数在 150 匝以上,高压导线并绕根数超过 4 根时,可采用中部进线,容量可增大</td></tr>
<tr><td>630～10000</td><td>6</td></tr>
<tr><td>630～20000</td><td>10</td></tr>
<tr><td>800～31500</td><td>35</td></tr>
<tr><td rowspan="6">10000 及以上</td><td>66</td><td colspan="2" rowspan="2">纠结连续式</td><td rowspan="6">高、中压绕组</td><td rowspan="6">220kVA 及以上采用插入电容连续式</td></tr>
<tr><td>110</td></tr>
<tr><td>154</td><td colspan="2" rowspan="2">插入电容连续式</td></tr>
<tr><td>220</td></tr>
<tr><td>330</td><td colspan="2" rowspan="2">插入电容连续式</td></tr>
<tr><td>500</td></tr>
</table>

4.2.2 层式绕组

圆筒式绕组介绍如下。

1）圆筒式绕组结构的特点

(1) 导线沿轴向一匝挨着一匝从一端绕至另一端，这就构成了第一层。若还需要继续绕下去，则把导线适当折弯，“升层”从“另一端”往回绕，构成第二层。如此则可以“如法炮制”得到第三层、第四层…。

(2) 层式绕组的层间电容远大于对地电容，所以在冲击电压下有良好的冲击分布，因此，多层圆筒式绕组可以在高电压产品中使用。

2）单层圆筒式绕组

顾名思义，这种圆筒式绕组只有一层，绕组的出线在上下端部各有一个。单层圆筒式绕组一般只在单独的调压绕组上使用。由于在不同的漏磁场位置上不存在并联导线，故绕制过程中导线不进行换位操作。

3）双层(四层)圆筒式绕组

由于单层圆筒式绕组的机械稳定性差而很少采用，一般的变压器主要采用双层或多层圆筒式。双层(四层)圆筒式绕组适用于容量在 630kVA 及以下、电压在 1kV 及以下的低压绕组，如图 4-29 所示。

4）多层圆筒式绕组

用导线可以绕制成若干个线层。在绕组内侧的第一线层对地之间的电容较大，使雷电冲击电压的起始分布不均匀，为此当绕组的工作电压为 35kV 及以上时，应在第一线层内侧放置电容屏，以改善冲击电压的起始分布。多层圆筒式绕组适用于容量在 630kVA 及以下、电压在 3～35kV 电压等级的高压绕组，如图 4-30 所示。

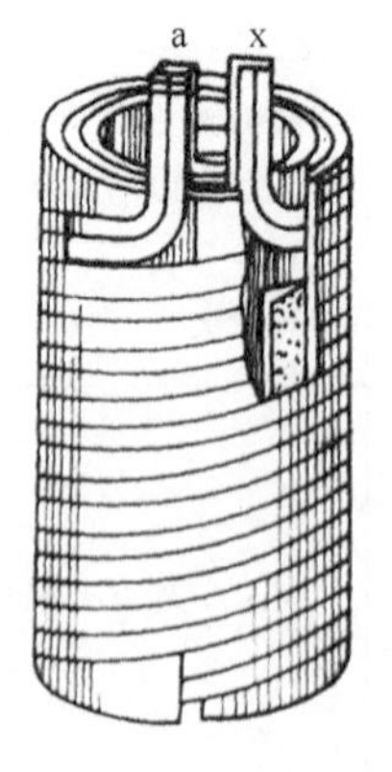

图 4-29　双层圆筒式绕组

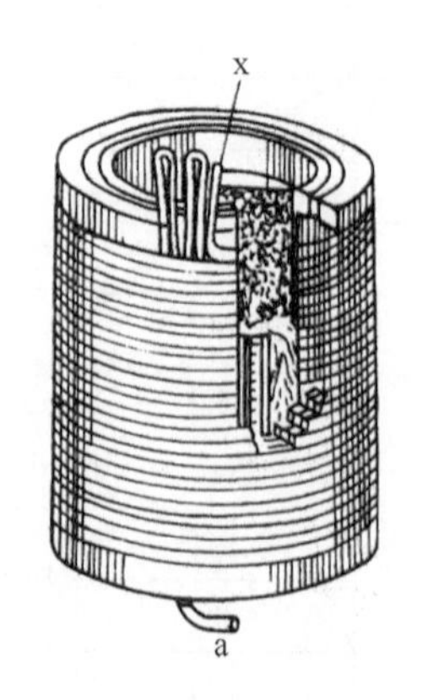

图 4-30　多层圆筒式绕组

5）分段多层圆筒式绕组

由若干对线饼构成，每一对线饼为两个多层圆筒式结构。它的主要特点是，层间电压较低，结构复杂，绕制工作量大，散热较困难。它可以用于容量 2000kVA 及以下、63kV 电压等级的高压绕组，典型结构如图 4-31 所示。

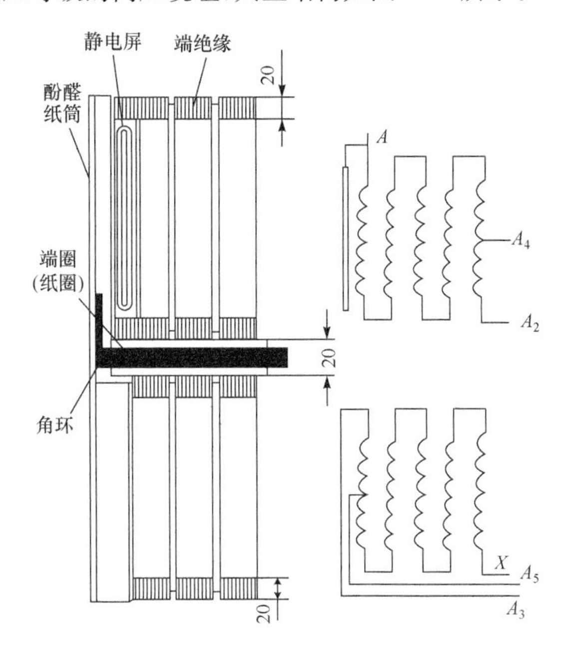

图 4-31　分段多层圆筒式绕组

4.2.3　饼式绕组

饼式绕组有几种不同的型式，但具有相同特点的线饼型式。它是把导线沿绕组的辐向排列成圆饼状，而后把各个圆饼状的线饼用不同的方式串联起来构成不同型式的绕组。饼式绕组在轴向的压紧力的控制要比圆筒式绕组容易，在一般情况下，饼式绕组的轴向机械强度比圆筒式绕组大。因此，饼式绕组在大、中型变压器中已被大量采用。下面分别介绍各种类型的饼式绕组。

1. 连续式绕组

顾名思义，连续式绕组是绕组在绕制时，导线不间断地由第一个饼式过渡到第二个、第三个…，直至最后一个线饼。连续式绕组的这种绕制方法比较简单，便于操作。奇数线饼的导线从外侧依次绕至内侧，称为反饼。偶数线饼的导线从内侧依次绕至外侧，称为正饼。

一个反饼和一个正饼组成一个单元，所以连续式绕组的线饼数必须是偶数。总线饼数一般在 30～100，且为偶数，但当中部出线时，则是 4 的倍数。当线饼的匝数由两根及以上导线并联组成时，并联导线要在反饼内侧和正饼外侧进行换位。连续式绕组使用的电压范围比较广（3～110kVA），容量可大可小（800～10000kVA及以上），且高、中、低压绕组均可采用。图4-32(a)和图4-32(b)分别给出了连续式绕组的外形图和结构示意图。

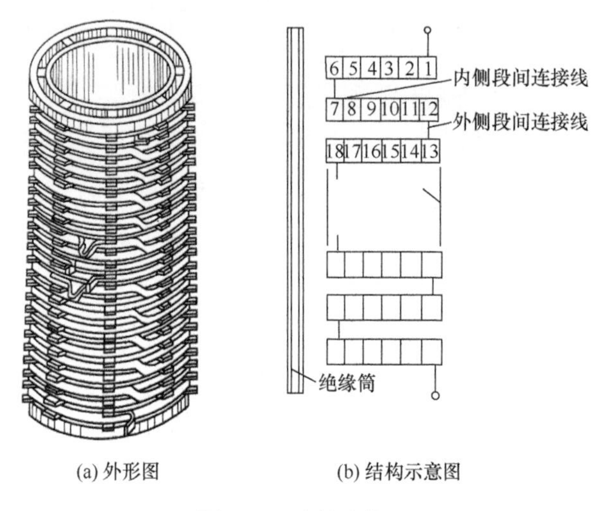

(a) 外形图　(b) 结构示意图

图4-32　连续式绕组

2. 螺旋式绕组

当绕组的电压等级为10kV及以下而容量又很大时，这时绕组的匝数很少，但导线所需的截面积又非常大，这种绕组做成螺旋式的。所谓螺旋式绕组就是把符合设计要求的截面积相等的许多根导线螺成一（二、三、四…）组，然后像卷制弹簧把这组导线做成一个绕组。这组导线在绕线模上旋转一周，就构成绕组中的一匝，一般情况下，螺旋式绕组的总匝数在几十匝到150匝之间。螺旋式绕组结构的特点如下：

(1) 螺旋式绕组中的每一匝，其形状很像圆饼状，因此，把螺旋式绕组归结在饼式绕组中。

(2) 必须根据并绕组数的不同，选择不同的方式对绕组中的导线进行换位，以使绕组中各个导线之间的循环电流值最低。

(3) 为把螺旋式绕组在轴向均匀压紧，必须根据螺旋式绕组的特点——螺旋型的线饼和不同的换位方式等十分细致地布置螺旋式绕组的内部。

螺旋式绕组有单螺旋、双螺旋、三螺旋和四螺旋等几种。

(1) 单螺旋绕组。单螺旋绕组就是把所有导线螺成一组，绕成螺旋结构，典型的结构布置如图4-33(a)所示。

(2) 双螺旋和四螺旋绕组。双螺旋和四螺旋由于换位的要求，每匝并联的导体数应分别是 2 和 4 的倍数。其中双螺旋就是把所有并联的导线分成匝数相等的两列，然后一起按螺旋方式进行绕制。整个双螺旋式绕组要在两列导线之间进行交叉换位，一次完全换位的次数等于并联导线的根数。整个双螺旋绕组可以进行一次或多次完全换位。四螺旋和双螺旋绕制方法类似，即把所有并联的导线分成匝数相等的四列，然后同双螺旋式绕组绕制方式一样进行绕制。还有一种方法是把四列导线分成两个两列，并各自进行交叉换位，并且根据绕组的具体情况决定完全换位的次数。典型的结构布置如图 4-33(b)所示。

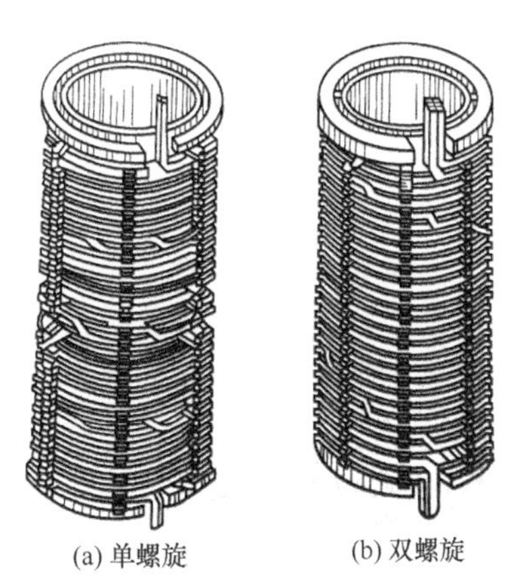
(a) 单螺旋　　(b) 双螺旋

图 4-33　螺旋式绕组外形

(3) 三列螺旋式绕组。三列螺旋式绕组是螺旋式绕组的一种型式，其结构特点与双螺旋基本上没有什么区别。三列螺旋式绕组导线的总根数可以是 3 的整数倍，一般情况下，取 6 的整数倍。它和双螺旋一样进行上下交叉换位，但它必须遵循三列螺旋式特有的规律，即第一次换位在同一匝的第 1、2 线饼之间进行，将第 1 个线饼的最上面的一根导线换位到第 2 个线饼的最上面，同时将第 2 个线饼的最下面一根导线换位到第 1 个线饼的最下面；第二次换位在同一匝的第 2、3 线饼之间进行，将第 3 个线饼的最上面的一根导线换位到第 2 个线饼的最上面，同时将第 2 个线饼的最下面一根导线换位到第 3 个线饼的最下面；然后重复上述的换位顺序，一直到完成一次等距完全换位。换位的示意图如图 4-34 所示。三列螺旋式绕组往往在低压绕组上被采用，并且放置在高压绕组的内侧。

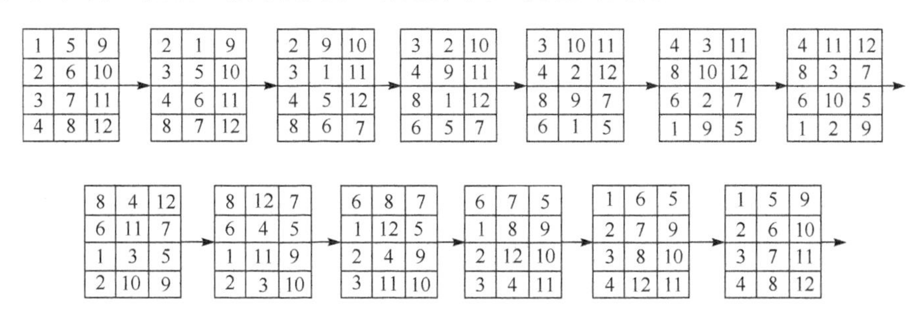

图 4-34　总根数为 3 的整倍数三列螺旋式绕组的换位示意图

(4) 多列螺旋式绕组。多列螺旋式绕组是指并绕的线饼数大于 4 的螺旋式绕组。这种多列螺旋式绕组往往在特大容量的变压器上作为调压绕组被采用。此时绕组可以不进行换位，但是为了方便各个分接引线的连接，也可以在绕组的中部进行一次标准换位。

3. 纠结式绕组

纠结式绕组是饼式绕组中的一种结构型式，这种绕组和连续式绕组最大的不同点是，纠结式绕组的匝间和饼间电容远比连续式绕组的大。因此，纠结式绕组在冲击电压作用下的电压分布比连续式绕组好得多。纠结式绕组可以在 110kV 及以上电压等级的变压器上使用。纠结式绕组可以采用不同的纠结方式，如部分纠结、纠结连续式（纠结式和连续式混合结构）、插花纠结、四段纠结、2 根并绕的单根纠结式等。图 4-35(a)和(b)分别给出了纠结式绕组的外形图和结构示意图。

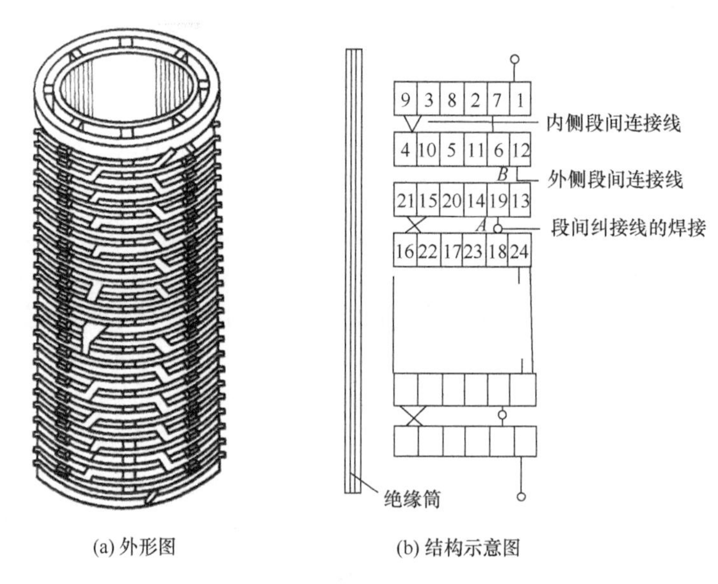

(a) 外形图　　(b) 结构示意图

图 4-35　纠结式绕组

但纠结式绕组有几个缺点：一是并绕根数是并联根数的 2 倍，当并联根数大于 3 时，就需要用大于 6 根的导线进行绕制，制造工艺难度很大，绕组的质量难以保证；二是两个线饼要绕成纠结式，绕组中要增加许多焊点，如操作不当，便给绕组的安全运行带来隐患；三是在大容量变压器中，如果由于其他各种原因需要采用换位导线时，则用纠结的方法来改善绕组的电压分布，在工艺上有很大的困难。由于上述的这些问题，限制了纠结式绕组的使用范围。

4. 内屏蔽插入电容式绕组

内屏蔽插入电容式绕组是一种适用范围较广的高压、超高压大容量变压器绕组结构，通常在大容量变压器因绕组采用换位导线或组合导线而无法绕制成纠结式绕组中使用。有两种不同类型的内屏蔽插入电容式绕组，即两段屏蔽插入电容式绕组和多段屏蔽插入电容式绕组。两段屏蔽插入电容式绕组是指屏蔽线匝跨越两个线饼进行电容耦合，典型的剖面如图 4-36 所示；多段屏蔽插入电容式绕组是指线饼中的屏蔽线连接不是在相邻的两个线饼间进行的，而是跨越 4 个或 6 个线饼进行电容耦合。跨越 4 个线饼的称为四屏，跨越 6 个线饼的称为六屏。

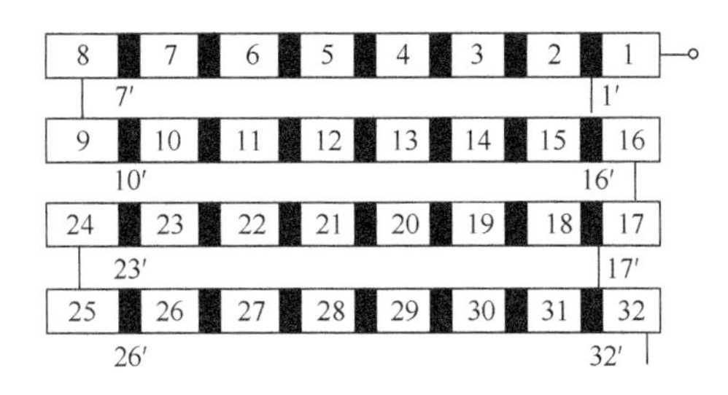

图 4-36　两段屏插入电容式绕组剖面

5. 交错式绕组

交错式绕组即高、低压绕组沿着铁芯柱高度互相交错排列。一般低压绕组靠近铁轭（在两端），高压绕组在中间，从安匝平衡来看，一个高压绕组和它上下两个低压绕组取得安匝平衡（即构成两个安匝组）。图 4-37 表示两个安匝组和四个安匝组的排列情况。交错式绕组能够减小漏磁，因而可以减小电磁力和附加损耗。

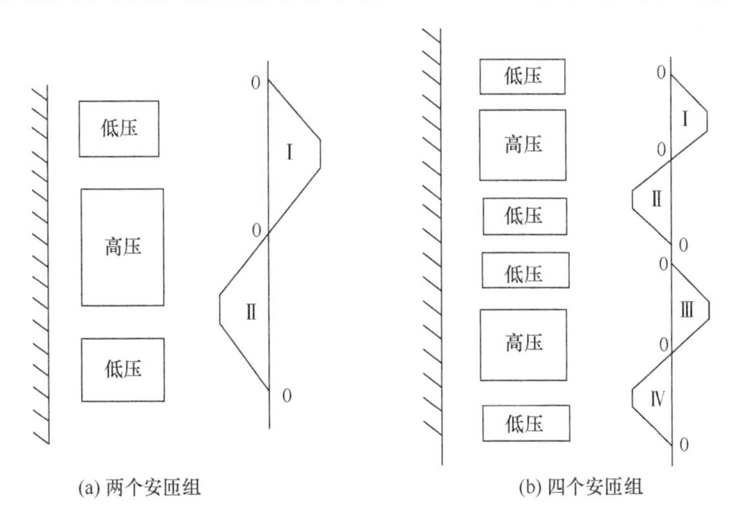

图 4-37　交错式绕组的排列方式示意图

6. 混合式绕组

在一个绕组上，如果存在着两种或两种以上不同绕制型式的线饼，则把这种绕组称为混合式绕组，如纠结连续式绕组、内屏蔽插入电容连续式绕组等。

4.2.4 超导绕组结构实例

1. 美国

2011年,Waukesha电系统公司、IGC-Super Power电力公司和橡树岭国家实验室等合作研制了50MVA、132kV/13.8kV三相高温超导变压器,见表4-8。高低压绕组均采用新型的YBCO Roebel电缆(CTC-continuously transposed cable),适用此超导变压器绕组的CTC参数见表4-9,绕组结构采用层式-层式,绕组的排列方式采用“低压-高压-低压”(LV-HV-LV),如图4-38所示。

表4-8 50MVA超导变压器的参数

项目	参数
相数	3
额定容量	50MVA
额定电压	132kV/13.8kV
额定电流	219A/1208A
绕组匝数	918/20
绕组材料	LV YBCO Roebel 电缆 HV YBCO Roebel 电缆

表4-9 YBCO Roebel电缆参数

绕组	电缆形式
高压侧	8/2(8根2mm宽的YBCO带材复合)
电缆尺寸	宽5mm、厚0.01mm,外部由1.6mm厚的铜带和0.05mm厚的绝缘包装
电流 I_c	480A(77K)
高压侧	17/5(17根5mm宽的YBCO带材复合)
电缆尺寸	宽12mm厚2mm,外部由3.4mm厚的铜带和0.05mm厚的绝缘包装
电流 I_c	2550A(77K)

2. 新西兰

2011年,新西兰的工业研究有限公司(Industrial Research Limited)和澳大利亚的Wilson变压器有限公司(Wilson Transformer Company)合作,进行了1MVA、11kV/415V三相超导变压器的研究,参数见表4-10,高压绕组采用YBCO涂层导体,低压绕组采用YBCO Roebel电缆,高压绕组采用饼式结构,低压绕组采用螺旋式结构,如图4-39所示[9]。

图 4-38　17/5 YBCO Roebel 电缆的结构

表 4-10　1MVA 超导变压器的参数

项目	参数
相数	3
额定容量	1MVA
额定电压	11kV/415V
额定电流	30A/1390A
绕组匝数	918/20
绕组材料	LV 15/5 YBCO Roebel 电缆 HV YBCO 4mm 宽

图 4-39　低压绕组 YBCO Roebel 电缆的结构

3. 韩国

2005 年，韩国机电研究所进行了 60MVA、154kV/23kV 三相超导变压器的概念设计，参数见表 4-11。绕组采用 YBCO 涂层导体，高压绕组采用的是双饼式结构，低压绕组采用的是螺旋式结构，绕组的排列方式为"低压-低压-高压"(LV-LV-HV)。绕组在设计上采用了"低电流密度绕组"的方法，以减少交流损耗，如图 4-40 所示。普通绕组内部的线圈单元是串联组合形式，而低电流密度绕组内部的线圈单元则是并联组合形式，其电流密度是普通绕组的一半[10]。

表 4-11 60MVA 超导变压器的参数

项目	参数
相数	3
额定容量	60MVA
额定电压	154kV/23kV
额定电流	225A/1506A
绕组匝数	992/148
材料 YBCO 涂层导体	宽 10mm，厚 0.12mm 200A(77K，自场) 360A(65K，自场)

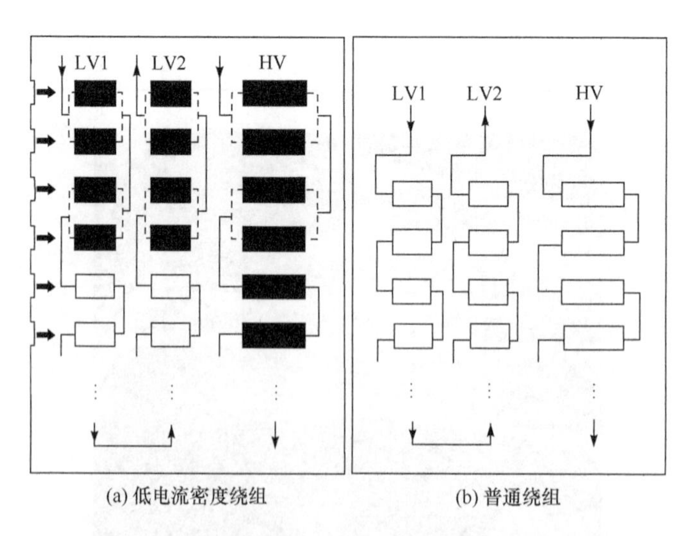

图 4-40 "低电流密度绕组"和"普通绕组"的示意图

2007 年，韩国理工大学和韩国电气工程与科学研究所等合作，进行了 100MVA、

154kV/22.9kV 三相超导变压器的概念设计，参数见表 4-12。绕组带材采用 YBCO 涂层导体，初级绕组采用“连续磁盘绕组”，次级绕组和第三绕组采用的是层式绕组，如图 4-41 所示。第三绕组供给维护变电站所需的电能，其额定电压是 6.6kV。为了降低交流损耗，绕组采用同芯式的排列，顺序是第三级、初级、次级、初级。最内侧的初级绕组由“连续磁盘绕组”构成，这是一种新的绕组方式，它优于层式绕组和饼式绕组，产生较小的交流损耗，并且磁盘内部没有结点，最外侧的初级绕组是双饼式绕组。

表 4-12　100MVA 超导变压器的参数

项目	参数
相数	3
额定容量	100MVA
额定电压	154kV/22.9kV/6.6kV
额定电流	370A/2500A/1600A
材料 YBCO 涂层导体	宽 4mm，厚 0.2mm 120A(77K，自场) 228A(65K，自场)

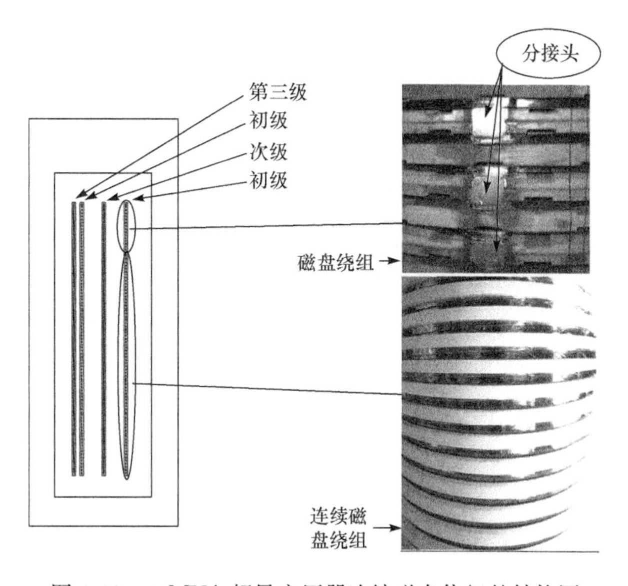

图 4-41　33MVA 超导变压器连续磁盘绕组的结构图

4. 日本

2011年至今,日本名古屋大学、中部电力公司和研究所合作完成了2MVA、22kV/6.6kV三相具有故障限流功能的超导变压器的设计方案,见表4-13。高压绕组采用Bi2223,低压绕组分成两部分:一部分绕组线圈采用YBCO涂层导体,具有限流功能;另一部分绕组线圈由YBCO和Cu组合而成,不具有限流功能,绕组在铁芯柱上沿径向排列的方式为"低压-低压-高压"(LV-LV-HV),如图4-42所示[11]。

表4-13 2MVA超导变压器的参数

项目	参数
相数	3
额定容量	2MVA
额定电压	22kV/6.6kV
额定电流	52.5A/175A
绕组匝数	1334/396
绕组材料	LV(Ⅰ)YBCO LV(Ⅱ)YBCO/Cu HV Bi2223

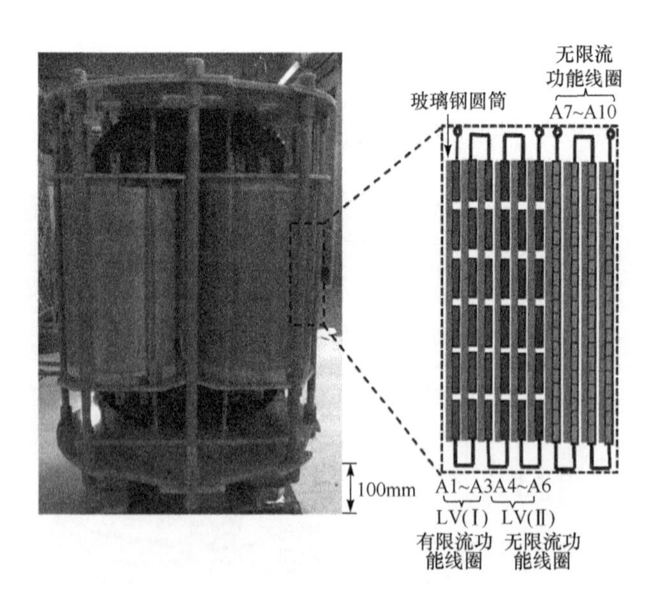

图4-42 超导变压器的绕组排列

4.3　超导绕组损耗

4.3.1　分类及内在机理

当超导体传输交变电流或处于交变磁场中时，变化的磁场将在超导体内部产生感应电场，并由此产生一定的能量损耗，即交流损耗(AC loss)。一般来说，超导体的交流损耗有两种分类方法。

(1) 根据引起交流损耗的直接原因，可将超导体的交流损耗分为自场损耗(self-field loss)和外场损耗(external-field loss)。自场损耗指的是超导体传输交变电流时所产生的损耗，也称为传输损耗(transport loss)。外场损耗则是变化的外磁场在超导体内引起的损耗，也称为磁化损耗(magnetization loss)。当超导体在传输交变电流的同时又处于交变磁场中时，总的交流损耗包括由传输电流引起的传输损耗和由外磁场引起的外场损耗两部分。

(2) 根据引起交流损耗的物理本质，可将超导体的交流损耗分为磁滞损耗(hysteresis loss)、磁通流动损耗(flux flow loss)、耦合损耗(coupling current loss)和涡流损耗(eddy current loss)。一般而言，自场损耗主要由磁滞损耗、磁通流动损耗、耦合损耗和涡流损耗四部分组成，而外场损耗则由磁滞损耗、耦合损耗和涡流损耗三部分组成。

下面将简单介绍磁滞损耗、磁通流动损耗、耦合损耗和涡流损耗的内在形成机理。

目前，实用高温超导材料均为非理想第Ⅱ类超导体，也被称为硬超导体(hard superconductor)或脏超导体(dirty superconductor)。非理想第Ⅱ类超导体内部存在多种晶体缺陷、杂质、不均匀性等，这将对磁通线产生磁通钉扎力(flux pinning force)作用，即不同程度地阻止磁通线的流动，并阻碍磁通线进入或退出超导体。磁通线所在涡旋区域处于正常态，被称为钉扎中心，而传输电流流经区域则处于超导态。当超导体承载交流电流或处于交变磁场中时，磁通线不断克服磁通钉扎力进入或退出超导体所做的功即磁滞损耗。

理想情况下，当超导体的传输电流小于其临界电流时，磁通涡旋完全钉扎在超导体内，只有磁滞损耗产生；而当超导体的传输电流大于其临界电流时，磁通涡旋可以自由移动，磁滞损耗则被磁通流动损耗所取代。实际上，受到超导体内各个钉扎中心的钉扎强度分布不均的影响，磁滞损耗和磁通流动损耗之间存在一定的交叠，它们之间的转变较为平滑。

超导体的传输电流产生的磁场将与磁通涡旋中的磁通线发生作用，造成磁通线密度分布不均匀，从而产生驱动磁通线从密处向疏处移动的洛伦兹力，最终形成磁通线的流动，被称为磁通流动(flux flow)。这样，流动磁通线切割传输电流的流经区域就产生了感应电动势或感生电场，最终以焦耳热形式释放出来，即磁通流动损耗。超导体传输电流时呈现出非线性的电流-电压关系，外在表现为一个非线性变化的损耗电阻，即磁通流动电阻（flux flow resistance）。因此，磁通流动损耗又被称为磁通流阻损耗（flux flow resistance loss）。

实用超导材料是超导体与高热导率、低电阻率金属或合金材料复合在一起的复合导体结构。以第一代高温超导材料为例，绝大部分使用 Bi2223 带材为多芯复合超导体（multifilamentary composite superconductor）结构，其包含多根 Bi2223 细丝芯（Bi2223 filament），并嵌套在银金属基底（Ag matrix）或银合金包套内。那么，当超导体承载交流电流或处于交变磁场中时，超导细丝芯之间的耦合作用将会在银金属基底中产生耦合电流损耗，同时银金属基底或合金包套自身还会产生一定的涡流损耗。

图 4-43 给出了典型的 Bi2223 带材横截面微观图。其中，Bi2223 带材的宽度为 $2w_t$，厚度为 $2d_t$；内部超导细丝芯区域的宽度为 $2w_c$，厚度为 $2d_c$。一般而言，Bi2223 带材的宽度 $2w_t$ 和厚度 $2d_t$ 分别约为 4mm 和 0.3mm，w_c/w_t 和 d_t/d_c 的数值范围分别为 0.8～0.9 和 0.6～0.7，超导细丝芯自身所占整个超导带材的体积比例 h_t 的范围为 0.15～0.30，超导细丝芯自身所占超导细丝芯区域的体积比例 h_c 的范围为 0.5～0.6[12]。

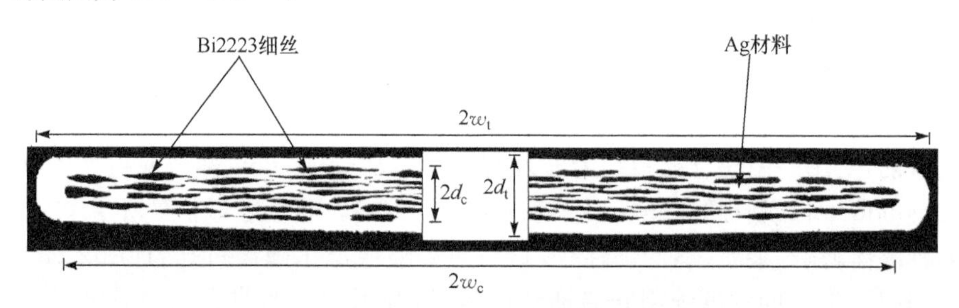

图 4-43 典型的 Bi2223 带材横截面微观图

4.3.2 磁滞损耗

交变的磁场或交流电流会在第Ⅱ类超导体中引起能量损耗，即交流损耗。如图 4-44 所示，超导体样品处于交变的磁场中，磁场以磁力线的形式穿透超导材料。随着外部磁场的变化，磁力线形状和超导体内的磁场强度也将随之改变。根据法拉第电磁感应定律，超导体内变化的磁场产生了电场，这个电场在超导体内又产生了屏蔽电流。图 4-44(a)中的正负号标识屏蔽电流在超导体内截面上的流动方向。图中灰色区域被白色区域里流动的电流所屏蔽，这个电流的密度近似达到临界电流密度。根据安培定律 $B=\mu_0 H$，超导体内的磁场分布就由这个屏蔽电流所决定。

因此屏蔽电流所引起的能量损耗密度则由电场强度 E 和电流密度 J 所决定。而这个由外加交变磁场所引起的损耗同时也来源于产生这个交变磁场的外部能量系统。这些消耗的能量被用来压扁和移动磁力线，在这个过程中，它们转化为热量，对冷却系统产生负荷。

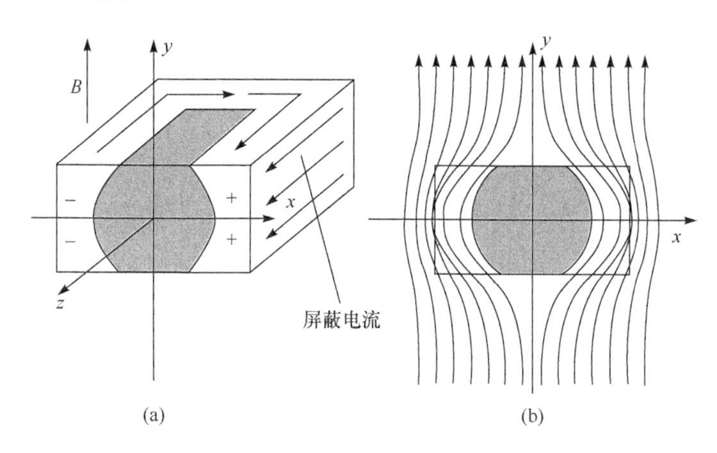

图 4-44　外部变化磁场下的超导体截面

假设超导体是在零场下被冷却之后突然放入一个$\partial B/\partial t$ 为常数的磁场环境中。图 4-44(b)描绘了在刚刚进入这个磁场环境后，超导体内及其周围的磁场分布。此时磁力线是垂直的。局部磁场强度 B 可以用$\mu_0(H+M)$来代替，其中 M 为屏蔽电流的磁化强度。可以发现，屏蔽电流其实总是趋向于阻止超导体内磁场的变化。在超导体中芯部分，M 和 H 的方向总是相反，因此，这里的磁场强度总是低于 $\mu_0 H$。因为磁感应线是延伸到超导体外部的闭合曲线，相应超导体外部，M 和 H 的方向是相同的，所以在超导体外部，磁场强度总是大于 $\mu_0 H$。简单地说，在超导体的灰色区域，磁场的$\partial B/\partial t$ 将为零，也就是没有磁场变化。因此在这个区域也感应不了屏蔽电流。磁场、屏蔽电流和能量损耗仅仅只存在于图中的白色区域。磁场变化越快，被穿透的白色区域也就越大，甚至会完全穿透整个超导体。

当超导带材处于交变垂直磁场中时如图 4-45 所示，交流损耗为

$$P_{\perp}=Kf\frac{w^2\pi}{\mu_0}B_c^2\beta_{\perp}\left[\frac{2}{\beta_{\perp}}\ln(\cosh\beta_{\perp})-\tanh\beta_{\perp}\right] \tag{4-1}$$

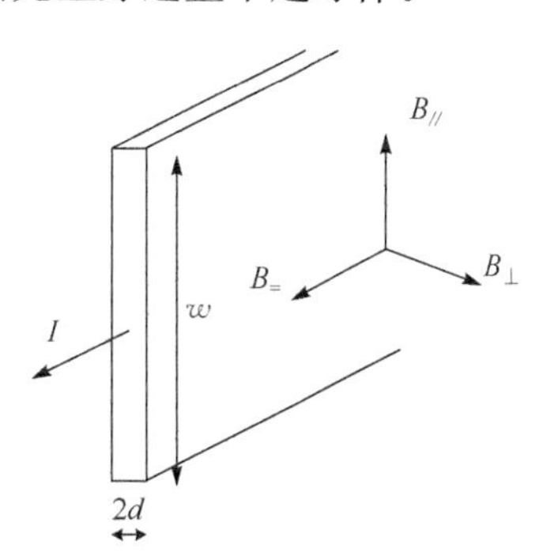

图 4-45　带材外加磁场

式中，K 为几何结构参数；w 为带材宽度；B_c 为特征磁场，$B_c=\mu_0 J_c d/\pi$，J_c 为临界电流密度；$\beta_{\perp}=B_{\perp}/B_c$，$B_{\perp}$ 为垂直场幅值。对于美国超导(AMSC)公司生产的 Bi2223/Ag 不锈钢加强超导带材，

$K=1.35$。

$$Q_{/\!/\mathrm{vol}}=\frac{2B_{\mathrm{p}}^{2}}{3\mu_{0}}(i^{3}+3\beta_{/\!/}^{2}i),\quad \beta_{/\!/}<i \tag{4-2}$$

$$Q_{/\!/\mathrm{vol}}=\frac{2B_{\mathrm{p}}^{2}}{3\mu_{0}}(\beta_{/\!/}^{3}+3\beta_{/\!/}i^{2}),\quad i<\beta_{/\!/}<1 \tag{4-3}$$

$$Q_{/\!/\mathrm{vol}}=\frac{2B_{\mathrm{p}}^{2}}{3\mu_{0}}\left[\beta_{/\!/}(3+i^{2})-2(1-i^{3})+6i^{2}\frac{(1-i)^{2}}{(\beta_{/\!/}-i)}-4i^{2}\frac{(1-i)^{3}}{(\beta_{/\!/}-i)}\right],\quad \beta_{/\!/}>1 \tag{4-4}$$

式中，$B_{\mathrm{p}}=\mu_{0}J_{\mathrm{c}}d$ 为完全穿透场，带材的总厚度为 $2d$；$\beta_{/\!/}=B_{/\!/}/B_{\mathrm{p}}$ 为归一化磁场，$B_{/\!/}$ 为平行场幅值；$i=I_{\mathrm{p}}/I_{\mathrm{c}}$ 为归一化传输电流；I_{c} 为临界电流，I_{p} 为传输电流的幅值。

在限制条件 $B_{/\!/}\gg B_{\mathrm{p}}$ 下，有

$$Q_{/\!/\mathrm{vol}}=\frac{2B_{\mathrm{p}}^{2}}{3\mu_{0}}[\beta_{/\!/}(3+i^{2})-2(1-i^{3})],\quad \beta_{/\!/}\gg 1 \tag{4-5}$$

当超导带材既载有交流传输电流，又同时处于同位相的交变平行场中时，单位长度交流损耗为

$$P_{/\!/}=fA_{\mathrm{c}}Q_{/\!/\mathrm{vol}} \tag{4-6}$$

结合式(4-2)～式(4-6)，单位长度交流损耗可表示为

$$P_{/\!/}=\begin{cases}\dfrac{2fA_{\mathrm{c}}B_{\mathrm{p}}^{2}}{3\mu_{0}}(i^{3}+3\beta_{/\!/}^{2}i), & \beta_{/\!/}<i\\[2mm] \dfrac{2fA_{\mathrm{c}}B_{\mathrm{p}}^{2}}{3\mu_{0}}(\beta_{/\!/}^{3}+3\beta_{/\!/}i^{2}), & i<\beta_{/\!/}<1\\[2mm] \dfrac{2fA_{\mathrm{c}}B_{\mathrm{p}}^{2}}{3\mu_{0}}\Big[\beta_{/\!/}(3+i^{2})-2(1-i^{3})+ & \\ \qquad 6i^{2}\dfrac{(1-i)^{2}}{(\beta_{/\!/}-i)}-4i^{2}\dfrac{(1-i)^{3}}{(\beta_{/\!/}-i)}\Big], & \beta_{/\!/}>1\\[2mm] \dfrac{2fA_{\mathrm{c}}B_{\mathrm{p}}^{2}}{3\mu_{0}}[\beta_{/\!/}(3+i^{2})-2(1-i^{3})], & \beta_{/\!/}\gg 1\end{cases} \tag{4-7}$$

式中，f 为频率；A_{c} 为完全穿透场和有效超导截面，$A_{\mathrm{c}}=CA$，C 为无量纲拟合参数，A 为带材横截面积。

4.3.3 磁通流动损耗

当超导体的传输电流接近临界电流时，超导体内除了磁滞损耗，还存在一定的磁通流动损耗。单位长度超导带材的端电压 E 与传输电流 I 之间有幂函数关系

$$E=E_{\mathrm{c}}\times\left[\frac{|J|}{J_{\mathrm{c}}(B_{/\!/},B_{\perp})}\right]^{n(B_{/\!/},B_{\perp})-1}\times\frac{J}{J_{\mathrm{c}}(B_{/\!/},B_{\perp})} \tag{4-8}$$

式中，E 为超导体内的电场强度；J 为超导体内的电流密度。

超导体呈现出非线性的电导率 ρ，其计算表达式为

$$\rho=\rho_0+\frac{1}{J_c(B_{/\!/},B_{\perp})}\times E_c^{1/n(B_{/\!/},B_{\perp})}\times E^{[n(B_{/\!/},B_{\perp})-1]/n(B_{/\!/},B_{\perp})} \tag{4-9}$$

式中，ρ_0 为超导体内的残余电阻率（residual resistivity），一般在 $0.001E_c/J_c$～$0.01E_c/J_c$ 范围内。

那么，每个单位体积、单位时间内的磁通流动损耗 Q_{flow}（J/m^3）可表示为

$$Q_{\text{flow}}=\frac{1}{V}\int_0^t \mathrm{d}t\int_V E\cdot J\mathrm{d}V \tag{4-10}$$

式中，V 为超导体的体积；t 为积分计算的时间长度。

求解后，获得单位长度的磁通流动损耗 Q_{flow} 的解析计算公式为

$$Q_{\text{flow}}=\int_0^t E_c\times I\times\left(\frac{I}{I_c}\right)^n\mathrm{d}t \tag{4-11}$$

那么，单位长度的磁通流动损耗 P_{flow}（W/m）的计算公式为

$$P_{\text{flow}}=E_c\times I\times\left(\frac{I}{I_c}\right)^n \tag{4-12}$$

需要说明的是，磁通流动损耗直接与超导体传输电流的幅值相关，而与超导体传输电流的周期无关。因此，无论超导体传输电流是否具有明显的周期性，均可采用式(4-12)直接计算出任意时间长度内的磁通流动损耗。

4.3.4　耦合损耗

复合超导材料是将很多超导细丝植于普通金属基材上所制成的超导材料。外部交变磁场将会在常规导体内产生涡流。而在前面说到的复杂的复合超导材料中，由于有了超导细丝的存在，这种超导体内所感应出的涡流和常规导体内产生的涡流存在很大区别。

图 4-46(a)是一小片复合超导材料，其中灰色部分是两个超导细丝，磁场方向垂直于纸面向外。磁场在所有回路中感应出电场。在超导细丝形成的回路中，电场驱动的电流如图中箭头所示方向流动。这个电流在超导细丝中是没有阻抗的，但是到了金属基材里面则有一定的阻抗。比起常规导体中整个回路都有阻抗的涡流，复合超导材料里面的涡流电流要大得多。由于将超导细丝耦合成了一个电磁系统，图 4-46(a)中的电流也被称为耦合电流。系统内的磁矩比所有超导细丝各自磁矩总和还要高。同时，这个电流所产生的损耗称为耦合损耗。

耦合损耗的大小取决于外部磁场变化的快慢和复合超导材料的长度。在较长的复合超导材料中，耦合电流就近似等于超导细丝的临界电流。图 4-46(b)表示复合超导材料的末端截面，图中圆圈代表超导细丝。超导细丝内的电流沿正负 z

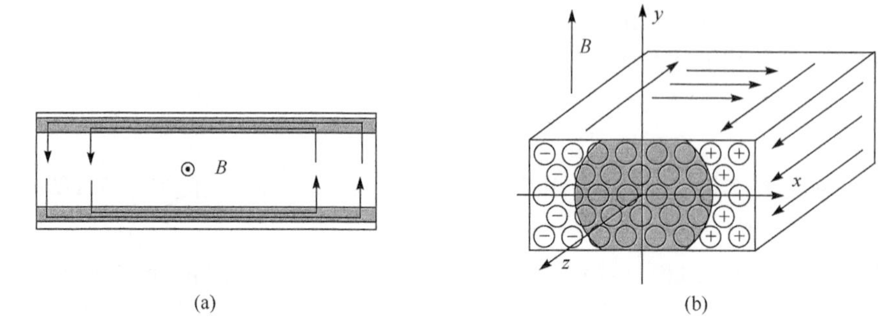

图 4-46　耦合损耗示意图

方向流动。如图所示，由于耦合电流的作用，图中灰色部分的磁场被屏蔽了，看起来和图 4-44(a)相似。可见，复合超导材料就类似于一个整体与其具有相同临界电流密度的超导体。当超导细丝完全耦合时，超导材料的细丝化过程并不减少整个超导体的交流损耗。要降低耦合损耗，就应该降低耦合电流，使其密度不能达到超导细丝临界的电流密度。

在交变磁场环境中，高温超导多芯复合带材发生芯间耦合产生耦合电流；而芯间是正常金属材料，耦合电流横向流经金属基材，从而产生耦合损耗

$$P_c = \eta_c \frac{AB_a^2}{2\mu_0}\left[\frac{n_s\omega^2\tau}{1+(\omega\tau)^2}\right] \tag{4-13}$$

式中，η_c 为复合带材超导芯区域体积因子(超导芯体积与复合带材体积之比)；n_s 为超导芯形状因子；A 为超导带材截面面积；τ 为耦合电流特征时间常数。

4.3.5　涡流损耗

由于实用高温超导带材是超导芯嵌于正常金属基底包套材料内形成的复合材料，当处于交变磁场中时，会在金属包套基底材料内产生涡流，从而产生涡流损耗

$$P_e = \frac{2B_a^2}{\mu_0}\left(\frac{\mu_0\omega^2 w^3 d}{48\rho_s}\right) \tag{4-14}$$

式中，括号项为损耗函数，与磁场幅值无关，与频率的平方成正比。在垂直场情况下，w 为超导带材的宽度，d 为其厚度；在平行场情况下，w 为超导带材的厚度，d 为其宽度。在 50Hz 工频下，垂直场下的涡流损耗比平行场大得多，在很高的平行场下涡流损耗才比较明显。但是在超导体和基底材料之间的相互屏蔽效应将减小超导体磁滞损耗和涡流损耗。涡流损耗与复合超导带材的有效电阻率成反比，因此减小涡流损耗需要增大基体包套材料的电阻率。目前复合高温超导材料的包套采用银镁合金及不锈钢加强材料，在增加机械强度的同时，增大了基体的电阻率，可以大大减小涡流损耗。因此，超导变压器绕组的总损耗为

$$P_T = P_\perp + P_{/\!/} + P_c + P_e \tag{4-15}$$

4.4 绕组结构设计与优化

4.4.1 绕组性能比较

对于高温超导变压器的绕组，常用的有两种形式：饼式绕组和螺旋式绕组。由于两种绕线方式的不同，两种绕组在漏磁场大小、物理强度和经济性能方面都有差异。其中漏磁场的径向分量对线材的临界电流有很大影响；线圈的物理强度直接影响变压器在电力系统出现故障时抗冲击电流的能力；而线圈的经济性能也是整个超导变压器经济性能中必须重点考虑的一个方面。线饼之间存在的空隙直接导致了线饼内径附近磁场分布的不均匀。为了研究空隙对磁场分布的影响，并与螺旋式绕组产生的磁场相比较，通过有限元软件建立模型并计算两种绕组的磁场分布。

使用 Bi2223 超导带材，带材截面为(0.23±0.01)mm×(4.2± 0.1)mm，包绝缘之后带材截面为 4.85mm×0.88mm，工程临界电流 I_e＝9000A/cm^2(77K，自场)。饼式绕组和螺旋式绕组具有相同的尺寸。图 4-47 给出了两个绕组模型的结构和具体尺寸。线圈内径 55mm，厚度 3.6mm，高 33.1mm；每个双饼线圈之间间隔 2mm。螺旋式绕组总匝数为 24 匝(共 4 层，每层 6 匝)；饼式绕组由 3 个双饼组成，每个饼 4 匝，共 24 匝。双饼间距离为 2mm，具体模型如图 4-47 所示[12]。

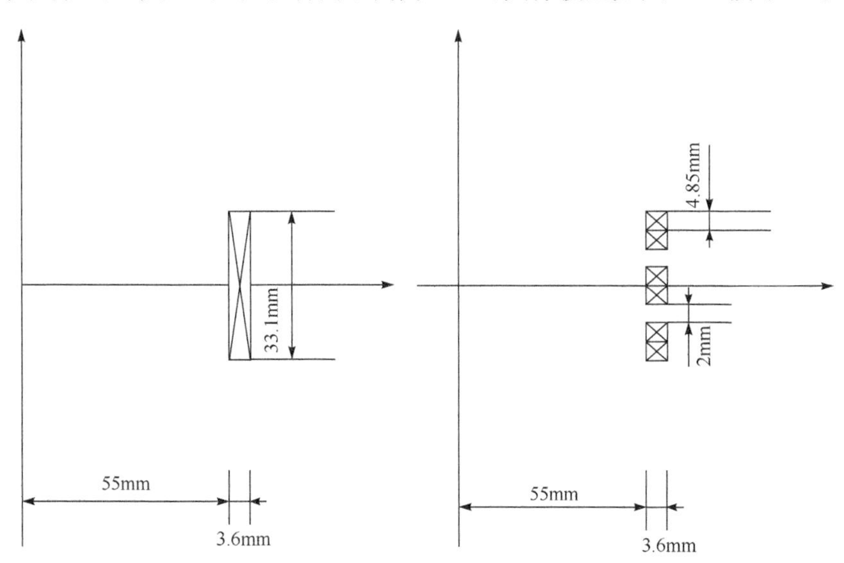

图 4-47　饼式绕组和螺旋式绕组模型图

通过有限元软件 ANSYS 对以上两种不同绕组分别进行建模计算，在绕组上施加电流 I＝40A 时，得到绕组内径处垂直路径上的磁场分布如图 4-48 和图 4-49 所示。

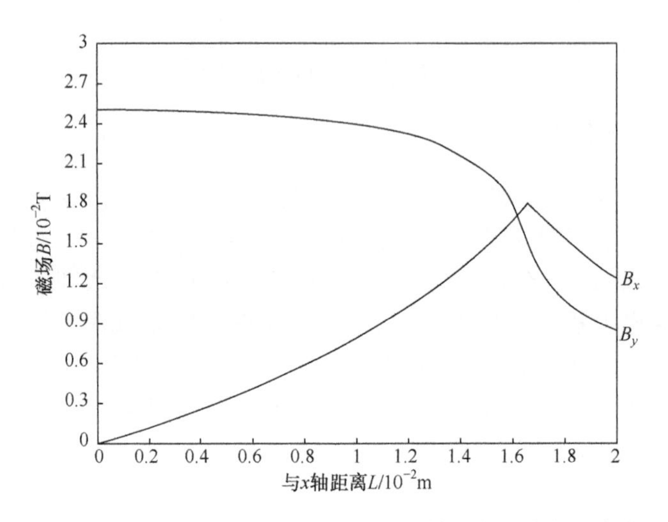

图 4-48　螺旋式绕组内径处磁场随与 x 轴距离 L 变化的曲线

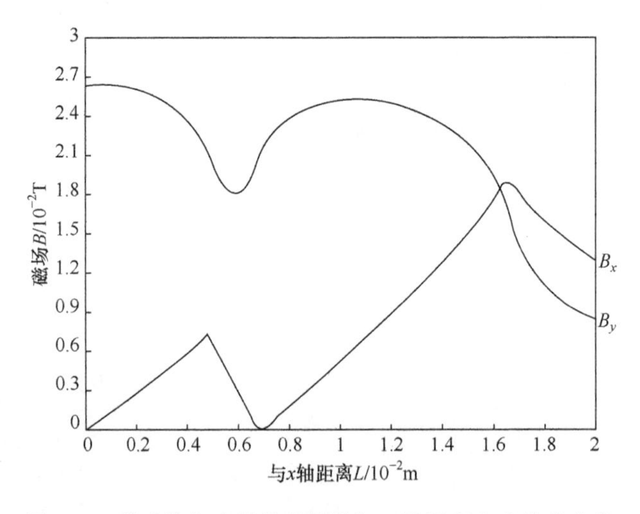

图 4-49　饼式绕组内径处磁场随与 x 轴距离 L 变化的曲线

如图 4-48 和图 4-49 所示，螺旋状绕组和饼式绕组所承受的轴向径向磁场最大值近似相等。但是饼式绕组的磁场分布呈现出明显的周期性，波峰总是出现在线饼附近，而波谷则出现在线饼与线饼的空隙处。虽然两种绕线方式整体在磁场影响下的临界电流衰减大致相等，但是对于位于整个绕组中部的线饼，由于线饼所在位置处于磁场的波峰段，它们所受磁场的影响要大于螺旋式绕组，相对的电流裕度也较低。由于磁场分布的差异，两种绕组的交流损耗一定也存在差异。螺旋式绕组和饼式绕组交流损耗比较如表 4-14 所示。

表 4-14　螺旋式绕组和饼式绕组交流损耗比较

项目	5A	10A	15A	20A	30A	40A
螺旋式	8mV	41mV	112mV	251mV	876mV	1405mV
饼式	15mV	65mV	143mV	275mV	889mV	1427mV

从表 4-14 中可以看出，在电流较小时，饼式绕组的交流损耗功率远大于螺旋式绕组的交流损耗功率；但在电流较大时，饼式绕组的交流损耗功率和螺旋式绕组的趋于相等。其中，交流损耗功率的数值等于表 4-14 中的每列电流与电压的乘积。

通过对两种不同绕组的简单分析，发现两种绕组具有大致相等的临界电流，但是局部电流裕度螺旋式绕组要高于饼式绕组。饼式绕组的磁场分布在轴方向上呈现周期性变化。在低电流情况下，饼式绕组交流损耗功率要大于螺旋式绕组的交流损耗功率，但在高电流情况下，这个差异变得不明显。但由于饼式绕组饼与饼之间存在焊接头，所以在实际工程中，饼式绕组的交流损耗功率总是大于螺旋式绕组的交流损耗功率。但是由于结构的差异，饼式绕组比螺旋式绕组具有更强的机械性能，尤其在变压器遭受短路故障的时候。在经济性能方面，由于饼式绕组比较易于更替，而螺旋式绕组某处带材损坏之后，必须更换整个绕组，所以经济性能较差。综上所述，螺旋式绕组更适合在小容量的高温超导变压器中使用，而饼式绕组更能满足大型高温超导电力变压器的要求。

4.4.2　优化设计方法

超导变压器绕组的结构形式常用的有层式、螺旋式和饼式。饼式结构的绕组绝缘性好，超导带没有扭转，不易损坏；当运行中某一饼坏掉，只要将该饼换掉即可；但其缺点是抗冲击性能差。螺旋式结构绕组的优点有：一是如果绕组材料没有选用复合导体，由多根超导线并绕而成，则采用螺旋式结构的绕组便于电流换位；二是螺旋式结构有较少的焊接头，在减小接触电阻方面优于饼式结构。螺旋式结构绕组的缺点是，一般用螺旋式绕制成的绕组匝数少，匝数多的绕组不适用于螺旋式结构，如有事故，需将整个绕组换掉。层式结构的优点是结构紧凑、生产效率高、抗冲击性能好；对比饼式结构，它产生非常小的径向漏磁通；缺点是不适于电压等级超过 100kV 的超导变压器，其机械强度差。

为减小漏磁场径向分量，优化超导变压器绕组布局，超导绕组布局形式一般采取如下措施：①将绕组沿轴向按“高压-低压-高压”（HV-LV-HV）或者“低压-高压-低压”（LV-HV-LV）排列；②在高、低压线圈之间放置分磁环能有效地削弱漏磁场径向分量；③适当增大高、低压线圈之间的气隙；④可以将绕组径向两侧的线饼两两并联连接，而在绕组中部的线饼做单饼连接，通过减小电流密度来减小漏磁场径向分量。

尽管高温超导变压器绕组的设计技术已经取得了一定的成果，但是还需在以下方面开展深入的研究工作：①在绕组材料选取方面，为了提高超导绕组性能，对超导复合导体在高温超导变压器上的应用还要通过大量实验验证；②考虑使高温超导变压器具有故障限流功能，可以将低压绕组分成用两部分，一部分采用 YBCO 涂层导体构造具有限流功能的线圈，另一部分由 YBCO 和铜组合而成，构成不具有限流功能的线圈。

1. 改变不均匀气隙

1）1MVA 高温超导变压器模型

1MVA 高温超导变压器的具体参数如表 4-15 所示。

表 4-15　1MVA 高温超导变压器的具体参数

项目	参数
相数	单相
容量	1MVA
一次侧额定电压	22.9kV
二次侧额定电压	6.6kV
一次侧额定电流	44A
二次侧额定电流	152A
双饼个数	一次侧 4 个/二次侧 4 个
并联支路数	一次侧 1 路/二次侧 4 路
匝数	一次侧 888 匝/二次侧 256 匝
高温超导带材	Bi2223/Ag 带材（4.1mm×0.21mm）

扩大气隙长度：通过扩大高压绕组和低压绕组之间气隙的长度，能够降低高压绕组和低压绕组附近的漏磁场。将高低压绕组之间的气隙从 35mm 分别扩大到 70mm 和 105mm，并对改变后的变压器模型进行建模计算，得到如图 4-50 所示的低压绕组附近磁场分布。

如图 4-50 所示，增大高压绕组和低压绕组之间的气隙长度可以减小绕组附近的漏磁场，但是效果并不是很明显。当气隙增大到原来气隙的 3 倍之后，占用了很大空间，增大了整个变压器的体积，但是漏磁场径向分量减小量不到 10%。可见这种优化方法效率太低，不可取。

增加气隙数目：由于高温超导变压器的漏磁通会在高压绕组和低压绕组交替的地方交汇，产生较高的漏磁场值，可以考虑增加高压绕组和低压绕组之间的气隙数目，将较大的漏磁通分离在多个气隙中，从而使得每个气隙中绕组附近的磁场强

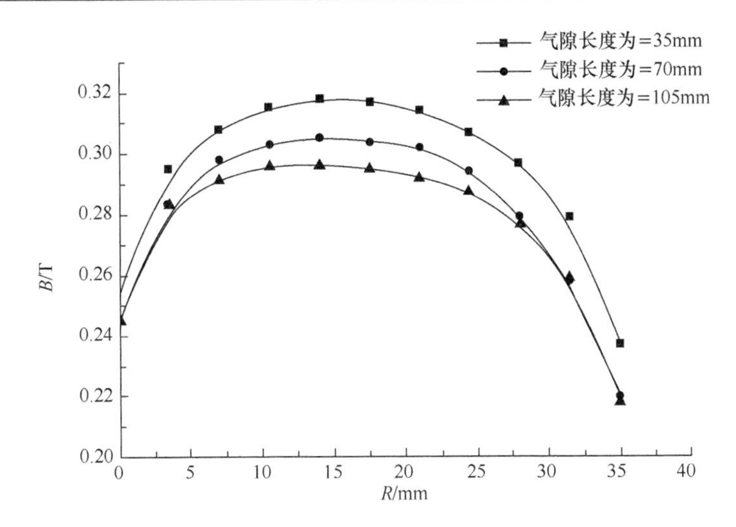

图 4-50　不同气隙长度下低压绕组附近的磁场径向分量随绕组半径变化的曲线

度得到削减。增加气隙数目的几种优化方法如图 4-51 所示。其中,图 4-51(a)为绕组未经过优化的原始结构,高压绕组和低压绕组之间存在两个气隙;图 4-51(b)为高压绕组和低压绕组交错排列,存在四个气隙;图 4-51(c)所示气隙数为 6 个;图 4-51(d)所示气隙数为 7 个。

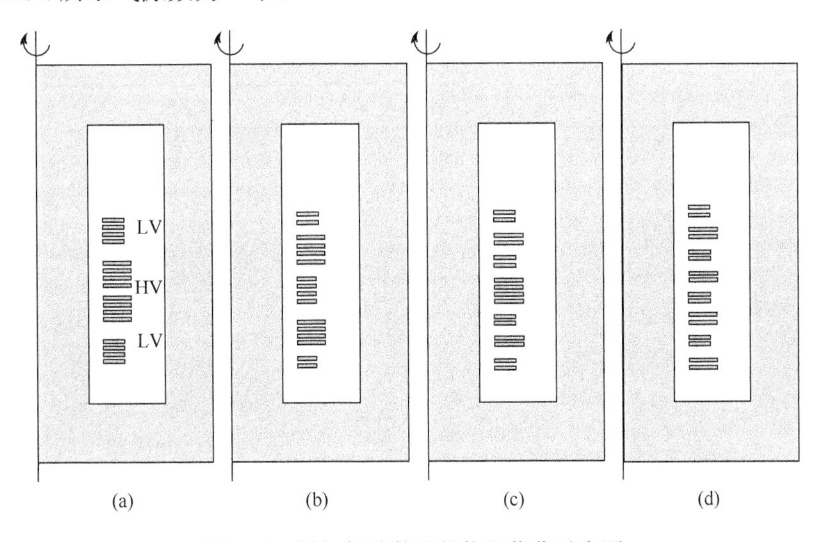

图 4-51　增加气隙数目的绕组优化示意图

通过 ANSYS 的磁场计算,得到不同优化方式下绕组附近的磁场分布,如图 4-52 所示。

由图 4-52 可以看出,当高压绕组和低压绕组之间的气隙从 2 个增加到 4 个之

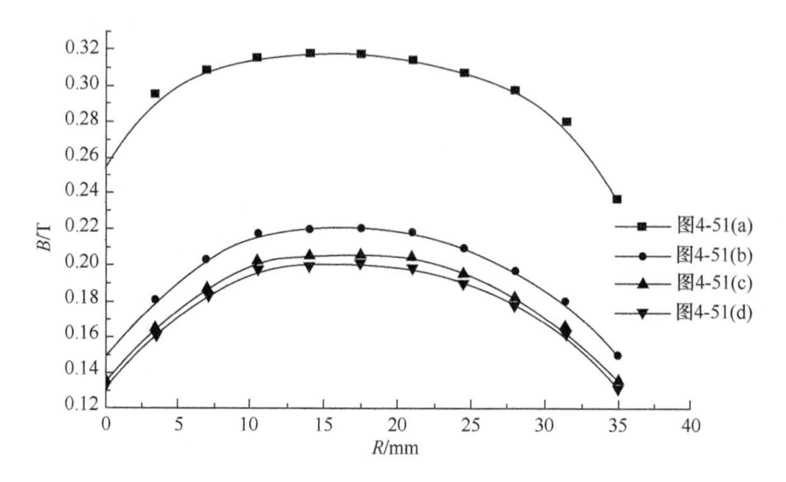

图 4-52　图 4-51 中所示绕组结构对应的磁场分布图

后，低压绕组附近的磁场径向分量削减了 35%。可见适当增加高低压绕组之间的气隙数目可以有效地减小绕组附近的漏磁场。但是当继续增加气隙个数后，漏磁场的削减并不明显，反而增加了绕组之间焊接头的数目，增加了绕组的损耗。

2) 300kVA 高温超导变压器模型

300kVA 高温超导变压器的具体参数由表 4-16 列出[13]。

表 4-16　300kVA 高温超导变压器的具体参数

项目	参数
相数	单相
容量	300kVA
一次侧额定电压	25kV
二次侧额定电压	0.86kV
一次侧额定电流	12.6A
二次侧额定电流	348.8A
绕组型式	高压双饼式、低压双螺旋式
并联支路数	一次侧 1/二次侧 12
匝数	一次侧 2092 匝/二次侧 72 匝
高温超导带材	Bi2223/Ag 带材(4.2mm×0.23mm)

鉴于漏磁场径向分量最大值出现在低压绕组端部，适当增大靠近绕组端部的匝间气隙或饼间气隙。在保持绕组高度不变的条件下，取下述四种气隙进行分析。

气隙 1：均匀气隙。沿轴向各匝间气隙均匀。

气隙 2：逐渐增大气隙。自绕组中部向两端，匝间气隙以同一增量逐渐增大，

匝间最小气隙 $h_{min}=1.5$mm，最大气隙 $h_{max}=3.5$mm，气隙增量 $\Delta h=0.21$mm。

气隙 3：两种长度气隙。绕组沿轴向分三段，两端和中间各取一种长度的气隙，气隙长度 $h_1/h_2=7.4/2.1$，对应的气隙段数分别为 4/26。

气隙 4：三种长度气隙。绕组沿轴向分五段，自中间段向两端气隙增加，如图 4-53 所示。气隙长度 $h_1/h_2/h_3=8.1/3.5/2.3$，对应的气隙段数分别为 2/5/22。

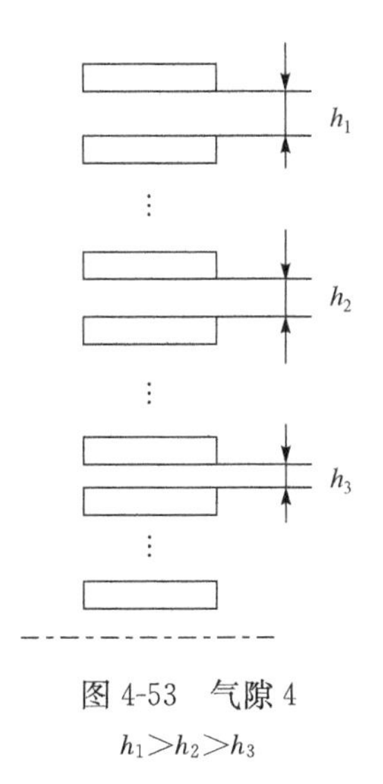

图 4-53　气隙 4
$h_1>h_2>h_3$

对应上述四种气隙的计算结果如图 4-54 所示，由图可见，增大靠近绕组端部的匝间气隙确实可以减小漏磁场的径向分量。值得指出的是，虽然采用气隙 3 时，漏磁场径向分量最小（0.0221T，较均匀气隙时的漏磁场径向分量减小约 10%），但并不意味着采用两种长度气隙就一定比采用三种长度气隙时效果好，对于取三种长度气隙的情形，减小漏磁场径向分量的效果与三种长度气隙的相对大小有关。另外，从简化工艺考虑，将绕组沿轴向分三段取两种气隙即可。

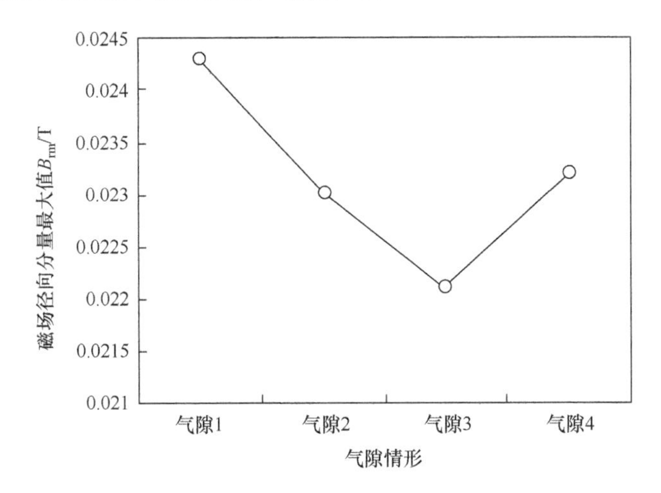

图 4-54　不同气隙对漏磁场径向分量最大值的影响

2. 使用分磁环减小漏磁场的径向分量

为了减小绕组漏磁场的径向分量，可以在同芯式绕组两端各放置分磁环（导磁材料），或在交错式绕组的两两单元之间设置分磁环，意在将端部磁力线“拉直”一些。分磁环用低损耗的非晶合金薄片叠制而成，低漏磁场（$B<0.1$T）时分磁环的损耗很低，只有几毫瓦每千克。

1) 1MVA 高温超导变压器模型

变压器参数见表 4-5。因为漏磁场的最大值总是出现在高压绕组和低压绕组之间的气隙，所以在这个气隙中放置一个一定导磁率的分磁环可以有效减小漏磁场的径向分量。分磁环和绕组的相互位置关系如图 4-55 所示。

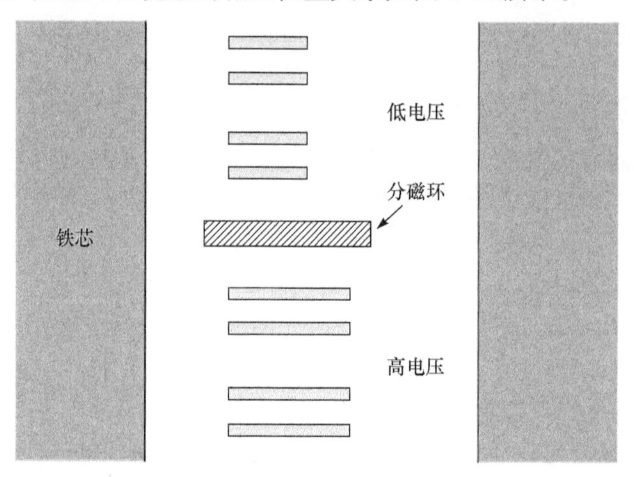

图 4-55　增加分磁环的优化示意图

由于分磁环和绕组一样放置在低温容器中，在磁场作用下，分磁环的能量损耗会以热量的形式散发出来，消耗制冷功率。所以分磁环的相对磁导率不应太高，但是磁导率太低又对绕组附近漏磁场径向分量的减小起不到太大作用，因此下面计算了不同磁导率分磁环对漏磁场径向分量的影响以及其自身的磁场强度。低压绕组附近磁场径向分量最大值和分磁环相对磁导率的关系如图 4-56 所示。分磁环内磁场强度和分磁环相对磁导率的关系如图 4-57 所示。

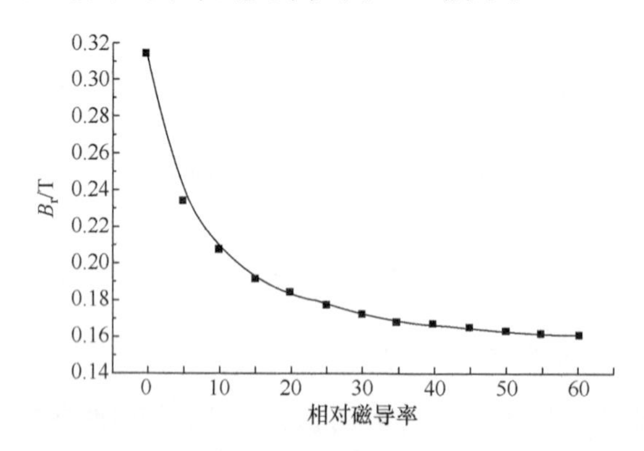

图 4-56　低压绕组附近磁场径向分量和分磁环相对磁导率的关系曲线

由图 4-56 和图 4-57 可以看出，当分磁环的相对磁导率不断增加时，绕组附近的漏磁场径向分量不断减少，但是分磁环内的磁场强度也不断增加，从而增大了低

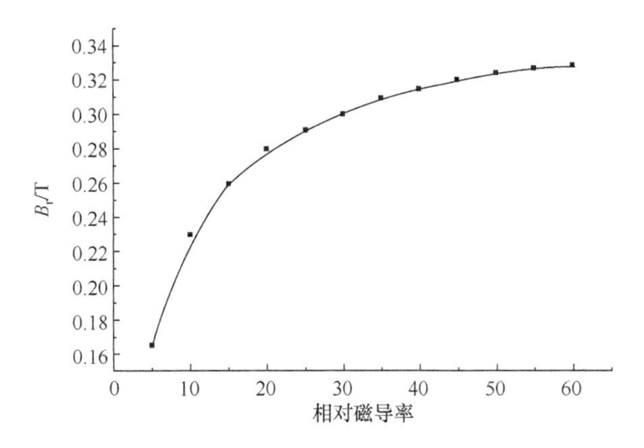

图 4-57　分磁环内部磁场强度和分磁环相对磁导率的关系曲线

温系统的负荷。因此分磁环可以有效减小绕组附近漏磁场的径向分量，但是不宜取得过大，具体取值应在满足漏磁场削减程度的前提下，尽可能地取最小值。

2）300kVA 高温超导变压器模型

变压器具体参数见表 4-6。下面从分磁环的磁导率和径向厚度对漏磁场径向分量的影响进行研究。

显然，分磁环离绕组端部越近，减小漏磁场径向分量最大值 B_{rm} 的效果越好。但分磁环与绕组端部的距离受绝缘要求限制。此处，设置分磁环距低压绕组端部（轴向距离）15mm，离高压绕组 23mm。计算结果表明，绕组区域漏磁场径向分量最大值从无分磁环的 0.0235T 下降到 0.0226T，低压绕组端部漏磁场径向分量的最大值下降到 0.205T，如图 4-58 所示。其中图 4-58(a)为无分磁环时整个绕组区

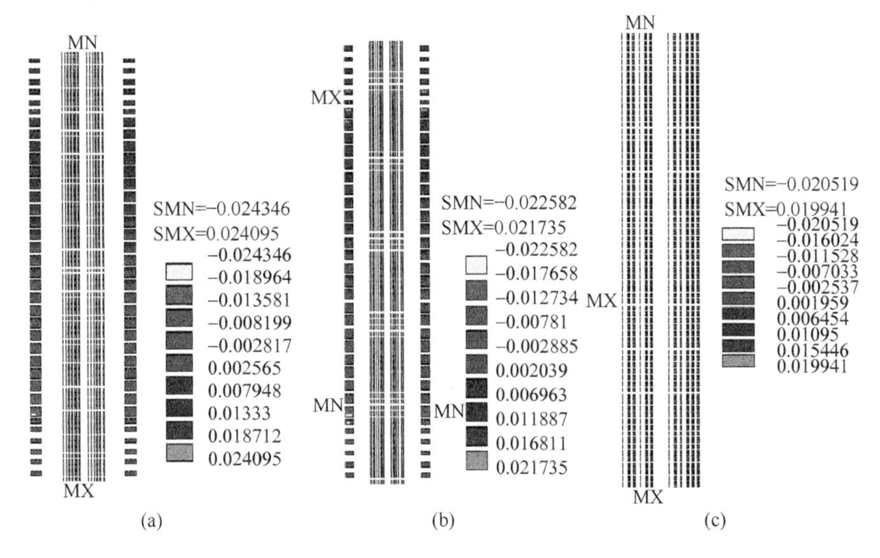

图 4-58　有无分磁环时绕组区域漏磁场径向分量云图

域 B_{rm}＝0.0243T;图 4-58(b)为加分磁环后整个绕组区域 B_{rm}＝0.0226T;图 4-58(c)为加分磁环后低压绕组区域磁场径向分量最大值 B_{rm2}＝0.0205T。

另外,研究了分磁环厚度及材料特性对漏磁场径向分量最大值的影响,计算结果如表 4-17 和表 4-18 所示。

表 4-17 分磁环径向厚度 b_t 对漏磁场径向分量最大值的影响(单位:T;磁导率 μ_r＝6)

分磁环厚度 b_t	b_t＝BHL	b_t＝BL＋2×b_2	b_t＝BL＋b_2	BL	备注
漏磁场径向 B_{rm}	0.0226	0.0226	0.0226	0.0226	整个绕组区域
分量最大值 B_{rm2}	0.0207	0.0205	0.0207	0.0216	低压绕组区域

注:BHL 为高/低压绕组总厚度;BL 为低压绕组厚度;b_2 为高/低压绕组之间的绝缘距离。

表 4-18 分磁环磁导率 μ_r 对漏磁场径向分量最大值的影响(单位:T)

分磁环磁导率 μ_r	6	15	50	100	5000	备注
漏磁场径向 B_{rm}	0.0226	0.0224	0.0224	0.0224	0.0224	整个绕组区域
分量最大值 B_{rm2}	0.0205	0.0189	0.0175	0.0171	0.0167	低压绕组区域

综上所述,改变分磁环径向厚度和磁导率对低压绕组区域漏磁场径向分量的影响要大于对高压绕组。这是因为:①无分磁环时,漏磁场径向分量最大值就位于低压绕组端部;②由于高压绕组两端采用了稀疏线饼结构,高压绕组区域漏磁场径向分量最大值(小于低压绕组区域的值)不是位于绕组端部,这样,分磁环对它的作用就显得有限了。

参考文献

[1] Goldacker W, Grilli F, Pardo E, et al. Roebel cables from REBCO coated conductors: A one-century-old concept for the superconductivity of the future. Superconductor Science and Technology, 2014, 27: 1-16.

[2] Jiang Z, Thakur K P, Badcock R A, et al. Transport AC loss characteristics of a five strand YBCO Roebel cable with magnetic substrate. IEEE Transactions on Applied Superconductivity, 2011, 21(3): 3289-3291.

[3] Jiang Z, Thakur K P, Long N J, et al. Comparison of transport AC losses in an eight-strand YBCO Roebel cable and a four-tape YBCO stack. Physica C, 2011, 471: 999-1002.

[4] Lakshmi L S, Thakur K P, Staines M P, et al. Magnetic AC loss characteristics of 2G Roebel cable. IEEE Transactions on Applied Superconductivity, 2009, 19(3): 3361-3364.

[5] Takayasu M, Mangiarotti F J, Chiesa L, et al. Conductor characterization of YBCO twisted stacked-tape cables. IEEE Transactions on Applied Superconductivity, 2013, 23(3): 3361-3364.

[6] Krüger P A C, Zermeño V M R, Takayasu M, et al. Three-dimensional numerical simulations of twisted stacked tape cables. IEEE Transactions on Applied Superconductivity, 2015,

25(3):4801505.

[7] Takayasu M, Chiesa L, Bromberg L, et al. Cabling method for high current conductors made of HTS tapes. IEEE Transactions on Applied Superconductivity, 2011, 21(3): 2340-2344.

[8] 谢毓城. 电力变压器手册. 北京:机械工业出版社,2003.

[9] Glasson N D, Staines M P, Jiang Z N, et al. Verification testing for a 1MVA 3-phase demonstration transformer using 2G-HTS Roebel cable. IEEE Transactions on Applied Superconductivity, 2013, 23(3): 5500206.

[10] Lee C, Soek B Y, et al. Design of the 3 phase 60MVA HTS transformer with YBCO coated conductor windings. IEEE Transactions on Applied Superconductivity, 2005, 15(2): 1867-1870.

[11] Kojima H, Kotari M, Kito T, et al. Current limiting and recovery characteristics of 2MVA class superconducting fault current limiting transformer (SFCLT). IEEE Transactions on Applied Superconductivity, 2011, 21(3): 1401-1404.

[12] 宋萌. 高温超导变压器的电磁特性研究. 武汉: 华中科技大学硕士学位论文,2005.

[13] 李晓松. 单相 300kVA/25000V/860V 高温超导变压器电磁设计及特性研究. 武汉: 华中科技大学博士学位论文,2005.

第 5 章　超导变压器装置原理

5.1　低温制冷技术

5.1.1　分类与方法

1. 液态工质浸泡式制冷

使用的制冷工质有液氦、液氢、液氮、液氖等，其主要物理特性如表 5-1 所示。

表 5-1　制冷工质的特性

气体	He	H_2	Ne	N_2
标准沸点/K	4.22	20.4	27.09	77.36
三相点温度/K	—	13.8	24.56	63.15
蒸发潜热/(kJ/kg)	20.9	443	85.9	199.3
饱和气体密度/(kg/m^3)	125	70	1206	807
比热容/[kJ/(kg·K)]	5.47	9.48	1.94	2.04

通过比较可以发现，液氦是液化温度最低的气体，其在初期低温超导体的冷却中有着不可替代的地位。随着高温超导体的出现和发展，其他液化温度更高的工质得以应用，液氦则主要应用在一些对于冷却温度要求更严格的场合，如大电机的励磁和大容量储能元件等。液氢具有最高的汽化潜热和比热容，但由于氢的化学性质比较活跃，与空气混合容易爆炸，安全系数较低，在运输和维护过程中对于密封的要求极其严格，它可以提供 20K 左右的冷却温度，可以满足现行大多数超导电机所需的温度，以及其他的高温超导应用。液氖的汽化温度和液氢类似，应用场合也类似，氖的制冷量比液氦高 40 倍，比液氢高 3 倍。与氦相比，在大多数情况下它是一种比较廉价的冷却液。

液氮的汽化温度为 77.36K，这是定义高温超导材料的温度标尺。它的含量丰富，是最便宜的制冷剂，具有完美的电特性和安全的化学性质，但工作温度较高，使得它只适用于超导电缆、超导变压器、超导限流器以及小容量超导储能系统等方面。

过冷液氮的一些特性在应用中有很好的参考价值。氮的饱和液密度和饱和气密度如表 5-2 所示。从图 5-1 中可以看出，随着温度的升高，饱和液密度在不断减少，而饱和气密度则不断增加，当采用自然对流换热的方式时，过冷器中处于单相状态,即过冷液氮。而当采用蒸发凝结换热的方式进行换热时,则是两相共存状态。从图中可以看出,当整个平衡温度和压力变化时,两相的密度都会发生变化,进而就会有相平衡的移动。

表 5-2　不同温度下氮的饱和液密度和饱和气密度

T/K	饱和液密度/(kg/m³)	饱和气密度/(kg/m³)
63.15	867.6	0.675
65	861.28	0.919
67	852.59	1.248
69	843.84	1.664
71	834.96	2.179
73	826.06	2.808
75	817.04	3.564
77	807.8	4.466

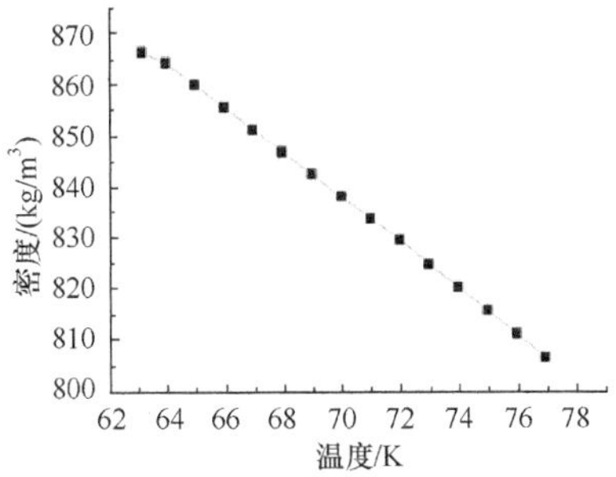

(a) 饱和液 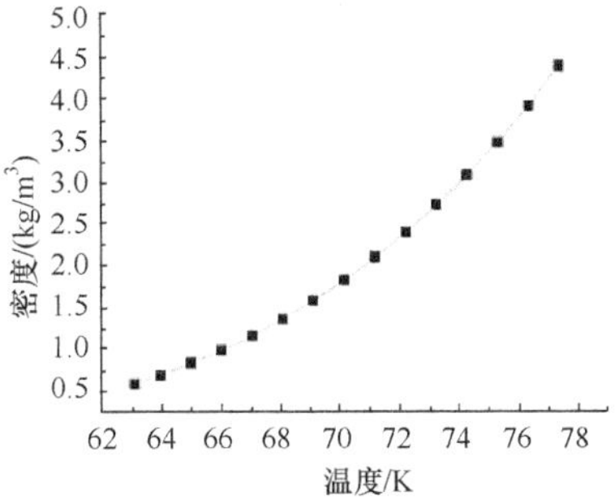　(b) 饱和气

图 5-1　饱和液密度和饱和气密度随温度变化曲线

氮的饱和液定压比热容和饱和气定压比热容如表 5-3 所示。

表 5-3　不同温度下氮的饱和液和饱和气定压比热容

T/K	饱和液定压比热容/[J/(g·K)]	饱和气定压比热容/[J/(g·K)]
63.15	2.02	1.189
65	2.015	1.209
67	2.014	1.231
69	2.015	1.254
71	2.018	1.276
73	2.024	1.298
75	2.032	1.320
77	2.042	1.341

从图 5-2 可以看出,饱和液定压比热容随着温度的增加先减小然后再增大。液氮的比热容是指单位质量的液氮温度升高 1K 时所吸收的热量值,当液氮的工作温度为 63～70K,在这个区间内,液氮的比热容相对比较小,可以当作定值考虑。氮气的比热容是随温度递增的,而主要考虑的是在相变换热时氮气对凝结换热效率的影响。同时决定氮的传热性能好坏的一个很重要的因素就是热导率,导热率越大则换热效果越好。不同温度下氮饱和液和饱和气的热导率如表 5-4 所示。

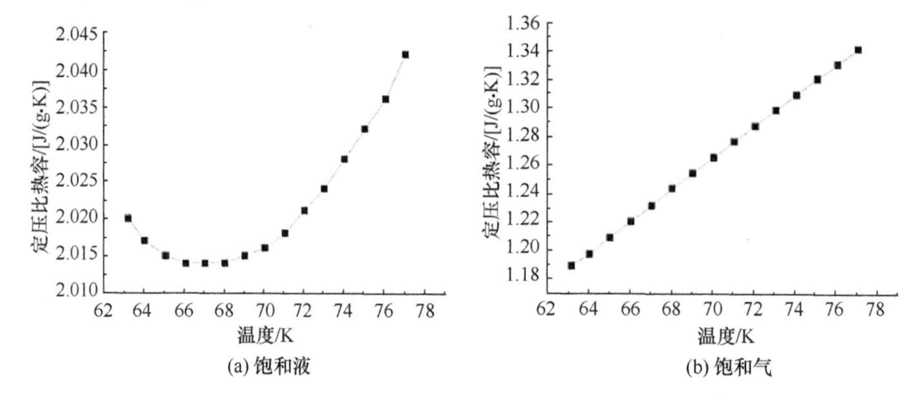

图 5-2　氮的饱和液和饱和气定压比热容

表 5-4　不同温度下氮饱和液和饱和气热导率

T/K	饱和液热导率/[W/(m·K)]	饱和气热导率/[W/(m·K)]
63.15	0.1516	0.00568
65	0.1494	0.00594
67	0.1469	0.00621
69	0.1444	0.00647
71	0.1417	0.00674
73	0.139	0.007
75	0.1363	0.00726
77	0.1334	0.00752

由图 5-3 可以看出,饱和液和饱和气随温度按一次函数变化,当采用自然对流换热方式进行换热时,其热导率主要在 0.143～0.15W/(m·K)。而采用相变换热,需要考虑氮气热导率,因为凝结换热时,氮气热导率的大小对整个凝结换热的换热情况的好坏有着重要的影响。从图中还可以看出,随着温度的升高,饱和气的热导率不断增加,而饱和液的热导率不断降低。

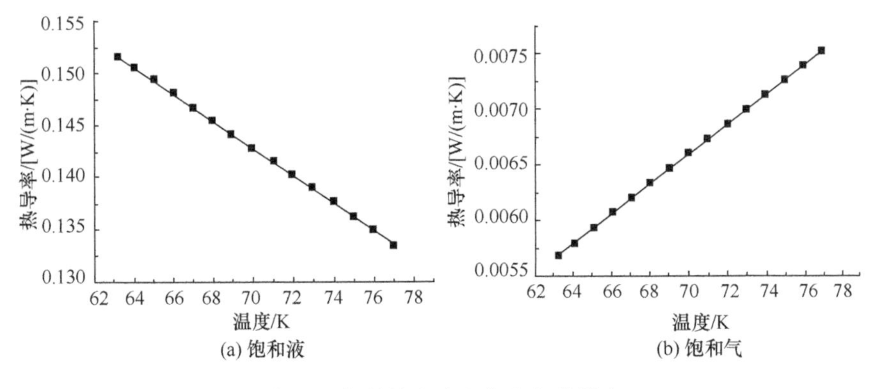

图 5-3　氮的饱和液和饱和气热导率

2. 制冷机接触式制冷

传导冷却是利用制冷机冷却与超导线圈直接接触的冷却板，通过低温冷却板将超导线圈产生的热量吸收，达到冷却的目的。与上述两种方案相比，传导冷却采用制冷机代替制冷剂作为冷源，通过传导冷却方式将超导线圈温度降至运行温度 T_c以下，无需液氦运输及灌注操作；另外，由于系统只消耗电能，大幅降低了运行成本。制冷机(refrigerating machine)是将具有较低温度的被冷却物体的热量转移给环境介质从而获得冷量的机器。目标温度在 120K 以下的称为低温制冷机。目前主要的低温制冷机包括 GM(Gifford-McMahon)制冷机、斯特林(Stirling)制冷机和脉冲管制冷机。

GM 制冷机的技术成熟，价格便宜，是目前国际上唯一得到工业化大批量生产的低温制冷机，其最低制冷温度达到 4K 左右，无故障运行时间可达 10000h。所以，目前直接冷却超导磁体系统一般均采用 GM 制冷机。

斯特林制冷机比 GM 制冷机具有高效率、体积小、质量轻、运行稳定可靠、制冷温区较宽等技术优势，但是其结构复杂，技术成本和生产成本高，目前还没有商业化生产，多在航空航天行业应用。

脉冲管制冷机是新近发展起来的一种新型低温制冷机技术，其效率也高于 GM 制冷机，接近于斯特林制冷机。脉冲管制冷机低温端无机械运动部件，具有机械振动小、电磁干扰小、寿命长的优点，且结构简单、可靠性高。依据所用压缩机不同，脉冲管制冷机主要分为 GM 型和斯特林型两种。相比之下，斯特林型高频脉冲管制冷机较之于 GM 型具有效率高、体积小、质量轻等优势，主要在空间和军事方面得到广泛应用，近年来也向民用方面拓展。表 5-5 为不同类型制冷机特点以及应用范围的比较。

表 5-5 不同类型制冷机特点以及应用范围比较

制冷机类型		应用温区	应用领域	优势	劣势
GM 制冷机		4～80K	超导冷却，低温泵	效率高，发展成熟，成本相对较低	振动、功耗、质量较大
斯特林制冷机		20～80K	红外探测器，超导冷却	效率高，发展成熟，结构紧凑	振动较大
脉管制冷机	GM 型	4～80K	磁共振，低温泵，超导冷却	振动较低	体积大、功耗大
	斯特林型	4～80K	磁共振，红外探测器，超导冷却	振动低，易实现多级连接	较难微型化
	热声型	20～80K	红外探测器，超导冷却	潜在寿命长，可以用外热源驱动	功率密度低、效率偏低

5.1.2 实例与分析

超导变压器是一种典型的超导强电应用，低温杜瓦采用的材质应为无磁玻璃钢，同时为了提升超导线圈的感应场，超导变压器采用过冷液氮进行冷却更加适合。整个系统采用气液两相氮的迫流循环冷却，过冷液氮进入杜瓦内部对超导绕组进行冷却，汽化的氮气进入过冷器，由制冷机进行冷凝、过冷，重复循环，此系统不仅比普通液氮浸泡式冷却有着更低的工作温度和容量，还循环利用了低温工质，降低了成本。

液态工质浸泡式制冷主要有两种方式，即开放式浸泡冷却和迫流循环式冷却。

1. 开放式浸泡冷却

开放式浸泡冷却是将超导体浸泡在低温介质中来实现自身冷却，蒸发掉的低温介质完全排放不再回收。这种开放式的制冷系统具有操作简便、初期成本低的特点，目前比较常用在液氮冷却下的小型超导设备或者实验装置中。图 5-4 为开放式浸泡冷却示意图。但是针对液氦、液氖、液氢等价格昂贵的工质，这种制冷方式是不经济的，氢气排放到空气中，还有一定的危险性。

2. 迫流循环式冷却

冷却系统和超导变压器分离，通过低温泵来输送低温工质，并通过减压阀使超

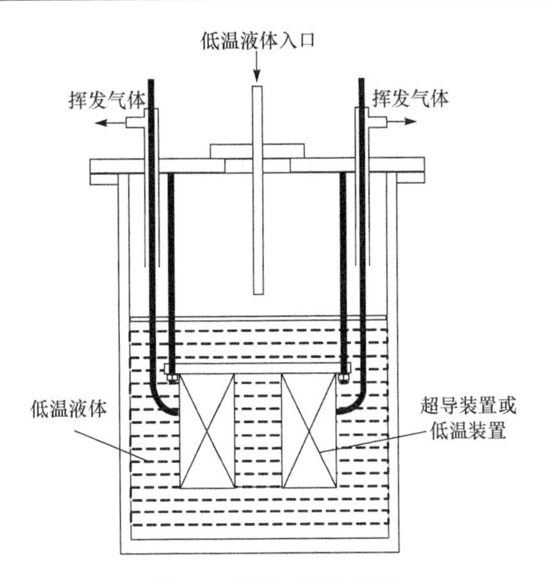

图 5-4　开放式浸泡冷却

导变压器部分和制冷部分产生压差，实现高温制冷工质的回流再冷却，这种分离结构使得低温绝缘相对容易处理，适合高电压超导电力装置的应用场合。目前高温超导变压器中，经常用到过冷液氮进行制冷，也就是液氮温度低于其饱和压力下对应的饱和温度(温度在 63.15～77.36K)，这种采用过冷状态下工质进行制冷的方式，就是一种迫流循环式冷却。

1) 简单过冷液氮冷却系统

图 5-5 是一个简单的过冷液氮冷却系统[1]。它主要由液氮冷却泵、真空泵和充满低压液氮的热交换器组成。该系统的主要参数是：真空泵抽真空速度为 500L/min，热交换器液氮温度为 65K，力为 155Torr(1Torr≈133Pa)，液氮泵和变压器中的液氮均为 1×10^5 Pa，液氮流量为 60L/h。它的优点是结构简化、用料省，缺点是不能根据超导系统的温度有效调节输入过冷液氮的流量。

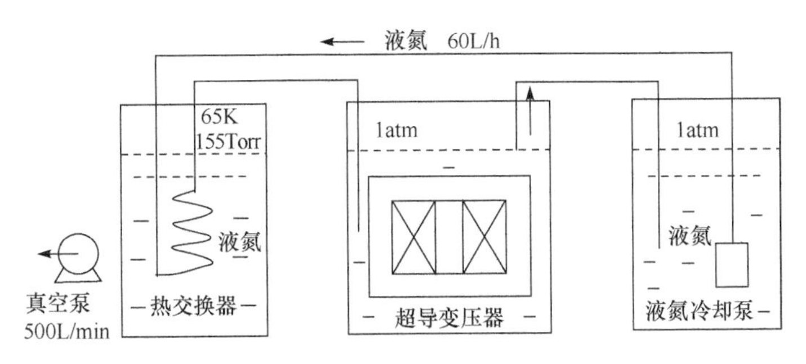

图 5-5　简单过冷液氮冷却系统

2）复杂过冷液氮冷却系统

图 5-6 是一个完全的过冷液氮冷却系统图[2]。它由 3 个功能单元组成，分别是热交换单元、主杜瓦单元和液氮泵单元。每个单元之间用柔软的传输管连接。热交换单元包括真空泵降温的饱和液氮和使液氮过冷的热交换器两部分；液氮泵单元包含过冷液氮和循环泵，循环泵将液氮传送到杜瓦中；主杜瓦单元包含过冷液氮和浸在液氮中的变压器。在杜瓦液面以下，温度基本是均匀的。较之简单过冷液氮冷却系统，这一系统较为复杂，但 108kPa 液氮的使用使系统中超导变压器的绝缘性能大大提高。

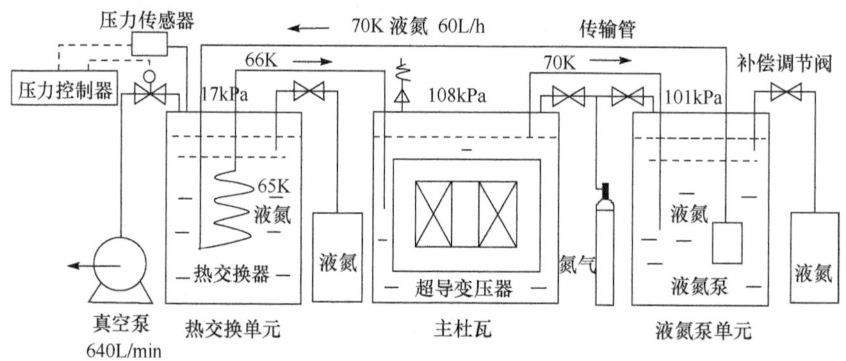

图 5-6　复杂过冷液氮冷却系统

3）含制冷机的过冷液氮冷却系统

图 5-5 和图 5-6 都是没有制冷机的高温超导变压器过冷液氮冷却系统。它们的共同缺点是不能随意调节液氮流速。为了克服这一缺点，图 5-7 介绍了一种制冷机直接冷却的过冷液氮超导变压器冷却系统。它由真空隔热容器、制冷机及循环泵组成，并由真空隔热联管将其与变压器连接，其冷却过程是用过冷液氮将饱和蒸汽液氮的温度在大气压下从 77K 冷却到 64K。

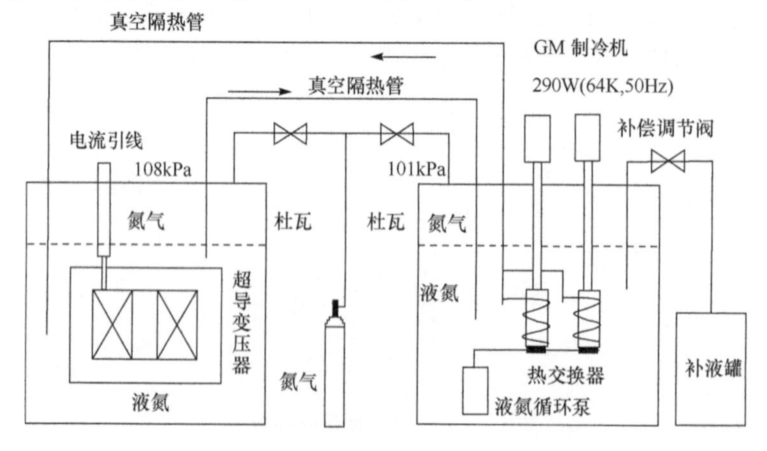

图 5-7　由两台制冷机冷却的超导变压器制冷系统

该系统的主要参数是:变压器主体的液氮容量为330L;两台GM制冷机每台的制冷量为200W(80K),制冷压缩输入功率为6kW,系统制冷功率为290W(64K);离心式液氮循环泵的流量为4L/min,压差为124kPa;制冷机冷头运行温度保持在64K,超导变压器系统运行温度低于68K;静态时,过冷液氮的流速为4L/min,系统压力保持在108kPa。

直接冷却的GM制冷机的使用,使过冷液氮冷却系统的温度和压力易于维持在一个稳定的水平,因此,可防止液氮气泡的产生,提高液氮的电气绝缘强度和超导体的性能。

需要注意的是,在使用GM制冷机前,需对其热载进行试验测试。因为所有元件都悬挂在法兰上且能拔下来,所以冷却系统易于维护。其缺点是,由于通过热流的颈口很大,故需要大功率的GM制冷机。

5.2　电流引线技术

5.2.1　分类与结构

超导电气系统需要通过电流引线将室温电源与超导装置连接起来。作为跨越处于常温的电源与处于低温的超导装置的电流引线,它既是一个漏热流传导的热桥,在导通电流时又是一个热源,在超导装置的低温容器总漏热量中占有很大的比重,是低温环境的主要漏热途径,其漏热量的大小往往占整个低温系统漏热的20%~50%以上,决定着整个超导系统的运行费用。特别是对于超导变压器,电流引线的设计关系到它的运行稳定性和经济性,是其能够商品化的重要保障之一。如何减小从常温区向低温区渗漏的热量,减小超导装置运行的制冷功耗,并且保证超导变压器正常运行的低温环境对维持超导变压器的稳定运行具有重要意义。因而电流引线成为了决定系统运行成本的重要因素。

最初的电流引线是用铜材料制作的一元电流引线,因为铜的热导率很大,在液氦温度下,零电流的理论最优漏热量为1.04W/kA。由此可见,一元铜引线产生的漏热量相当大,已超过一般小型制冷机在液氦温度的制冷功率。近年来,随着Bi系和Y系高温超导带材的发展,二元电流引线成为最佳的大电流引线形式。由于一部分铜材料由高温超导材料代替,在液氦或液氮温区,这部分电流引线处于超导态,从而消除了焦耳热;同时,陶瓷材料的高温超导体热导率很低,降低了电流引线产生的传导热,能够有效地降低低温系统的漏热。

按照不同的分类方法,电流引线可以分为以下几种。

1. 按冷却方式:传导冷却电流引线和气冷电流引线

1) 传导冷却电流引线

传导冷却电流引线常见于制冷机冷却小型超导磁体系统中,主要是利用制冷机直接冷却电流引线。其冷却主要依靠引线两端的温度差进行传导冷却，这样容易造成液氦或液氮的大量挥发，冷却效果也不是很明显，因此实际中很少直接采用这种方式。对于这种引线，通常通过降低热端温度来减小流入低温容器的热量。

2）气冷电流引线

气冷电流引线是指利用液氮、液氦等冷却液体蒸发产生冷却气体冷却引线本身的电流引线，通常冷却气体由电流引线末端漏热引起。气冷电流引线又可以分为迫流气冷引线和自冷引线。这种引线充分利用了蒸发气体的显热，与传导冷却电流相比，气冷电流引线末端引起的漏热要减少约两个数量级。

2. 按材料：传统电流引线和高温超导电流引线

1）传统电流引线

传统电流引线又称常规电流引线或一元电流引线，其材料全部由金属制成，一般由铜或者铜合金制成，可以制成多种形式，如管状、板状、丝等。在 20 世纪 60～80 年代期间开发研究的电流引线多属于此类。因为其漏热较高，引线主要用于直流磁体，且电流等级不高。

2）高温超导电流引线

高温超导电流引线是一种复合电流引线，又称二元电流引线。室温端采用常规引线，而 50～80K 温区以下采用高温超导体制作引线，共同组成复合二元引线，整体有效热导率降低，漏热和焦耳热减小，引线长度缩短，不仅制冷效率提高，运行费用减少，而且装置结构变得更加紧凑，便于系统集成。中间温度点，又称热流截流温度点，是二元引线中连接室温与低温的连接点，常规引线段工作在室温和中间温度点之间，高温超导引线段工作在中间温度点和低温环境之间，对于不同材料和结构的二元引线，高温超导引线段采用的工艺和所需的结构也是不同的。二元电流引线的冷却方式主要有制冷机冷却和液氮或液氦冷却两种，制冷机冷却方式一般用于中小电流情况，液氮或液氦冷却方式可用于大电流情况。图 5-8 是电流引线的典型结构[1,2]。

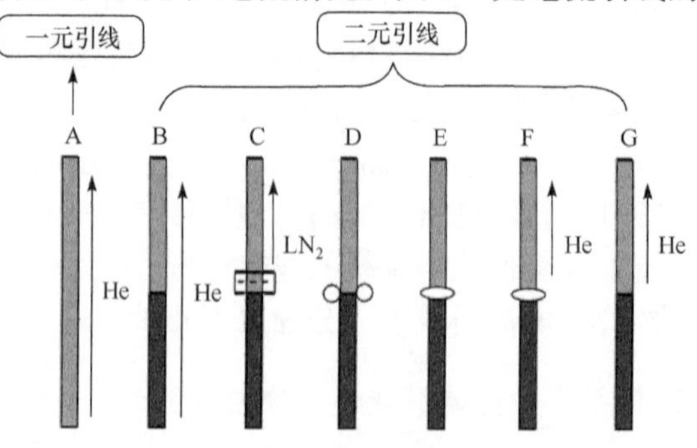

图 5-8　电流引线的结构及冷却方式

理论上,金属电流引线的最小漏热是 1.04W/kA。在液氦冷却且热交换的情况下,纯铜和黄铜引线的优化漏热水平分别是 1.07W/kA 及 1.08W/kA,与理论值相接近。表 5-6 是液氮冷却下纯铜、黄铜和不锈钢引线优化后的最小漏热和所需制冷机电功率的理论值。

表 5-6　液氮冷却的纯铜、黄铜和不锈钢引线的优化设计

77K 电流引线优化设计		纯铜	黄铜	不锈钢
气冷引线	漏热/(W/kA)	23.2	25	25.5
	电功率/(W/kA)	～350	～370	～380
传导冷却	漏热/(W/kA)	42.7	45.5	45.5
	电功率/(W/kA)	～430	～460	～460

77K 时,优化的气冷电流引线的低温漏热约为 25W/kA,与导体材料略有关系,比在 4K 液氦温区运行的电流引线的低温漏热值高出 10 多倍,这证明了 4K 时氦蒸汽焓值对漏热有重要影响。与此相对,液氮气冷的能耗为 350W/kA,远较 4K 温区的气冷能耗 2000W/kA 要低。因此,对小电流引线,液氮冷却方式显然更为经济。传导冷却电流引线的低温漏热大约是 43W/kA。传导冷却引线的功耗大约是 450W/kA,比气冷引线的功耗略高,然而,传导冷却模式引线的概念简单,在制冷机冷却的应用超导装置中,传导冷却方式显然更为合适。高温超导电流引线的漏热值是常规金属引线的 1/7～1/5,是制冷机直接冷却的电流引线的最佳选择。

5.2.2　实例与分析

1. 300kVA 车载高温超导变压器设计的电流引线

结合车载高温超导变压器的设计要求:低压侧 860V/366A、高压侧 25000V/18.6A,考虑设计品的性价比,决定采用全铜电流引线。引线的长度与截面积经过分别反复比较,最终引线优化尺寸见图 5-9[3]。其中,低压侧引线两根,每根总长 1482mm,L_1 段长度 240mm、直径 16mm,L_2 段长度 1242mm、直径 12mm,在杜瓦内绕制中心直径为 60mm 的 6 圈,绕制后空间上的总垂直距离为 465mm,数值分析得出其低温端热流可达 16.58W。高压侧的两根引线不同,一根是高压引线,总长 1299mm,分为长度 140mm、直径 16mm 的一段,长度 355mm、直径 8mm 的一段和长度为 804mm、直径 6mm 的一段,绕制 8 圈,绕制直径均为 30mm,绕制后空间垂直距离为 715mm,数值分析得其低温端热流有 1.86W;一根是高压侧的零电位引线,分为长度 240mm、直径 16mm 的一段和长度 1173mm、直径 8mm 的一段,绕制后空间垂直距离为 465mm,数值分析得其低温端热流仅 0.82W。

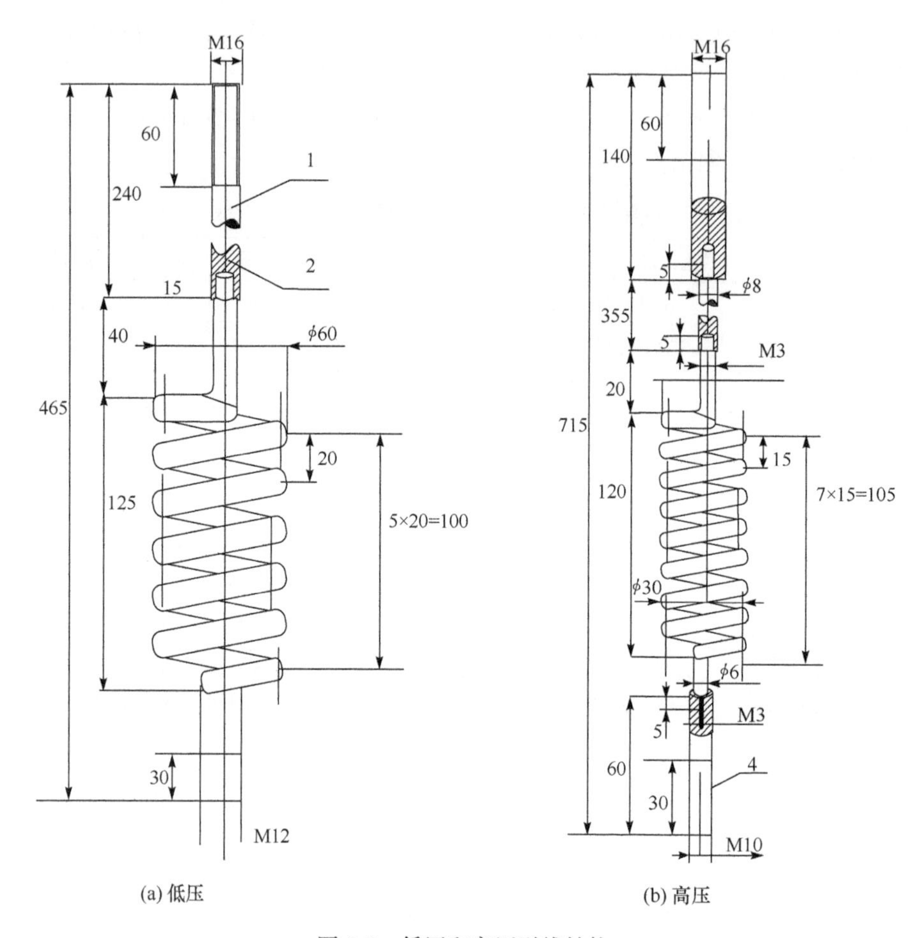

(a) 低压 (b) 高压

图 5-9 低压和高压引线结构

2. 630kVA 高温超导变压器设计的电流引线

由中国科学院和特变电工股份有限公司合作研制的一种 630kVA/10.5kV 的高温超导变压器，采用铜排材料从低温区到室温区过渡。由于引线传导热损耗占很大比例，选择较大的电流引线截面积，则可减小焦耳热，但会增加热传导引起的损耗；减小电流引线截面积可降低传导热，但会增加焦耳热，因此，需要对电流引线的几何尺寸进行优化设计[4]。

为了减小低压引线向杜瓦内的传导漏热及引线的焦耳热损耗，对低压引线截面积应进行优化设计，以引线由室温端向低温端漏热最小为目标。通过模拟数值计算可得，最佳引线截面约为 60mm^2。图 5-10 是利用热测法完成的电流引线漏热模拟实验，横轴表示负载损耗，纵轴表示单位时间(每小时)液氮的挥发量，表明最佳截面为 64mm^2，两者相近。所以，超导变压器的低压引线截面选择 65mm^2。

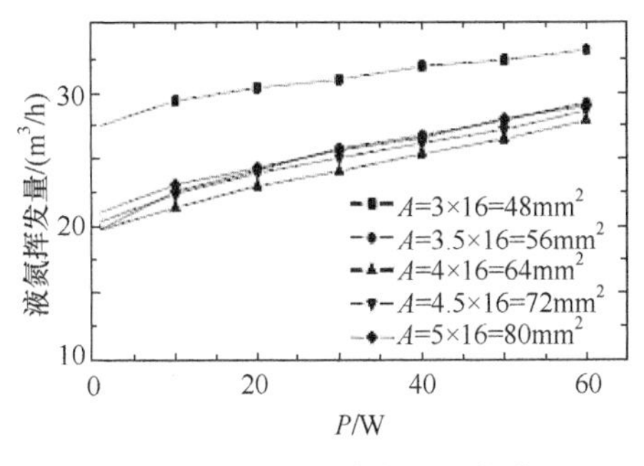

图 5-10　电流引线截面的优化

5.3　高压绝缘技术

5.3.1　材料与方法

超导绕组系统的绝缘部位主要包括圈-圈绝缘、层-层绝缘、制冷机-绕组绝缘、制冷机-电流引线绝缘、绕组-地绝缘。圈-圈绝缘和层-层绝缘的性能取决于聚酰亚胺(Kapton)绝缘薄膜,超导线材嵌入在聚酰亚胺绝缘薄膜中。制冷机-绕组绝缘结构包括冷头与金属绕线骨架之间的绝缘层(aluminum nitride,AlN)和用于连接超导线圈与冷头的绝缘绕线骨架(Al_2O_3)。制冷机-电流引线绝缘性能取决于玻璃纤维增强塑料材料(glass fiber reinforced polymer,GFRP)。绕组-地绝缘性能取决于真空电击穿特性。表 5-7 为超导绕组系统的绝缘结构及特性。

表 5-7　超导绕组系统的绝缘结构及特性

绝缘类型	绝缘结构	击穿特性
圈-圈绝缘 层-层绝缘	HTS HTS Kapton Kapton	真空电击穿
制冷机-磁体绝缘	制冷头 AlN HTS 线圈	真空电击穿,闪络电击穿
	制冷头 金属骨架 HTS线圈	真空电击穿
制冷机-电流引线绝缘	电流引线 GFRP 金属骨架 HTS线圈	闪络电击穿
绕组-地绝缘	真空 HTS 杜瓦	真空电击穿

超导绕组绝缘制造过程涉及应力、位移和冷却等技术问题。超导绕组绝缘结构可分为两类:浸渍绝缘结构和非浸渍绝缘结构。浸渍绝缘结构目前应用范围较广,其优点是将绕组固化成一个整体,导体之间不易发生移动,缺点是冷却效果较差。非浸渍绝缘结构主要用于大型圆筒式超导绕组和某些小型超导绕组。为防止绕组饼内导体运动,也可以在绕制绕组时,边绕制边涂环氧黏合剂,或者在整饼绕制完以后浸环氧漆固定。

超导绕组对绝缘材料主要有如下要求[5]。

(1) 电气性能:要有一定的耐压强度和抗沿面放电能力。电气性能主要包括介电常数、体电阻率和介质损耗角正切三项指标。

(2) 力学性能:应具有足够的机械强度和可塑性,以承受超导绕组极大的电磁力,并经多次冷热循环后,仍具有所需的介电性能和力学性能。

(3) 热性能:具有良好的导热性能,在选择具体的绝缘材料时,其热特性应与超导材料的热特性尽量接近。热性能主要包括热收缩率、热导率和比热容三项指标。

(4) 工艺性:易于加工和装备。

(5) 抗辐射能力:核装置中的超导绕组,其绝缘材料还需耐受核辐射。

超导绕组各部位绝缘可供选用的材料主要包括导线绝缘-聚乙烯醇缩醛漆、聚醇漆、棉纤维、玻璃纤维、聚醇薄膜;匝间绝缘-聚醇薄膜、聚四氟乙烯薄膜、聚酰亚氨薄膜、聚酰氨薄膜、环氧玻璃漆布、绝缘纸;层间绝缘-小型绕组层间绝缘与匝间绝缘材料相同,大型绕组层间绝缘用环氧层压玻璃布板;对地绝缘-环氧层压玻璃布板;支撑绝缘-环氧层压玻璃布板、环氧玻璃粗纱无纬带;浸渍漆-环氧、石蜡;引线绝缘-绕结聚酯等;冷却介质-液氦、液氮、氦气。

液氮可以同时作为高温超导绕组的冷却介质和绝缘介质,液氮在60Hz电源频率情况下的击穿电压强度达到80.5kV/mm,在50Hz电源频率情况下的击穿电压强度达到59.4kV/mm。

低温固体绝缘材料的技术性能主要包括热、电气和力学三个方面。从热性能方面看应尽量选用与超导体热收缩应力接近的绝缘材料。电气性能主要指介电常数、体电阻率和介质损耗角正切三项技术指标。常用的低温固体绝缘材料的电气性能如表5-8所示。

表5-8　常用低温固体绝缘材料的电气性能

材料种类	介电常数	体电阻率		介质损耗角正切	
		5K	80K	4.2K	77K
聚碳酸酰	2.9	$>2\times10^{17}$	$>2\times10^{17}$	1×10^{-4}	—
聚酰	2.5	$>2\times10^{17}$	$>2\times10^{17}$	—	—
聚四氟乙烯	2.3	4×10^{12}	—	5×10^{-6}	7×10^{-6}
聚酰亚胺	3.1	$>2\times10^{17}$	$>2\times10^{17}$	5×10^{-5}	—

由于电缆纸、聚芳酰胺(Nomex)在 77K 时的介质损耗角正切值为$(1\sim2)\times10^{-3}$，从介损的角度来说它们不是良好的低温绝缘材料。表 5-9 中所示的 8 种有机绝缘材料的介质损耗角正切值为$10^{-6}\sim10^{-3}$，在电气绝缘性上均满足要求。

表 5-9　常用薄膜型绝缘材料在液氮中的击穿强度

材料种类	厚度/mm	交流击穿强度(50Hz)/(kV/mm)	交流击穿强(1/40μs)/(kV/mm)
高密度聚乙烯	0.0	280	340
聚乙烯纸	0.125	50	60
聚酰氨	0.025	248	640
聚酰氨脂	0.08	75	150
聚碳酸酯	0.10	110	180
聚酯	0.10	103	160
聚砜	0.10	160	220
聚四氟乙烯	0.095	89	—

注：采用 ϕ2.5mm 球-平板电极。

常规绝缘材料在低温下会丧失柔韧性，变硬变脆，尤其是吸附的水会变成冰使绝缘材料开裂。因此，使用未经充分干燥的绝缘纸、棉布、石棉纸是危险的。聚四氟乙烯、聚酞亚氨、聚酯、聚丙烯等材料具有较好的力学性能。

5.3.2　实例与分析

绝缘测试装置主要包括制冷机、真空设备、低温杜瓦、直流测试电源等，如图 5-11 所示。制冷机的冷却温度为 40K，真空设备的真空度为 1.73×10^{-4} Pa (1.3×10^{-6} Torr)，低温杜瓦的高度为 900mm，内直径为 300mm，直流测试电源的最高输出电压值为 100kV，在试验过程中以 1kV/s 的速度上升。

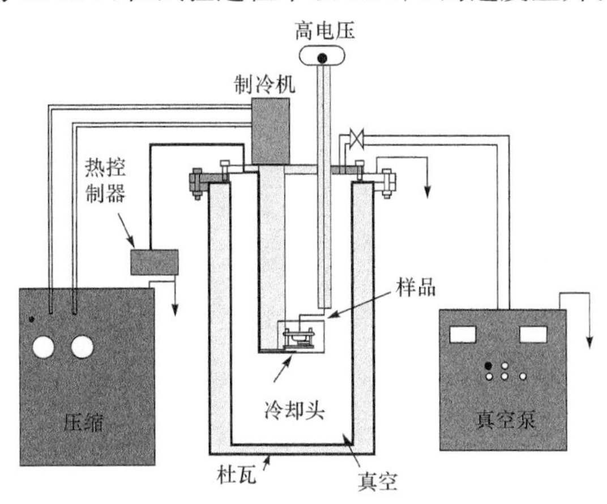

图 5-11　绝缘测试装置图

下面以 630kVA、10.5kV/0.4kV HTS 变压器的绝缘设计为例[6]。

性能参数：研制 630kVA 超导变压器的高温超导带材是 55 芯 Bi2223/Ag 不锈钢密封加强带材。其几何截面尺寸为 0.32mm×4.8 mm，高压绕组采用圆筒式结构，高压绕组有 8 层，分为 4 组，每组 2 层，低压绕组采用饼式结构，由 23 个双饼并联而成，每饼 10 匝。

1. 超导带材的绝缘及试验

由于聚酰亚胺薄膜材料在低温下机械性能优越、耐压水平高于室温，所以导线绝缘采用薄膜材料，以双半叠包工艺进行绝缘。在液氮 77K 温度下进行匝间和层间耐压试验。由于高压绕组采用圆筒式结构，层间电压会很高，所以在相邻层间加 6 层 40μm 的聚酰亚胺薄膜。图 5-12 和图 5-13 分别为工频和液氮温度 77K 下匝间耐压和层间耐压的试验曲线，N 为绝缘层数。匝间耐压强度 $U>$ 12kV，层间绝缘完全可满足层间耐压的要求。对于电压等级为 10kV 的变压器绕组，其额定雷电冲击耐受电压峰值为 75kV，如该圆筒层式绕组的起始波分布为线性，层间最高雷电冲击电压为 9.375kV。当层间绝缘为 6 层时，层间耐压开始接近饱和，因此层间包以 6 层层间绝缘，层间耐压约达 25kV，可以保证层间绝缘的安全可靠性。

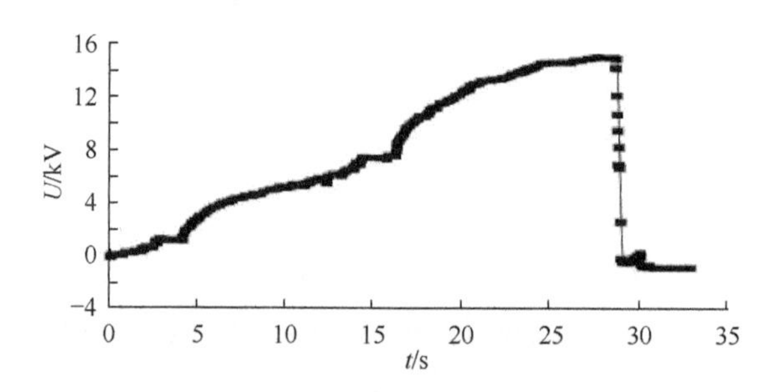

图 5-12　匝间绝缘耐压强度

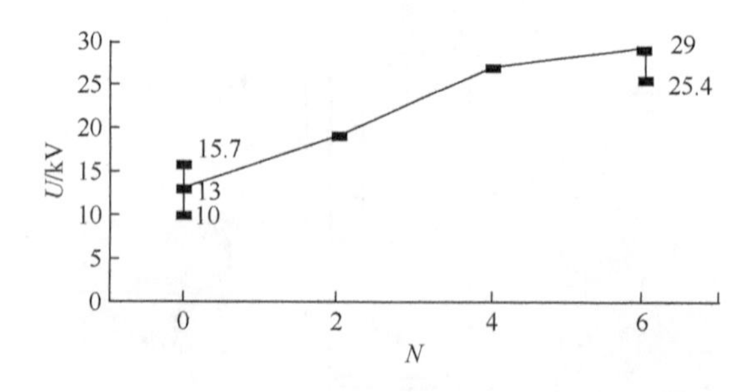

图 5-13　层间绝缘耐压强度

630kVA/10.5kV 超导变压器高压绕组模型过电压雷电冲击试验和波过程试验是在特变电工沈阳变压器集团高压试验中心进行的，试验现场见图 5-14(a)。雷电冲击试验施加电压水平和次数为－50kV、－60kV、－75kV 各 10 次，由－85～－155kV 每隔 10kV 一个点，各做 10 次均没有击穿，在－165kV 第 3 次雷电冲击试验时线圈层间击穿放电，因此该模型可承受的雷电全波冲击耐压为 155kV，远远高于 GB 1094.3—85 中规定的 75kV 冲击耐压，保证了超导变压器在抗雷电冲击过电压的安全可靠性。图 5-14(b)为 165kV 冲击击穿线圈，75kV、95kV、125kV 和 155kV 四种雷电冲击试验曲线见图 5-15。

(a) 全波雷电冲击试验现场

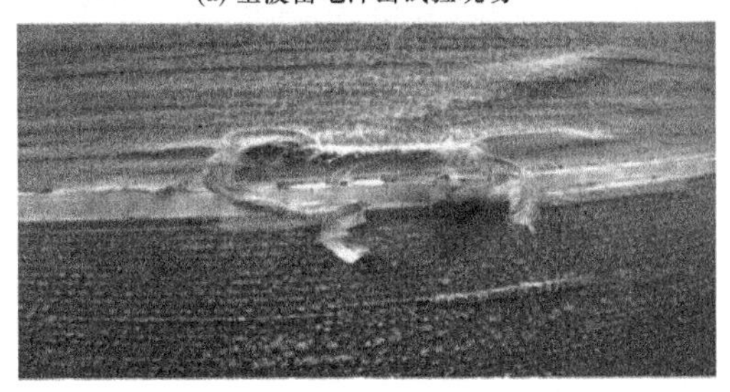

(b) 最外层端部对最内层引线击穿

图 5-14　雷电冲击

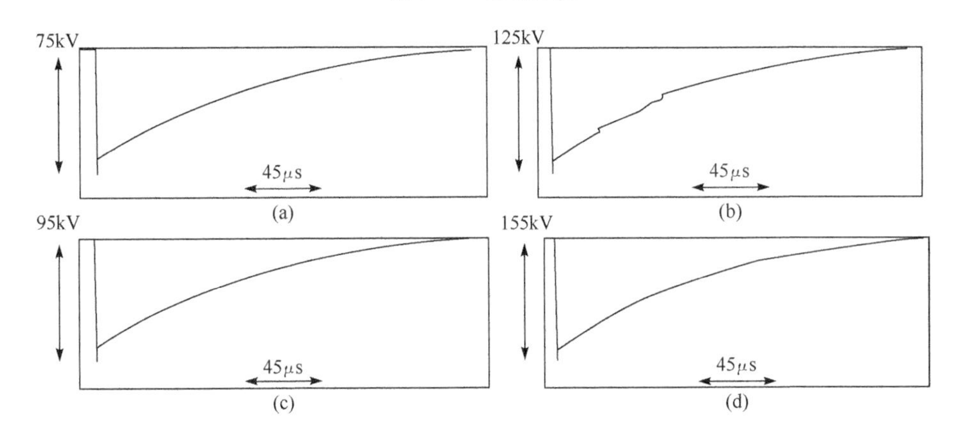

图 5-15　雷电冲击试验曲线(波头时间 1μs，波尾时间 45μs)

2. 绕组模型全波冲击的测量结果和讨论

模型全波冲击的测量采用 TEK 公司的全波冲击示波器进行，只对绕组最外层以及各层端部的电位以及电位梯度进行测量。图 5-16 为测量过程现场，绕组液氮温度为 77K，全波基准电压为 100V。

图 5-16　绕组模型波过程测量

绕组最外层各节点归一化电位的测量值和计算值比较见图 5-17，末层绕组节点间电位梯度曲线见图 5-18，横轴为节点号，纵轴为归一化电位梯度。

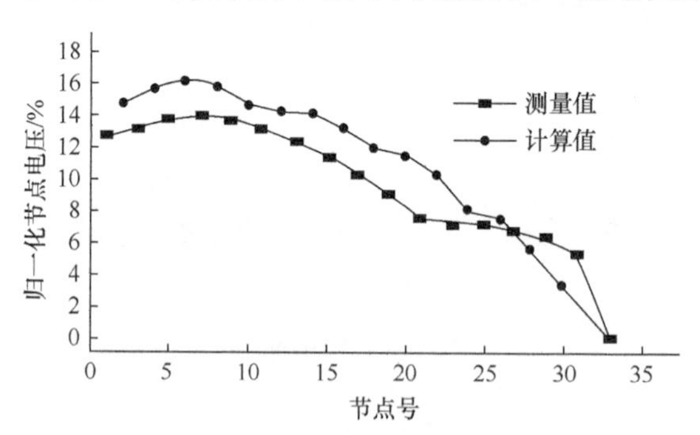

图 5-17　绕组最外层节点归一化电位梯度

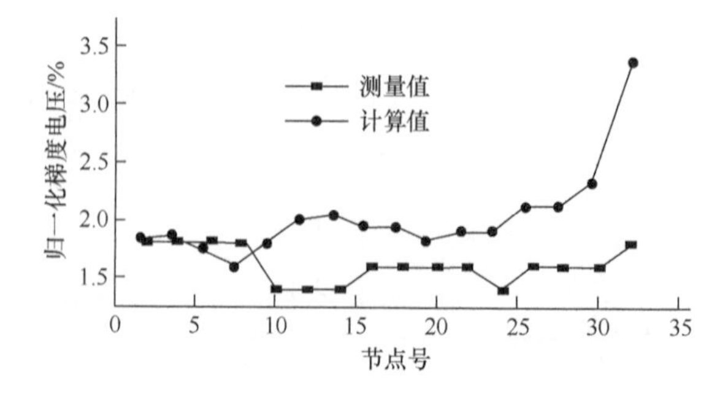

图 5-18　绕组末层各节点归一化电位梯度

可见测量结果和计算结果趋势是一致的，但计算结果稍大于测试结果。存在这种偏差的可能是由计算中某些介质材料的介电常数取值不精确以及绕组的绕制偏差引起的。不论计算结果还是试验结果，绕组最末层电位梯度的最大值均发生在绕组末端，分别为 3.39%和 1.8%。试验结果偏小的另一个主要原因是在测试过程中绕组末端接地不可靠，存在悬浮电位，从而引起测量的末端电位梯度比实际的小。图 5-19 为绕组由首端到末端各层端部电压分布的测量结果，可以看出绕组各层、匝的电位线性度较好，层间最高电位梯度为 28.4%。

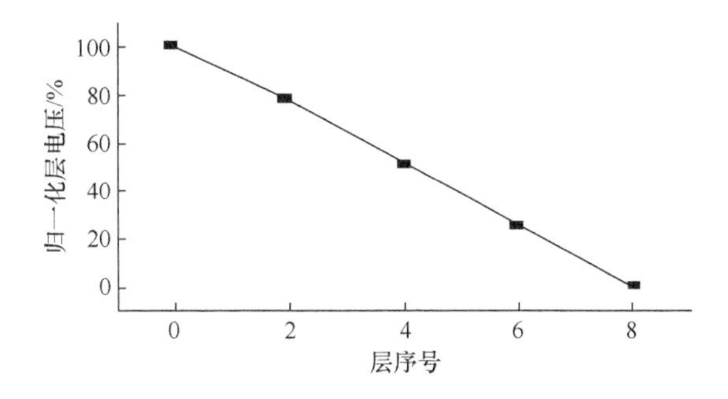

图 5-19　绕组末端部各层归一化电位

在 77K 液氮温度下，韩国对 1MVA 超导变压器进行了几种绝缘测试。测试方法与标准和常规变压器相同。三种绝缘测试的结果如表 5-10 所示。其中，在初级和次级绕组间的绝缘电阻、初级绕组的地之间的绝缘电阻以及次级绕组和地之间的绝缘电阻都超过了 2000Ω，这符合典型的电力变压器的标准。测出来的匝数比为 3.478，设计的匝数比为 3.47，误差在 0.2%以内[7]。

表 5-10　77K 下变压器绝缘测试结果

测试	绕组	数值	时间	结果
绝缘电阻	HV-LV	>2000MΩ	—	OK
	HV-E	>2000 MΩ	—	OK
	LV-E	>2000 MΩ	—	OK
雷电冲击	HV_0	150kV	—	142kV
	HV_1	150kV	—	142kV
	LV_0	60kV	—	成功
	LV_1	60kV	—	成功
感应电压	$2V_N$	（在 180Hz 下测试）	40s	成功
工频电压	HV	50kV	1min	失败
	LV	22kV	1min	成功
匝数比	—	3.47	—	3.478

1）雷电冲击试验

对于额定电压为 22.9kV/6.6kV 的传统变压器，冲击测试的标准电压为 150kV/60kV。把这个标准同样运用于超导变压器的绝缘测试中。次级电压能够承受高于标准的电压，然而在初级电压上升到 142kV 时，初级套管附近的杜瓦顶板上发生了故障。故障的原因是在制作杜瓦顶板时发生了一些错误。在顶板上连接电流引线的端口比设计的要接近铁芯中心柱，所以故障发生在电流引线和杜瓦外面的铁芯之间。因此，初级绕组绝缘性能符合标准。

2）感应电压试验

将两倍的额定电压，频率为 180Hz，加载到次级绕组上，确定在 40s 内没有发生绝缘故障。

3）工频电压试验

加载交流电压 50kV，4s 后发生了故障。和雷电冲击试验一样，故障发生在杜瓦外面的初级电流引线上，故障原因也一样。

5.4 性能测试技术

5.4.1 概述

在原理上，超导变压器与常规变压器没有本质区别，但超导变压器采用超导材料取代铜导线绕制超导线圈，以液氦或液氮取代变压器油作为冷却介质，超导线圈在液氦或液氮环境中运行，故超导变压器具有不同于常规变压器的电磁特性[2]。①超导绕组有三个临界值：临界温度、临界磁场、临界电流密度。超导变压器必须在这三个临界值构成的区域空间内运行，否则，超导变压器就会失超。②超导线圈区域磁场（尤其是其径向分量）大。高温超导线能够传输比常规铜线大数十倍的电流，对于大容量变压器，与同容量的常规变压器相比，高温超导变压器的体积可以减小 40%～60%，但绕组区域漏磁场（尤其是其径向分量）大，使超导变压器的临界电流降低，同时也使交流损耗变大。因此，在保证阻抗要求的前提下，应严格限制其大小。③超导材料几乎为零的电阻使得绕组限制环流的能力极低，绕组各支路间漏电抗微小的不平衡就可能引起较大的环流。环流的存在增加绕组的交流损耗并使得磁场分布变得更不均匀，从而降低超导线的临界电流。

变压器的额定电压往往很高，使用时受到线路短路电流、操作过电压、雷击过电压冲击的可能性很大，其设计结构或制造上的缺陷会造成变压器的烧毁。变压器是输配电线路上的总枢纽，一旦发生事故，将会对电网系统造成严重后果，甚至是电网的全面瘫痪，造成巨大的经济损失。变压器也常采用并联运行的方式，这要求并联运行的两台变压器在性能上必须相同，因此必须正确测定变压器的阻抗、比差、极性等性能数据。此外,配电线路的稳定运行、波形质量等都与变压器的性能有关。综合上述原因,变压器在出厂、运行前后交接、维护期间等均应作严格的性能检测和试验[2]。

国家标准 GB 1094.1—1996《电力变压器第 1 部分 总则》规定了变压器要进行的三种试验:例行试验(每台变压器在出厂前都要进行的出厂试验)、型式试验和特殊试验项目。各变压器制造厂也各自规定了制造过程中的各项试验。参照常规变压器的性能测试项目,超导变压器也要进行三种试验:例行试验、型式试验和特殊试验项目。例行试验项目有:

(1) 绕组电阻测量;

(2) 电压比测量和联结组标号检定;

(3) 短路阻抗和负载损耗的测量;

(4) 空载电流和空载损耗的测量;

(5) 绕组对地绝缘电阻和(或)绝缘系统电容的介质损耗因数($\tan\delta$)的测量;

(6) 绝缘例行试验。

以上试验项目及其检测方法可沿用常规变压器的试验、检测中所使用的方法。型式试验项目有:

(1) 温升试验;

(2) 绝缘型式试验。

特殊试验项目有[2]:

(1) 低温系统参数测量。变压器制冷时,测量变压器达到稳定的温度状态所需的时间、液氮流速、液氮波动水平以及液氮循环系统的工作压力。

(2)低温下的绕组临界电流测量,包括恒定温度临界电流测量(半小时)和热循环临界电流测量。恒定温度临界电流测量是在超导变压器达到临界温度半小时后,测量绕组在多个温度下的临界电流值;热循环临界电流测量是将超导变压器制冷达到设定温度,测量临界电流值,然后回温至常温,再制冷达到设定温度,测量临界电流值。反复循环数次。

(3) 过流试验。将变压器绕组通以超过临界电流 20%的电流[3],测试绕组电流的分布及变压器受到扰动后,恢复超导状态的能力。

(4) 涌流试验。当高压侧突然加压时,由此产生的涌流可能在低压侧引起很大的电流,若该电流大于变压器线圈的临界电流,则会引起变压器失超,应对高压侧涌流值的大小及其衰减周期进行测量。

(5) 连续通流试验。将超导变压器接入系统前,连续通流 24h,测量绕组温升、电流和电压值,验证变压器空载时的稳定性。

(6) 连续负载试验。接入电抗器负载,连续运行 200h,测量绕组温升及原、副边电流和电压值,验证变压器负载时的稳定性。

(7) 未通流及通流时的漏热测量,分别测量变压器未通流和通入额定电流时的漏热。

(8) 失超保护检测。给超导变压器通电，在通电电流低于或略高于临界电流值两种情况下，检测失超保护能否正确动作。

5.4.2　涌流性能测试

变压器励磁涌流是指变压器全电压充电时，在绕组中产生的暂态电流。变压器投入前铁芯中的剩余磁通与变压器投入时工作电压产生的磁通方向相同时，其总磁通量远远超过铁芯的饱和磁通量，因此产生较大的涌流，其中最大峰值电流可达到变压器额定电流的 6～8 倍。若该电流大于变压器线圈的临界电流，则会引起变压器绕组失超，因此必须对高压侧涌流值的大小及其衰减周期进行测量。

涌流比额定电流大几倍，这么大的电流可能会引起变压器的失超。涌流产生的机制如图 5-20 所示。N 匝线圈中产生的电压和产生的磁通的关系如式(5-1)所示，其中 ϕ_0 为剩余磁通。在正常状态下，磁通的最大值为 v/N；在涌流下，最坏的情况可达到 $2(v/N)+\phi_0$，主要由图 5-20 所示的铁芯的饱和特性所决定[8]。

$$\phi = \frac{1}{N}\int_0^t v\sin(\omega t)\,\mathrm{d}t + \phi_0 \tag{5-1}$$

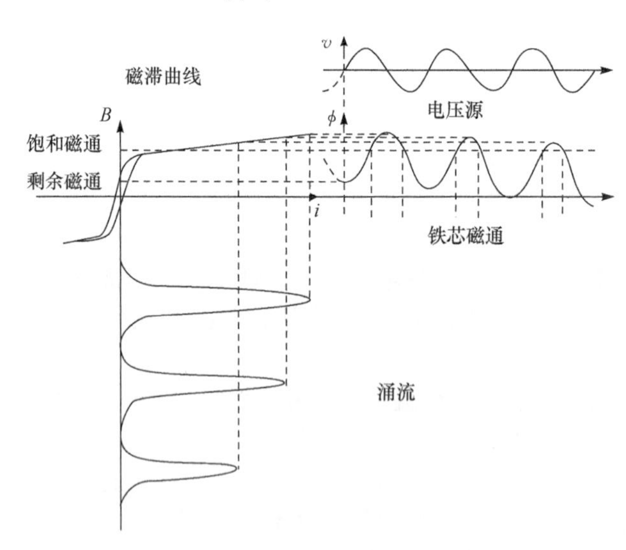

图 5-20　涌流产生的机制图

涌流的大小取决于装置相角的大小。通常由于绕组电阻等其他因素的影响，涌流在几个周期内就衰减。但是，当相角为 0 时，在最坏的情况下，涌流的峰值可达到额定电流的几倍，在相角为 90°的时候，涌流将变得很小[9,10]。

在估计涌流的大小和衰减规律时，试验人员将研究前几周期涌流的峰值以及涌流衰减到额定电流的时间。计算中进行了两个假设，一个是变压器的激励电压为 0，另一个是剩余磁通方向和初始磁通改变的方向相同，从而使得实际的涌流达到最大值。

然后对涌流进行计算，先是对传统变压器的涌流值进行计算，涌流的峰值可能达到额定电流的 3～5 倍，经过 20～30 个周期，涌流电流才会下降到额定电流，如图 5-21 所示[11]。

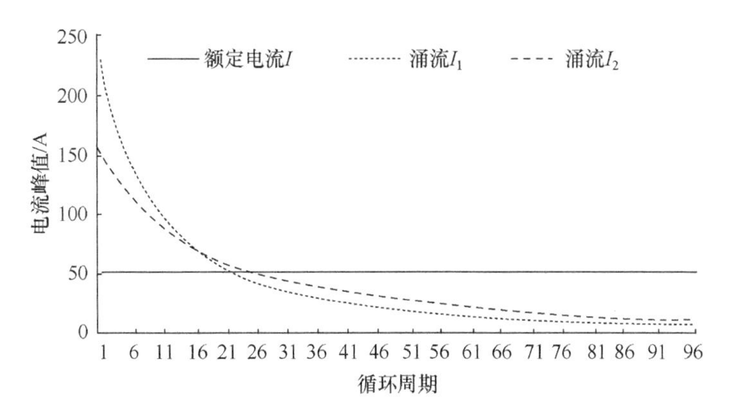

图 5-21　传统变压器涌流峰值

同时，对于超导变压器，涌流的峰值达到额定电流的 2～3 倍，如图 5-22 所示。进而发现，这个值低于 77K 下的初级绕组的临界电流值。但是，它要用很长的时间下降到额定电流，几乎要用 300 个周期。

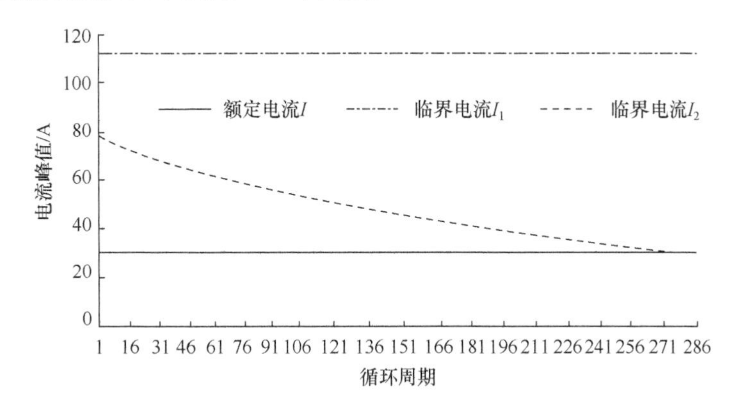

图 5-22　超导变压器涌流峰值

试验中超导绕组带材为 Bi2223/Ag，铁芯材料为硅钢片。为了检测一个纯感应电压，绕制了一个第三绕组，此绕组有 40 匝单饼结构的线圈。初级绕组是两个单饼串联，次级绕组是两个单饼并联。因此，初级和次级绕组都是双饼结构，匝数分别为 80、40。初级绕组的直流临界电流为 59.5A，铁芯的饱和磁通密度为 1.5T。设计参数如表 5-11 所示，铁芯参数如图 5-23 所示。

表 5-11　超导变压器设计参数

项目	初级	次级
材料	Bi2223/Ag 超导带材	
内半径	88.5mm	
外半径	124mm	
直流临界电流	59.5A	123.0A
线圈匝数	80	40
连接方式	2 个串联	2 个并联

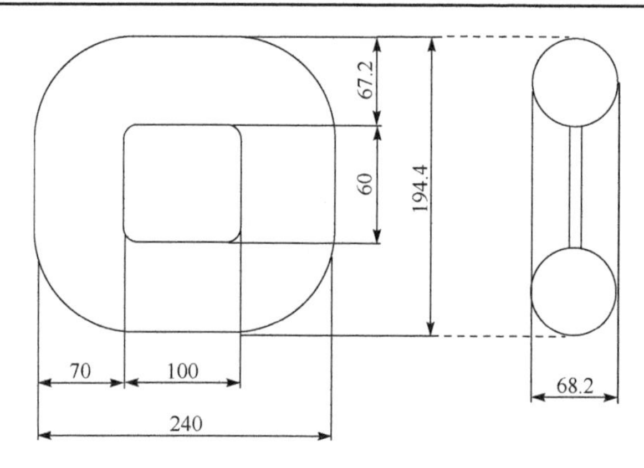

图 5-23　铁芯结构示意图(单位:mm)

1. 试验结果

1) 空载试验

次级没有任何负载，测试电路如图 5-24 所示。图 5-25(a)和(b)的电压源分别

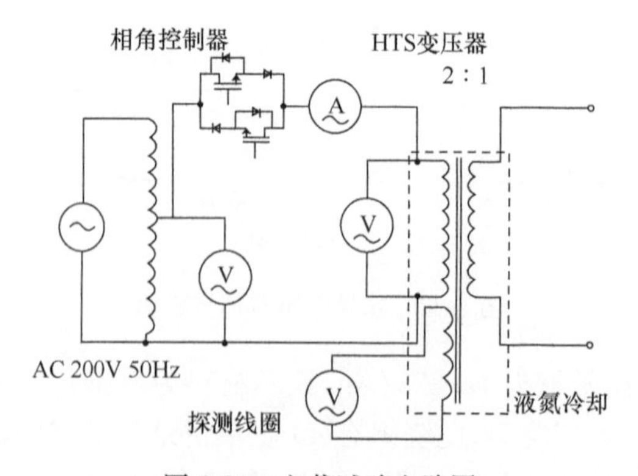

图 5-24　空载试验电路图

为 77V 和 124V。图中可以看到有明显的涌流，大小分别是 42.2A 和 179.4A。涌流经过几个周期内的衰减后达到一个小的励磁电流。

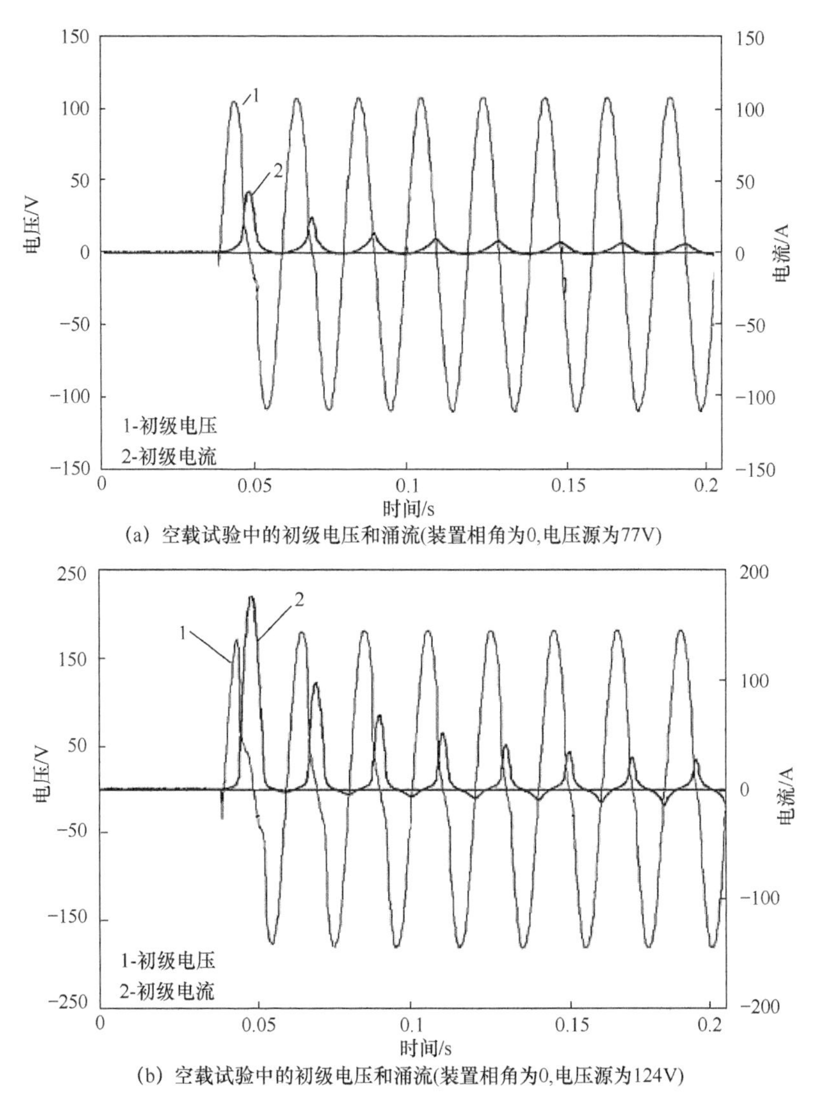

(a) 空载试验中的初级电压和涌流(装置相角为0,电压源为77V)

(b) 空载试验中的初级电压和涌流(装置相角为0,电压源为124V)

图 5-25　空载试验

2）负载测试

测试中，一个纯电阻负载连接到变压器。测试电路如图 5-26 所示。如图 5-27(a)所示，当负载电阻为 1.6Ω 时，稳定后的电流为 0.5pu；如图 5-27(b)所示，当负载电阻为 1.1Ω 时，稳定后的电流为 0.9pu。在这两个试验中最大的涌流为 200A。

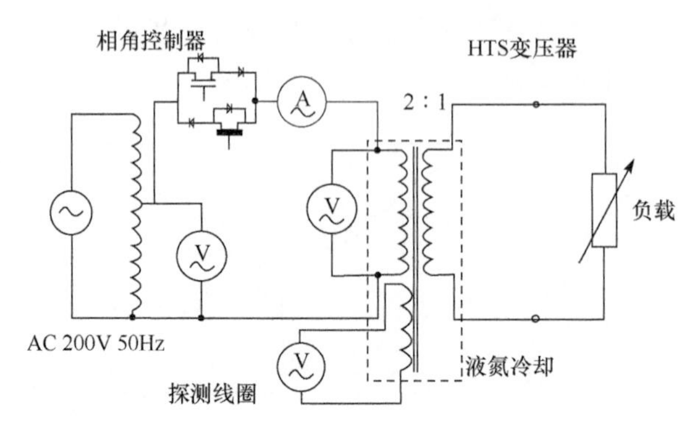

图 5-26　负载测试电路

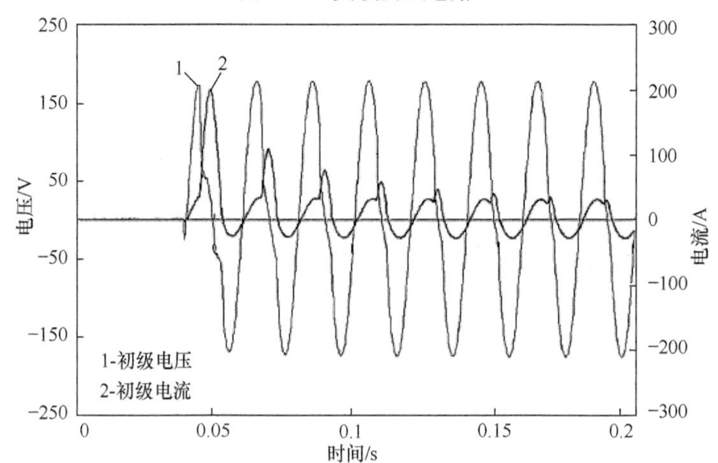

(a) 负载测试中初级电压和涌流波形图(相角为0,电压源为125.9V,负载电阻为1.6Ω)

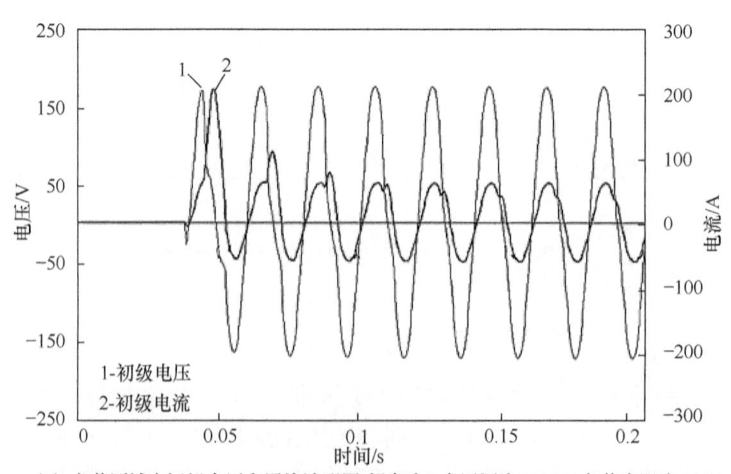

(b) 负载测试中初级电压和涌流波形图(相角为0,电压源为125.9V,负载电阻为1.1Ω)

图 5-27　负载测试

2. 线圈中的电阻电压

1) 空载试验

试验中计算了初级线圈的电阻电压，即由初级线圈的原始电压减去观测到的电压。另外，由漏磁通产生的感应电压引起的衍生电流，通过乘以一个合适的系数，也可以近似从原始电压中减去。尽管这种消除感应电压的方式不是很完美，但可近似认为感应电压可以被移除，并称它为“电阻电压”。同时，当电阻电压超过 $1\mu V/cm$ 时，定义为“失超”。

图 5-28 展示了当电压源为 77V、124V 时，空载试验的测试结果。图 5-28(a) 中观测到了剩余感应电压，没有观测到电阻电压，这是因为涌流值很小。图 5-28(b) 中可以观测到电阻电压，这是因为涌流值超过了临界值。但在三个周期后，涌流减小，小于临界电流，电阻电压消失。

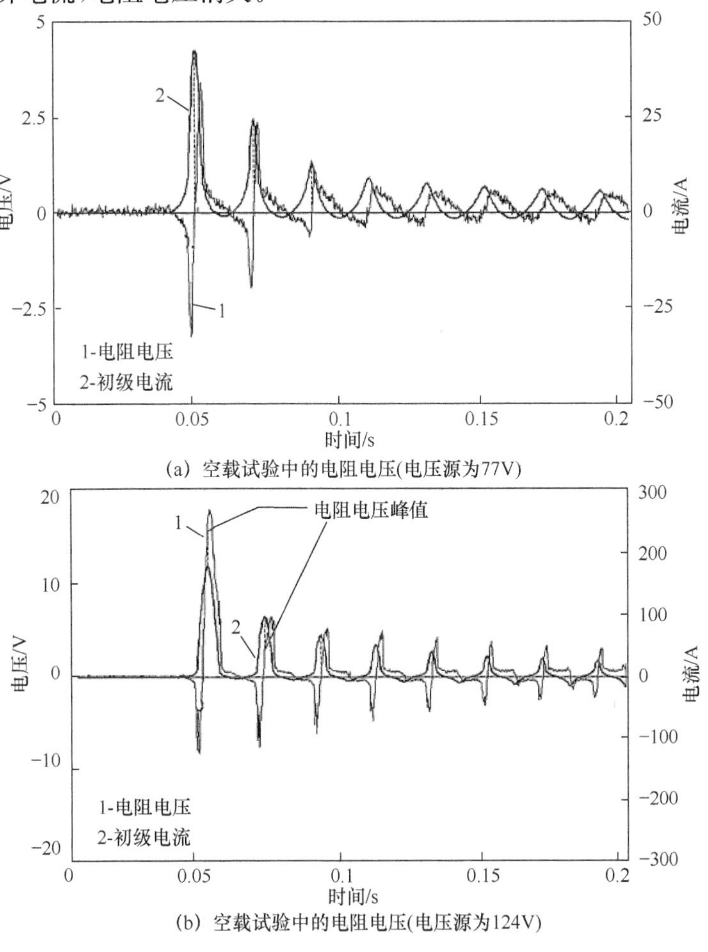

(a) 空载试验中的电阻电压(电压源为77V)

(b) 空载试验中的电阻电压(电压源为124V)

图 5-28　空载试验

2）负载试验

如图 5-29 所示，在两次试验中，电压源都为 124V，相角为 0，负载电阻分别为 1.6Ω、1.1Ω，对应稳定后的电流分别为临界电流的 0.5pu 和 0.9pu。电阻电压的峰值大约为 20V，在这之后，电阻电压衰减很快，主要原因是涌流在很短的时间内衰减。

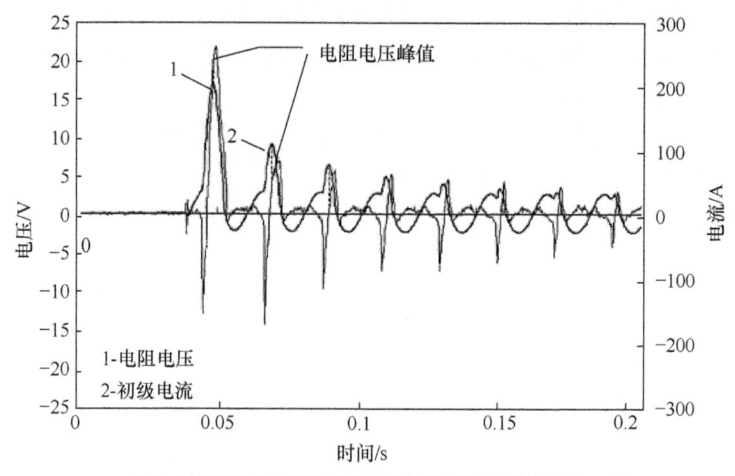

(a) 负载测试中的涌流和电阻电压波形图(负载电阻为1.6Ω)

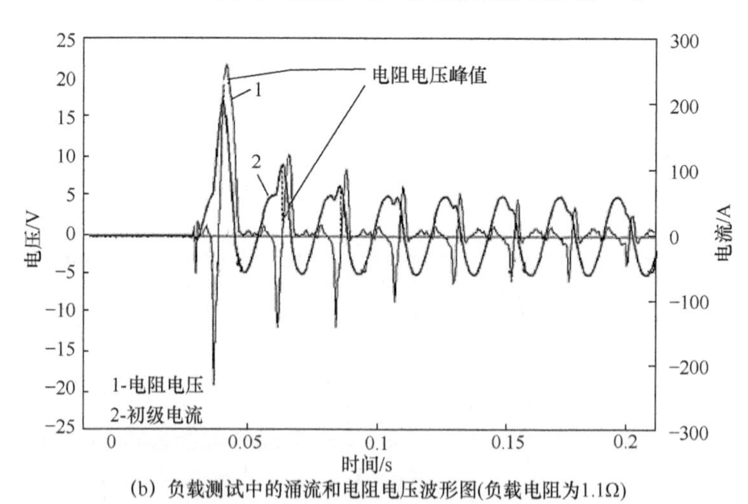

(b) 负载测试中的涌流和电阻电压波形图(负载电阻为1.1Ω)

图 5-29　负载测试

3. 焦耳热

如果涌流超过了临界电流，焦耳热就会产生。计算中假设电流超过临界电流，并且绕组绝缘很好。电流 i 和焦耳热 H 的关系如式(5-2)所示，其中 ρ_{LN_2} 是银在 77K 下的电阻率，l 是初级绕组超导体的长度，S 是银鞘的横截面积。

$$H = \frac{\rho_{LN_2} \times l}{S} \int_0^T i^2 \mathrm{d}t \tag{5-2}$$

首次通入涌流，计算结果为 19J，温度上升 0.8K。同时，用电阻电压测试结果计算，损耗为 11J。这两个结果来看，冷却系统可以充分冷却。另外，如果涌流大于临界电流的 10 倍，焦耳热则为 212J，必须小心由焦耳热引起的温度上升，会超过临界温度。

5.4.3　交流损耗测试

准确计算交流损耗对测试和评估高温超导变压器的性能是至关重要的。一种常用来测量交流损耗的方法为电测量法。虽然这种方法具有高灵敏度和较宽测量范围，但是用这种方法获得的测量值无法得到验证。因此，热测量法取代了电测量法来测量交流损耗。虽然热测量法只具有相当低的灵敏度，需要复杂的测量设备，同时需要很长的时间来达到热平衡，但这种方法可以直接测量所有损耗包括交流损耗。相比于电测量法，交流四端子测量法被频繁地用来评估高温超导体的交流损耗，热量测量法是用来测量液氮的蒸发量、变压器上升的温度、不同液氮层的温度以及液氮层在杜瓦中的高度[12]。

1. 交流四端子测量法

通常，在高温超导体中电流信号很强而电压信号很微弱，这是因为超导体工作在低电压、高电流环境下。电压信号会受到自场和噪声的干扰，通过电压信号去测量交流损耗是非常困难的，由于交流损耗波形不是正规的正弦波波形而是呈现非线性，所以，必须将其从噪声中分离出来。这种去噪最常用的方法是锁相放大器法，交流传输损耗测量法就是采用这种锁相放大器法。所施加的电流的基准相位流过与高温超导样品带材串联的无感电阻，交流损耗被锁相放大器测量，同时一个消噪线圈用来减少噪声。图 5-30 显示了交流损耗测量系统。

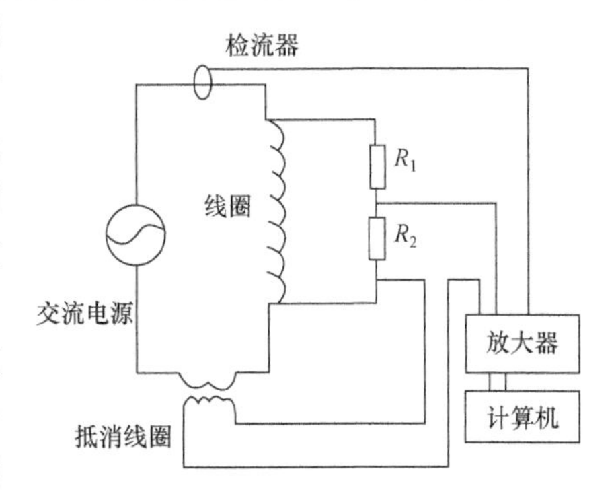

图 5-30　交流损耗测量系统

根据测量电路图，高温超导线圈的电流(I)、电压(V)及电压电流之间的相位差(θ)可以通过锁向放大器测量出来，因此交流损耗可通过公式 $IV\cos\theta$ 计算得到。

2. 超导体温度测量法

这种测量方法的本质是测量高温超导带材局部点的细小温升，温度的变化采用不同的热电偶进行测量，使用导线的长度可以被最小化，因此在热电偶电路的感应噪声也被最小化。热电偶使用的是绝缘的聚四氟乙烯，热电偶的灵敏度可以包含一个校准常数，它表示为在测试点与参考结点处 1K 的温度变化转化为几微伏的电压。

为了能测得温升的变化，液氮中必须有一个热绝缘区域，这个区域的制作采用两块泡沫塑料夹住高温超导带材，再用硅胶带在四周缠住这两块夹板，阻止液氮流入。在用泡沫将四周围拢，用硅胶密封，将这个区域扩大，这样就形成了一个导热性能良好但电绝缘的区域。因为在热电偶结上可能出现相对较大的共模电压，所以电绝缘是必需的，同时应使用尽可能少的密封剂，因为这种材料将降低热量计在低温下的灵敏度。整个装置都浸渍在液氮环境下，由此热电偶参考到一个非常稳定的温度点。图 5-31 展示了超导体温度测量装置示意图。

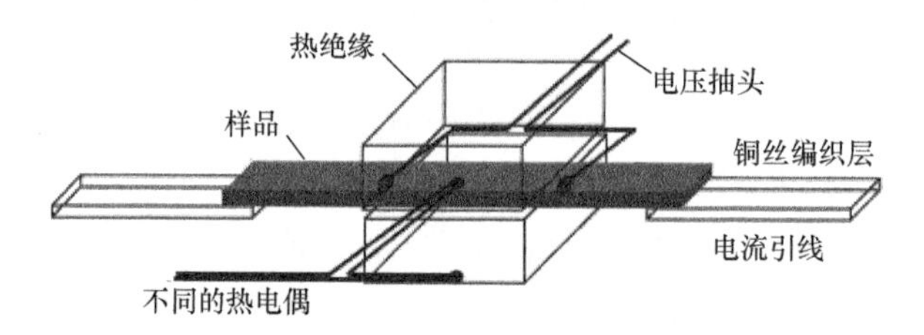

图 5-31　超导体温度测量装置示意图

3. 液氮温度差的测量法

测量温度差的方法被认为是最稳定的测量方法，因为这种方法测量简单，并能验证交流损耗的产生依赖温度变化和液氮流量变化。基于该架构的热量测定装置如图 5-32 所示。这种热量测定装置具有低热量泄漏和高分辨率温度计，即使超导体的长度很短，也能准确计算交流损耗。

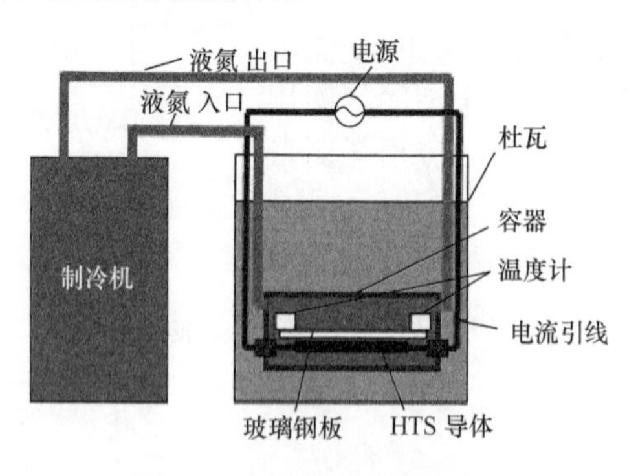

图 5-32　热量测定装置示意图

热量测量容器由一个双壁管构成，内外壁之间彼此热绝缘。导体的高温超导层的两端与铜螺柱焊接在一起，同时通过铜导线与装置的电流引线相连。测量容器中的液氮形成了如下一条闭合循环回路:液氮通过制冷循环泵进入容器,然后通过出口返回制冷循环泵。铂温度计被用来获得稳定的、高分辨率的测量结果,它被安放在玻璃钢面板上,面板安放在高温超导体的一侧。另外,低温容器中的液氮可以减小电流引线产热带来的影响,从而更精确地测量交流损耗。

4. 液氮的蒸发量测量

这种方法适合准确测量浸渍在临界低温液体中超导线圈的总交流损耗,测量装置示意图如图 5-33 所示。

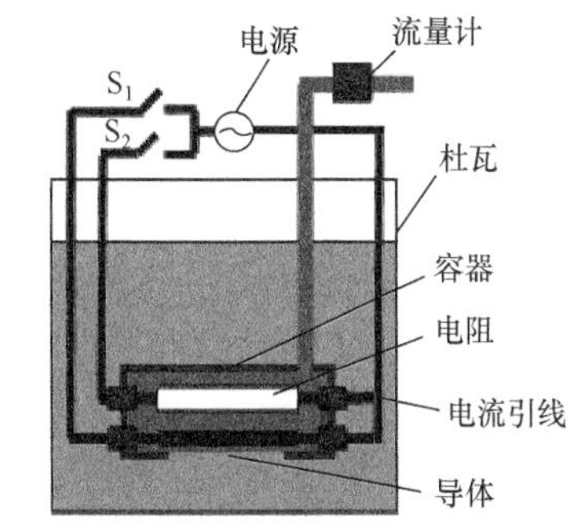

图 5-33　液氮的蒸发量测量装置示意图

低温容器内因交流损耗产生的气体将通过流量计流通至室温环境。这样,超导线圈的总交流损耗则可由流量计的测量结果获得。测量步骤如下:①测量背景流量值;②打开开关 S_2,校准电阻的欧姆损耗可以通过流量计精确计算得到;③绘制一条关于欧姆损耗和流量计输出的曲线;④关断开关 S_2,打开开关 S_1,获得参考关于欧姆损耗和流量计输出曲线的精确交流损耗。

5. 液氮水平面测量

交流损耗可以通过测量热量、监测变压器绕组中液氮水平面获得。捷克共和国的科学院物理研究所、查尔斯大学等通过使用电容计开发出这种测量方法。图 5-34展示了其测量装置图。

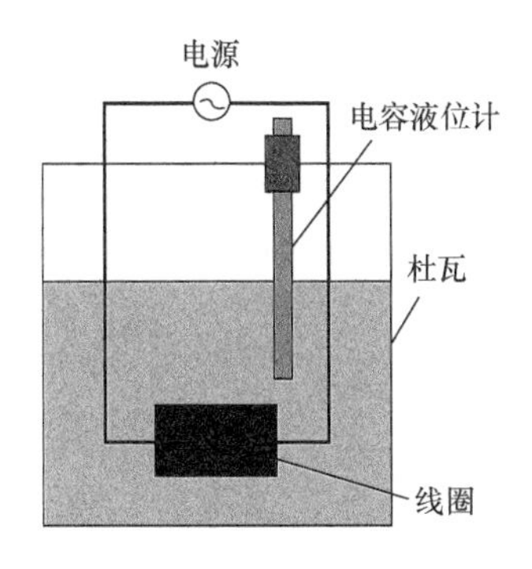

图 5-34　液氮水平面测量装置示意图

电容计由 3 个同轴薄壁不锈钢管组成,其直径分别为 2mm、6mm 和 10mm。中间导管采用聚四氟乙烯材料,内管形成电容器,同时,外管提供静电屏蔽,电容桥用于测量容量,分辨率可达到 10×10^{-6}。因为液态氮的介电常数是气态氮的 1.43 倍,所以容量取决于液态氮。所以,低温容器中液氮水平面测量可以使用电容式液位计。不像使用气体流量计测量蒸发的液氮的方法,该方法不需要修正气体温度。

因为变压器效率主要受低压绕组影响,所以交流损耗的测量主要集中在低压绕组交流损耗。在测量交流损耗时,低压绕组短路。测量过程中,为了方便,变压器没有加入铁芯,而两个绕组则是直接浸入液氮中,不必考虑铁芯损耗。在这次测量中,变压器低压绕组尽可能和最后制造出的变压器的低压绕组保持一致,因此测量出的损耗和最终研制的变压器的低压绕组损耗近似一样[13]。

交流损耗测试电路的示意图如图 5-35 所示。低压绕组传递给次级电路的功率和在短路电阻中消耗的功率是不一样的。低压绕组的交流损耗不能直接测量出来,因为损耗有一重要的部分是由于磁化电流引起的。磁化电流主要集中在绕组的末端,由初级和次级绕组的径向磁场引起。

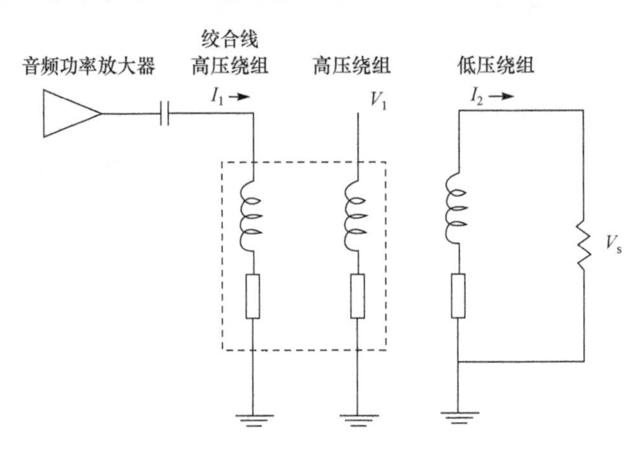

图 5-35　交流损耗测试电路示意图

电路的频率是由连接三极管放大器和高压绕组的耦合电容决定的,依次令电容为 50μF、100μF 和 150μF,对应的频率为 61.93Hz、43.73Hz 和 35.70Hz,在 77K 时,分别测试电路的交流损耗,如图 5-36 所示。这三个频率每个周期的损耗都是一样的,因此和预期的一样,即损耗是滞后的。

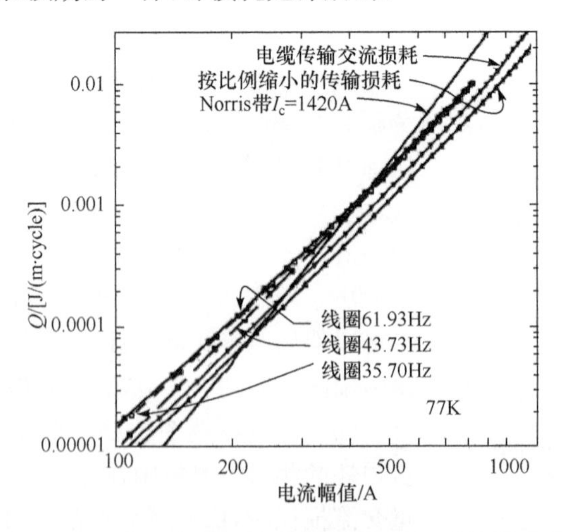

图 5-36　在 77K 时的低压绕组交流损耗、传输损耗和按比例缩小的传输损耗的对比

传输损耗在一个比低压绕组长度短的带材样本上进行测量，短的样本带材的临界电流小(1200A，低压绕组带材的临界电流 1420A)。用这个按比例缩小的带材的传输损耗去计算临界电流为 1420A 的传输损耗 $Q \propto I_c^2 \ (I/I_c)^n$。线圈损耗和电流幅值的幂函数关系与传输损耗和电流幅值的幂函数关系相似，在 800A 时，幂指数为 3.35，线圈损耗比按比例缩小的传输损耗大 80%。测量出来的线圈损耗比用 Norris 带模型预计的损耗要小得多。

图 5-37 是温度 70.5K、频率 35.7Hz 时，测量出的低压绕组的交流损耗。从图中可知，在有效值为 1390A 的额定电流下，低压绕组的交流损耗为 130W。在 50%的额定电流下，损耗下降到 8.5W。额定电流下测出的损耗是用 Norris 带模型预计的损耗的 60%。

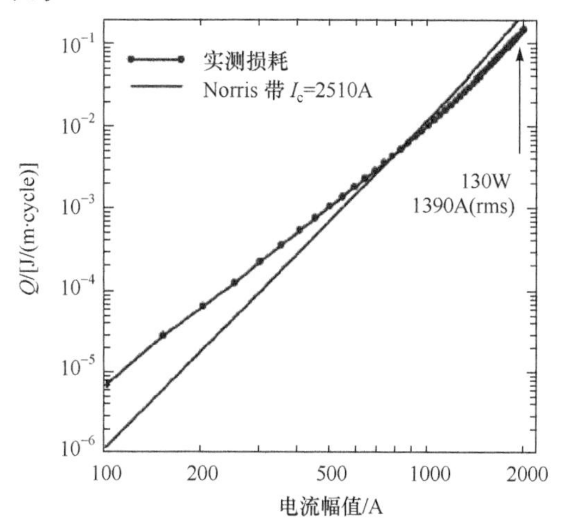

图 5-37　70.5K 时低压绕组的交流损耗

5.4.4　失超检测与保护

超导变压器中超导绕组的温度、磁场及电流中的任一参数超过临界值时，超导体都会发生改变，成为常导体，此过程称为失超。保持超导体的工作温度不变，只有当流过超导体的电流降到恢复电流以下时，超导体才能稳定地恢复为超导态。超导体失超后，阻抗中就含有电阻分量，通过电流时导体发热，造成液氮/液氦挥发，从而在液体制冷剂内形成局部沸腾现象，产生热气泡。由此带来的结果会严重降低制冷剂的绝缘能力，并使低温容器内压力升高，对器壁的强度提出了严峻的挑战，而且当超导体温度迅速攀升至过高温度时，就会使超导体发生不可恢复的损伤。所以必须在温度达到使超导材料发生不可恢复损伤之前，就采取保护措施，保证超导电力系统的安全运行。

目前，国内外采用的失超检测方法一般有温升检测[14]、压力信号检测[14]、流速信号检测[15]、超声波检测[16]、电压检测[17]等。

(1) 温升检测:在导体失超时,电阻的热效应会使局部热量积累,导致导体温度升高。温升检测就是通过测量导体的温度变化来检测是否有失超发生。

(2) 压力信号检测:超导体失超后,流过电流时会有明显的热效应,冷却介质温度上升,体积膨胀,导管内壁所受压力也会随之上升,可采用压敏传感器,将低温容器内压力的变化情况反馈至失超检测系统,用于判断超导体是否有失超发生。

(3) 流速信号检测:设备正常运行时,冷却介质的流动由超导体两端的电动机驱动,流速恒定。当超导体的某一部分失超后,局部热量积累导致局部冷却介质膨胀,影响了流体各部分之间的作用力,流速发生变化。在超导体两端安装特定的流速计,检测冷却介质流速的变化情况,就可判断出超导体中是否有失超发生。

(4) 超声波检测:在超导体冷却介质输入端加一个超声波信号发生装置,输出端加一个超声波信号接收装置,通过分析输入与输出之间传递函数的变化来确定是否有失超发生。当磁体内部状态不发生改变时,传递函数不变化;当磁体的状态发生改变时,即超导体发生失超时,传递函数也随之变化。超声波检测法具有灵敏度高、动作可靠的优点。这种方法对电流和温度变化都很敏感,能在超导体出现局部热量积累或绝缘损坏而尚未发生失超时观测到传递函数的变化,预先采取一定的措施将失超损失减到最低。

(5) 电压检测:电压检测方法为直接进行匝间电压检测,采用这种方法,不仅可以检测出线圈中是否有失超发生,还可以根据预先测得的不同区段失超时线圈端电压随时间的变化曲线,确定出原始失超位置。

在以上所介绍的检测方法中,温升、压力、流速及超声波检测等方法都是基于非电气量,都与失超后超导磁体上产生的热量有关,有一个时间滞后的问题。到目前为止,最为直接、快速、准确的检测方法仍然是电压检测法。但是电压检测法受到的噪声干扰比较严重,这种方法的缺点是在每匝线圈上都需安装电压传感器,而且,当系统中存在电磁噪声时灵敏度不高。为了提高检测的精度,在电压检测的基础上又提出了桥式电路检测法和有源功率检测法[18]。

桥式电路检测法[18],是匝间电压检测法的改进,如图 5-38 所示,校正后,未失超时通过电流表的电流 I_q 为零。失超后,电桥不平衡,有电流流过电流表,故可通过电流表来判断失超是否发生,其误差应低于0.5%。它比匝间电压检测要方便且易实现,不需要安装电压传感器。但是桥式电路检测法同样存在噪声干扰的问题。另外,对于交流电路,外接电阻 r 会消耗一部分能量。

有源功率检测法,如图 5-39 所示,它可以很好地解决这些问题。它对于交流和直流电路同样适用,且不受噪声的影响。

图 5-39 中所示的 V_1 和 V_2 分别是失超后高温超导线圈的电压和空芯线圈的电压,计算公式为

$$V_1 = RI + L\frac{\mathrm{d}I}{\mathrm{d}t} \tag{5-3}$$

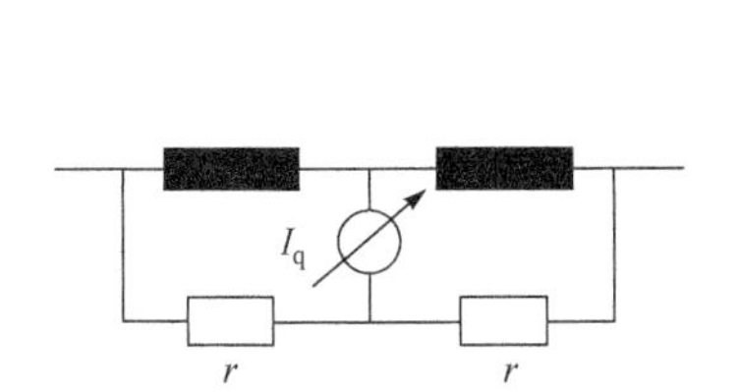

图 5-38　桥式电路检测法

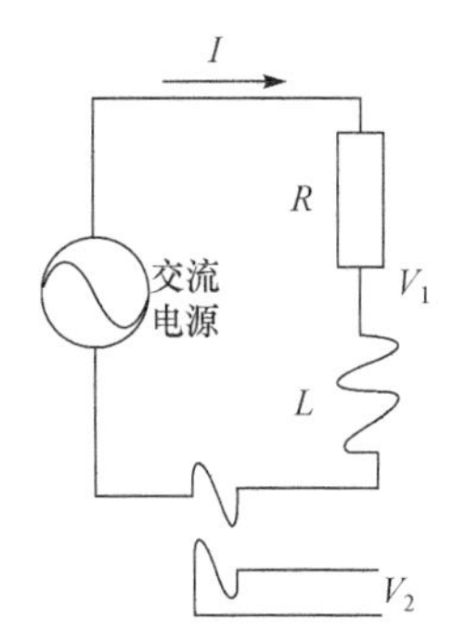

图 5-39　有源功率检测法

$$V_2 = M\frac{\mathrm{d}I}{\mathrm{d}t} \tag{5-4}$$

式中,R 为绕组的电阻,在超导状态为零;L 为高温超导线圈的电感;I 为传输电流;M 为空芯线圈的互感。由这些方程可得到有功功率 P 的计算公式为

$$P = \left(V_1 - \frac{L}{M}V_2\right)I = RI^2 \tag{5-5}$$

在超导状态下,P 是零,而在正常导通状态并不是零。因此可以通过测量 P 进行失超检测。

检测时,P 的信号常伴有噪声,如电磁噪声。可附加一个低通滤波器(LPF)以获得排除噪声干扰后的信号 P'[18]。图 5-40 展示了一个带有低通滤波器的有源功率检测法的原理框图。

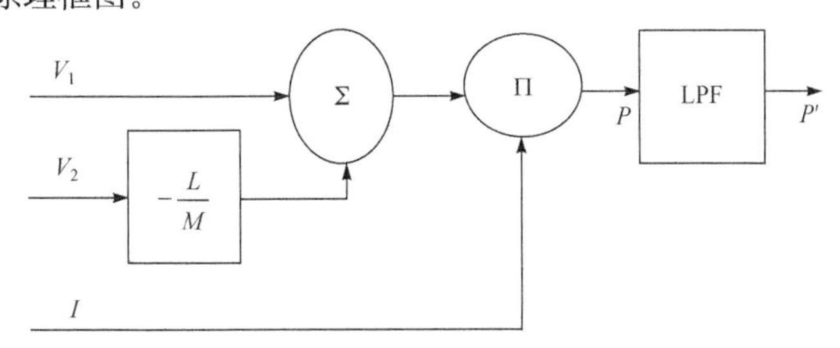

图 5-40　带有低通滤波器的有源功率检测法的原理框图

声发射(AE)传感器检测法,自 19 世纪 70 年代起,在 AE 领域,就对它进行了大量研究。研究表明,AE 传感器检测法是从高性能磁体检测出机械噪声最有效的方法。这个机械噪声来源于失超后环氧树脂的微裂和导体的移动。对高温超导线圈进行交流操作时,可使用 AE 传感器检测法,对此正在研究重要的检测标准[12]。

对高温超导线圈进行交流操作时，很难通过失超测量出线圈的电阻电压，因为线圈的电压主要是在电气测量中感应出来的电压。但 AE 传感器能够检测到来自失超的任何机械活动和高温超导绕组的任何不稳定条件。图 5-41 是一个 AE 数据采集系统的框图。AE 信号通过一个前置放大器和一个隔离放大器被放大，然后通过一个模拟数据存储器被保存。

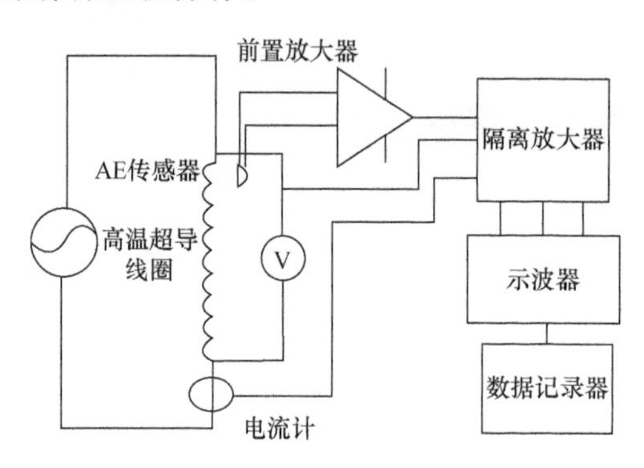

图 5-41　一个声发射数据采集系统的框图

随着超导变压器在电力研究工作中的深入开展，它将逐步进入电力系统试运行。为了应对电力系统安全性、可靠性和稳定性的要求，需对超导变压器的性能测试内容及方法进行规范化和标准化，因此开展超导变压器性能检测方法和检测标准的研究工作已刻不容缓，建设超导变压器综合检测基地势在必行。超导变压器的性能检测大纲的标准化和规范化，也将进一步促进超导变压器在电力系统中的发展和应用[5]。

参考文献

[1] 任丽. 超导装置电流引线的研制及装置级试验检测方法研究. 武汉：华中科技大学博士学位论文，2008.

[2] 任丽，唐跃进，胡毅，等. 超导变压器的性能检测方法研究. 低温与超导，2007，5(35)：403-408.

[3] 任丽，司汉松，唐跃进. 300kVA 电动车组高温超导变压器电流引线与套管的结构设计. 低温与超导，2005，33(4)：52-55.

[4] 王银顺，赵祥，韩军杰，等. 630kVA 三相高温超导变压器的研制和并网试验. 中国电机工程学报，2007，27(27)：24-31.

[5] 梁俊国，李振明，马晓春，等. 超导变压器的性能检测研究. 低温与超导，2013，42(1)：53-58.

[6] 王银顺，赵祥，韩军杰，等. 高温超导变压器高压绕组的绝缘设计和试验. 高电压技术，2007，33(9)：1-5.

[7] Kim W S，Han J H，Min W G，et al. Characteristic test of a 1MVA single phase HTS transformer with pancake windings. IEEE Transactions on Applied Superconductivity，2004，

14(2):904-907.

[8] Nishimiya S, Ishigohka T, Ninomiya A, et al. Quench characteristic of superconducting transformer by inrush current. IEEE Transactions on Applied Superconductivity, 2007, 17(2):897758.

[9] Ishigohka T, Uno K, Nishimiya S, et al. Experimental study on effect of in-rush current of superconducting transformer. IEEE Transactions on Applied Superconductivity, 2006, 16(2):1473-1476.

[10] Brunke J H, Frohlish K J. Elimination of transformer inrush currents by controlled switching. Part 1: Theoretical considerations. IEEE Transactions on Power Delivery, 2001, 16(2):276-279.

[11] Abdul R M A, Lie T T, Prasad K, et al. The effects of short-circuit and inrush currentson HTS transformer windings. IEEE Transactions on Applied Superconductivity, 2002, 22(2): 5500108.

[12] Jin J X, Chen X Y, Guo Y G, et al. HTS transformer and its related loss measurement and quench protection. Proceedings of the 27th Chinese Control Conference, Kunming, 2008: 292-296.

[13] Glasson N D, Staines M P, Jiang Z, et al. Verification testing for a 1MVA 3-phase demonstration transformer using 2G-HTS Roebel cable. IEEE Transactions on Applied Superconductivity, 2013, 23(3):5500206.

[14] Loyd R J, Bule A M, Chang C L, et al. Coil protection for the 20. 4MWh SMES/ETM. IEEE Transactions on Magnetics, 1991, 27(2):1716-1719.

[15] Ninomiya A, Sakaniwa K, Kado H, et al. Quench detection of superconducting magnets using ultrasonicwave. IEEE Transactions on Magnetics, 1989, 25(2):1520-1523.

[16] Sugimoto M, Iscono T, Koizumi N, et al. An evaluation of the inlet flow reduction for a cable in conduit conductor by rapid heating. Cryogenics, 1999, 39(11):939-945.

[17] Seeber B, et al. Handbook of Applied Super-Conductivity. Bristol: Institute of Physics Publishing, 1998.

[18] 喻小艳，李敬东，唐跃进. 超导电力装置失超检测的基础研究. 中国工程科学，2003，10(5)：73-77.

第6章　超导变压器设计

6.1　基本分类

按主要用途划分，超导变压器可分为电力变压器和牵引变压器。其中，电力变压器用于现代电力系统中的输配电变压，又可分为仅作升降压使用的升降压型变压器和兼有其他功能的变压器如故障限流功能的故障限流型变压器。牵引变压器则用于现代电力机车中的牵引变压，一般为单相变压器。

按有无铁芯划分，超导变压器可分为铁芯变压器和空芯变压器。其中，超导铁芯变压器和传统的铁芯变压器一样，主要由铁芯和绕组两部分组成，区别在于前者使用了超导绕组，而后者使用了常规铜绕组。超导空芯变压器则由绕制在非金属骨架上的高、低压超导绕组组成。由于取消了铁芯结构，超导空芯变压器具有质量轻、体积小等技术优势，且不存在空载损耗问题、绕组与铁芯间的电力绝缘问题、磁饱和引起的涌流问题和励磁电流的高次谐波问题等。

按绕组材料划分，超导变压器可分为全超导变压器和混合超导变压器。其中，全超导变压器的高、低压绕组均采用超导材料绕制而成。而混合超导变压器则由一个超导低压绕组和一个铜高压绕组组成，可进一步分为具备高电压输出特征的高压变压器和具备大电流输出特征的大电流变压器。

6.2　设计概述

1. 设计要点

设计要点是用超导绕组取代铜绕组。超导绕组的大小不到常规绕组的10%，必然结果是绕组机械强度下降。如果不采取补强措施，就不能承受穿越性故障发生时的径向拉断力和轴向挤压力。分接绕组放在低温恒温器外面，以防止热量通过几个分接头流入液氮。

由于在公共绕组和串联绕组中大部分欧姆损耗已排除，所以，可用强迫气体冷却来防止铁芯损耗和在分接绕组中剩下的欧姆损耗。变压器不充油是一个很大的优点，可防止火灾和油外泄对环境的危害。而且，不再需要防爆钢外壳(但必须有外罩防风雨和降低噪声)。

超导绕组的发热体小，制冷稳定温升很小(即在一段时间异常发热后，不需要断开和冷却就能返回正常运行)。但超导变压器在发生穿越性故障时，如不断开则其恢复能力较传统变压器小得多。这是其主要缺点，因而要注意在发生穿越性故障后，立即将变压器切除一段时间，以保证变压器完好无损和强过负荷能力。

为了保证有效的冷却，必须使液氮与导体直接接触。但是，这种接触仅要求占总表面积的很小一部分，是在形成绕组线饼的导体条的外缘部分。这就要求匝间有绝缘而外缘必须裸露。

电磁负荷(即总的安匝对铁芯磁通)的平衡是设计过程中的主要方面。超导变压器的必然趋势是尽可能增加电负荷。因为超导变压器几乎没有损耗，对空间需求也较小，则可以相应降低磁负荷。该趋势将使绕组间的径向间距在满足耐压强度情况下为最小，目的在于使漏磁路径的磁导最小，最大电负荷符合电抗水平的要求。但是，在基本超导变压器设计中，要优先考虑其承受机械力的能力。机械力与电负荷的平方成正比。尺寸减小，势必引起机械应力增加。结果是保持总安匝与典型的常规设计相同。为了调整漏电抗，有意将公共绕组和串联绕组间的径向间隙增加到超过耐压所需的最小值。

降低绕组尺寸(与常规设计相比)的又一结果是大大减小了绕组线饼的垫块，因此，减少了线饼间的串联电容，线饼对地的并联电容几乎不变。在冲击试验时，这种趋势将增加顶部几个线饼承受的电压冲击量。因此，线饼之间的线匝换位是必不可少的。而超导绕组中的超导导线是不能任意扭曲的，这将大大增加绕组绕制工艺的复杂性。

液氮的介电强度很高，而气态氮的介电强度比液氮的低。在超导变压器中，低温恒温器中氮接近饱和态，可能发生沸腾，逸出气泡进入液体。气泡中的电场集中，使气液混合物在电气绝缘性上较纯氮气时弱。另外，固体绝缘与充氮区域间的边界形状也对电场集中效应产生很大影响，即电场集中发生在靠近固体元件的氮中。所有这些都对低温恒温器各部分氮冷却通道的比例关系产生重大影响[1]。

超导变压器设计的主要特点如下。

铁芯与传统变压器相似，但是降低铁芯柱高，窗口就会变小，因而铁芯质量和总尺寸都减小。铜分接绕组靠近铁芯柱，位于低温恒温器外面，连接到分接头切换装置，两者均为常规设计。铁芯和分接绕组的冷却可能采用强迫通氮气冷却。强迫氮气通过轴向通道(与铁芯柱平行)，使铁芯柱和分接绕组冷却。顶部和底部铁轭安装玻璃纤维外罩以容纳风扇吹来的氮气，并吹向铁轭表面。公共绕组和串联绕组由矩形截面复合导体构成，大概有 1/3 是超导纤维，2/3 为基质金属(银或银合金)。匝间绝缘带覆盖在导体表面，超导带以正常方式换位。串联绕组高压端部线饼成对地换位。串联(高压)绕组线饼的外径用玻璃纤维(可能是预应力的)箍或一连续圆筒加强。一个有多根间隔垫条的坚固内圆筒支持着公共绕组的内径。在整个低温恒温器内部绕组组件的顶部和底部，有环形夹板，用 8 个绝缘穿心螺栓或螺杆夹紧。此外，低温恒温器每个铁芯柱一个。它是一个用双层玻璃纤维制成的真空容器。由泵持续地抽真空，低温恒温器装有 77K 的氮，压力稍高于 0.1MPa。中压导线穿过顶盖，高压导线穿过恒温器壁的中部。

对于较大的穿越性故障，需将超导变压器断开，几分钟后重新接通。对于最严重的穿越性故障，变压器可工作约 170ms，在这段时间内必须完成开断。内部故障可由内部监视器、外部电压或电流传感器感知，并启动开断。过负荷能力为 100%。变压器不需要油箱，用承受套管负荷的钢壳代替。外壳用于防风雨和防止强迫循环氮冷却剂外泄，并降低噪声。

2. 设计过程[2]

在电力变压器的设计中，铁芯的横截面积 A_s 为

$$A_s=\frac{1}{\sqrt{2}\pi f f_s B}\frac{U_{r1}}{N_1} \tag{6-1}$$

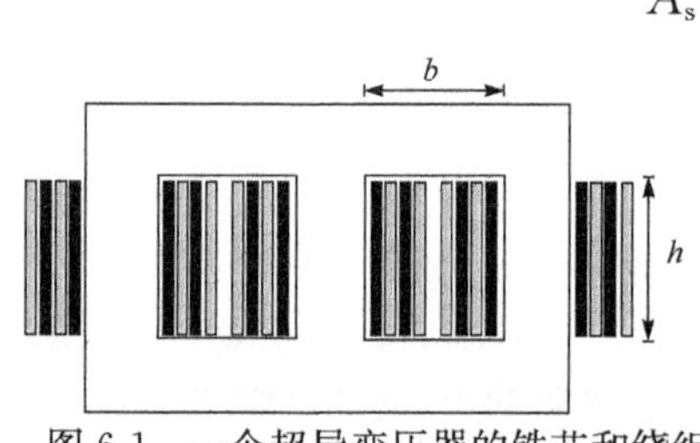

图 6-1　一个超导变压器的铁芯和绕组

式中，B 为铁芯的最大磁通密度；f 为频率；f_s 为线圈间隙因数；U_{r1}/N_1 为每匝电压值(即 V/T)。

变压器窗口的宽度 b(图 6-1)是由安培定律和高度 h 确定的。经验值比 μ 定义为

$$\mu=\frac{h}{b} \tag{6-2}$$

为求得 μ 的近似值，需要计算线圈所需宽度，包括空间因素 f_w 和绕组之间的绝缘空气间隙。计算表明，假设高温超导变压器约为传统变压器的 3 倍，μ 的近似值为 10～15。电流密度和超导线圈的损耗主要依赖这个值以及外部磁场的方向，如电力变压器的杂散磁场。在设计中，首先计算窗口的高度，将安培定律改为

$$I_r N_1=\frac{B_\sigma}{\mu_0}h \Rightarrow h=\frac{\mu_0 S_r}{\sqrt{3}B_\sigma \dfrac{U_{r1}}{N_1}} \tag{6-3}$$

式中，B_σ 为杂散磁场的最大值，如图 6-1 所示，如果初级和次级绕组相互交错，可使 B_σ 减少 50%。

假设铁芯的截面相等，铁芯的总体积为

$$V_{Fe}=f_s A_s(6\sqrt{f_s A_s}+4b+3h) \tag{6-4}$$

为了计算绕组的体积，导体的截面面积 A_c 通过式(6-5)计算，即

$$A_c=\frac{I_r}{j_e} \tag{6-5}$$

星形连接的高温超导变压器的绕组体积为

$$V_W = \frac{3\pi N_1 I_{r1}}{j_e}\left(\sqrt{\frac{4A_s}{\pi}} + \frac{5b}{8}\right) + \frac{3\pi N_1 I_{r2}}{j_e}\left(\sqrt{\frac{4A_s}{\pi}} + \frac{5b}{8}\right) \tag{6-6}$$

式中，I_{r1}和I_{r2}分别为初级和次级绕组的额定电流。

图6-2是三个高温超导变压器和三个传统变压器(50MVA、150MVA和300MVA)通过$V_T = V_{Fe} + V_W$计算的总体积。图中展示了不同变压器在$B_\sigma = 0.15T$、$f_s = 0.7$时，体积随每匝电压值V/T的变化。

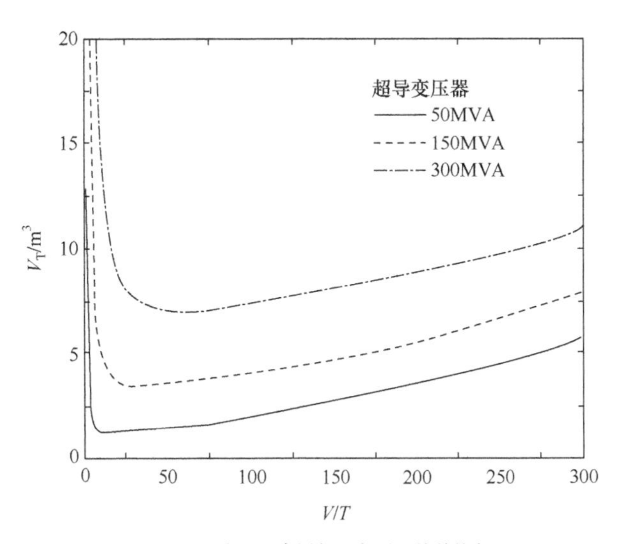

(a) 三个不同高温超导变压器的总体积

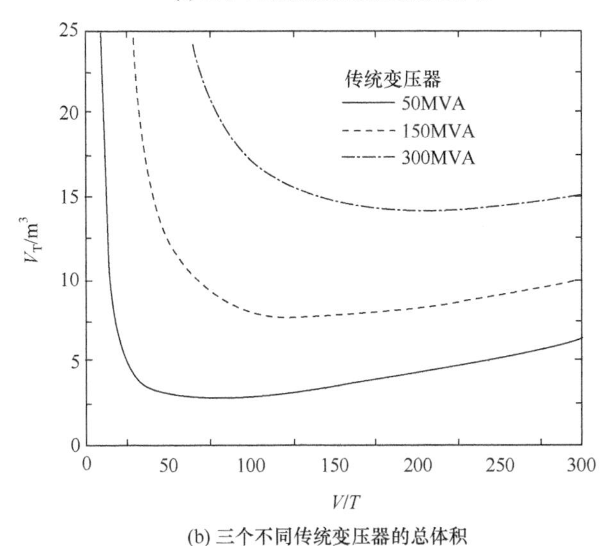

(b) 三个不同传统变压器的总体积

图6-2　不同变压器的总体积对比

高温超导线的使用使最小体积比相同 V/T 值的传统变压器的体积减少了约30%。设计研究一个超导导线,假设这个导线的截面积为 3.5×0.25mm²,工程电流密度为 4500A/cm²,与导线长边平行的外部磁场强度为 0.15T。

总体损耗包括:铁芯损耗 10.33kW/m³、铜线损耗 260kW/m³、超导线损耗50kW/m³。增大额定功率将增大电力储蓄。传统变压器和高温超导变压器的最小损耗的相互比较如图 6-3 所示,超导变压器电力储蓄通过提高额定功率增加,对于 300MVA,可增加超过 50%。用 15W/W 的惩罚因子对高温超导线进行冷却。

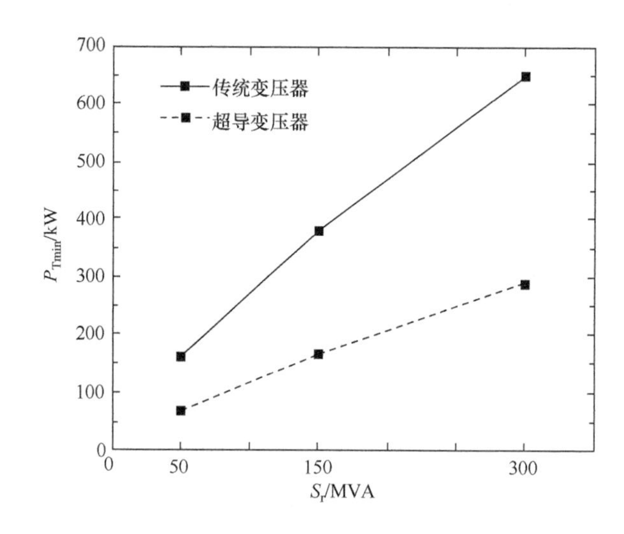

图 6-3 最小损耗的对比图

3. 效率因数

由上述高温超导变压器设计可得,导体的效率因数 EF 为变压器的额定功率 S_r 与超导线的价格 P_{sup} 之比,即

$$EF=\frac{S_r}{P_{sup}} \tag{6-7}$$

考虑到 $S_r=U_rI_r$ 和 $P_{sup}=I_rl_{sup}$,效率因数计算公式可简化为

$$EF=\frac{U_r}{l_{sup}} \tag{6-8}$$

图 6-4 是三个高温超导变压器的总损耗和相对阻抗电压 u_k 随着导体效率因数的变化。由前面的设计规则可知,可以通过增加效率因数减少高温超导线的成本。计算总体积和总损失后,设计者可以优化变压器,关注变压器的操作要求。对于

图 6-4(c)中需要持续工作的发电机变压器,设计师必须保持尽可能降低负载损耗。短路大电流会导致高温超导线失超,进而使变压器将被摧毁。使用超导故障电流限制器或带故障限流特点的高温超导线是一个解决方案。在这种情况下,最小的体积和最小的质量是设计师的目标,即使伴随着高损耗和更多的高温超导材料[2]。

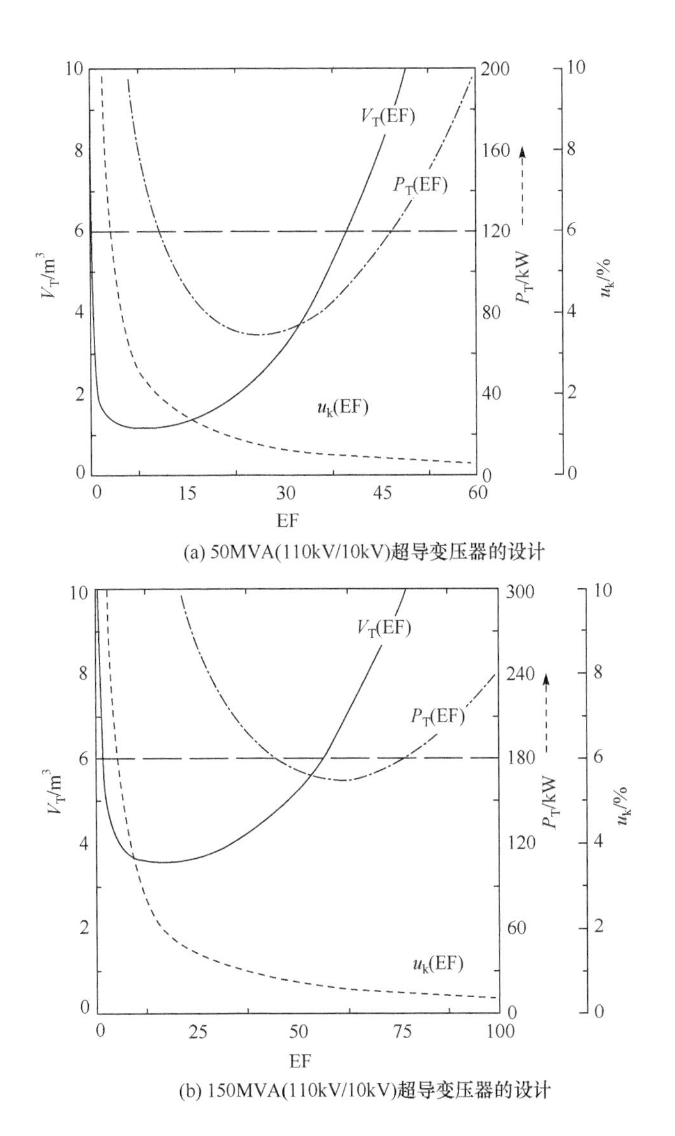

(a) 50MVA(110kV/10kV)超导变压器的设计

(b) 150MVA(110kV/10kV)超导变压器的设计

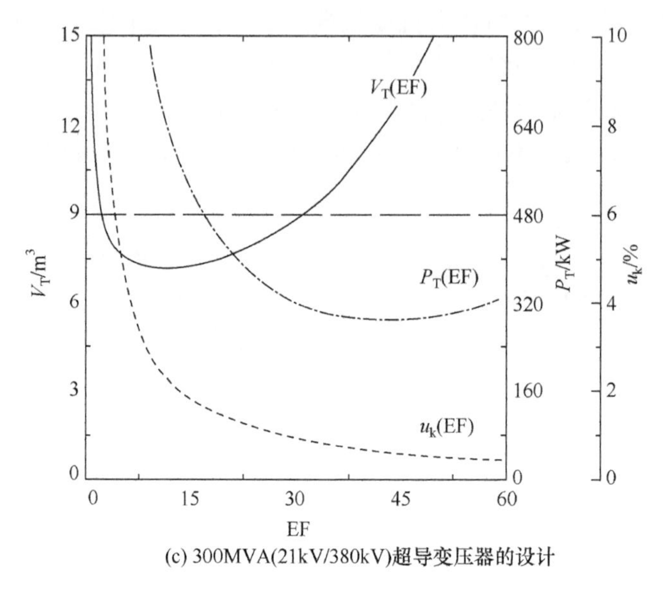

(c) 300MVA(21kV/380kV)超导变压器的设计

图 6-4　高温超导变压器设计

4. 增长规则

以上高温超导电力变压器的设计介绍基于 V/T,该参数的增加将导致匝数减少。为了使铁芯有相同的磁通密度,设计师必须增大铁芯柱的横截面积。减少匝数,因数 μ(窗口的宽度)也将减少,因此需要减小铁芯高度。同时,如式(6-4)所示,增大 V/T,铁芯的体积将会增大,增长规则见表 6-1。

表 6-1　V/T 增大时高温超导变压器增长规则

项目	参数
匝数 N	↓
铁芯的横截面积	↑
窗口的高度 h	↓
窗口的宽度 b	↓
窗口的体积 V_W	↓
铁芯的体积 V_{Fe}	↑

高温超导变压器设计的关键之一是优化。结果表明,通过选择一个每匝电压比值更小的高温超导变压器,可以减小体积和损耗。为优化有关的操作要求,可以利用超导线的效率因数。如果损耗和超导线的价格保持在低水平,则高温超导变压器的相对阻抗电压比较小是一个问题。

6.3　630kVA 电力变压器设计

下面以中国科学院电工研究所与新疆特变电工股份有限公司合作成功研制的 630kVA 变压器为例，来简述超导变压器的设计流程。

1. 铁芯设计

其采用目前最先进的非晶合金铁芯，它的损耗比常规铁芯低 70%。但是非晶合金材料机械性能很差，不能受力，即使自身重力也将会影响其性能。这也是到目前为止，非晶合金铁芯没有用于大型变压器的原因之一，其次，选用磁通密度仅为 1.275T，比常规铁芯低很多。所以在设计、加工和组装非晶合金铁芯时，必须仔细考虑其支撑和加固工艺。630kVA 高温超导变压器铁芯采用的结构型式为三相五柱非晶合金卷铁芯，结构如图 6-5 所示，铁芯设计参数如表 6-2 所示。其中铁芯的窗宽、窗高和实际绕组的高度有关[3]。

图 6-5　杜瓦和五柱铁芯的示意图

表 6-2　变压器铁芯的主要参数

参数说明	数值
型式/材料	三相五柱式/非晶合金
直径/mm	396
净截面积/cm^2	815.03
窗高/mm	870
窗宽/mm	780
磁通密度/T	1.275
匝电势(V/匝)	23.09
高压绕组匝数	262
低压绕组匝数	10

2. 绕组设计

先选择超导带材。630kVA 变压器所用高温超导带材是由美国超导公司生产的 5 芯 Bi2223/Ag 不锈钢密封加强带材。在 77K 温度自场下，它的临界电流大于 115A，主要性能指标如表 6-3 所示。导线匝绝缘采用自行研制的自动包扎机以双半叠包工艺包扎，绝缘材料采用聚酰亚胺薄膜，将其沿导线螺旋包扎。经过 77K 温度下的试验，证明绝缘包扎前后超导带材的超导性能没有发生任何变化，表明绝缘包扎工艺是安全可行的。

表 6-3　Bi2223/Ag 不锈钢密封带材的性能参数

参数说明	数值
带材厚度/mm	0.32(±0.02)
带材宽度/mm	4.8(±0.02)
芯数	55
临界电流①/A	>115
最大允许应力②/MPa	265
最大允许应变②/%	0.4
最小弯曲直径②/mm	70
密封性能	30atm 液氮下耐受 16h

①77K，自场。
②95%临界电流衰减。

超导变压器绕组的型式有多种，常用的有圆筒式、螺旋式、双饼式等。可根据自己设计变压器的不同，选择不同的绕组。630kVA 高压绕组采用圆筒式结构，高压绕组有 8 层，分为 4 组，每组 2 层，每组 2 层间以 6 层聚酰亚胺薄膜作为层绝缘；每组间留有 10mm×0.2mm 的冷却通道。低压绕组采用饼式结构，由 23 个双饼并联而成，每饼 10 匝。绕组中超导带材大部分处于平行于带面的磁场中，但是在绕组的端部，垂直场分量(辐向)较平行场分量(轴向)大。由于高温超导带材在 77K 具有强烈的各向异性，临界电流随垂直带面磁场的增加衰减很快，且垂直场分量会增加绕组的交流损耗。因此，所有绕组用两根并联超导线绕制，为了保证电流分布均匀、减小环流和交流损耗，两根导线必须进行换位。低压绕组同心置于高压绕组的内侧，绕组总共用超导带材 5.1km。由于铁芯采用三相五柱式结构，所以为了保证变压器正常运行，必须增加平衡绕组。平衡绕组以 $\phi 8 \sim \phi 10$ 的铜导线绕制，总长度为 82m。超导变压器绕组的主要设计几何参数如表 6-4 所示。

表 6-4　绕组的主要几何参数

组别	参数说明	型式及数值
高压绕组	绕组型式	多层圆筒式
	层数	8
	匝数	262
	直径(内/外)/mm	488/504
	高度/mm	342.5
低压绕组	绕组型式	饼式
	层数	23
	匝数	10
	直径(内/外)/mm	581/608
	高度/mm	355
平衡绕组	绕组型式	多层圆筒式
	层数	400/440
	匝数	2
	直径(内/外)/mm	10
	高度/mm	122.4

在 8 层高压多层圆筒式绕组中，每隔 2 层置有 2mm 厚撑条，绝缘纸板作为撑条材质，撑条宽度为 10mm，撑条间距为 20mm，沿幅向均匀布置。层间采用 6 层绝缘纸进行绝缘。高、低压绕组的绕组骨架均为 5mm 厚的环氧筒，并在环氧筒外侧沿轴向加工有许多槽，供液氮流通。导线换位是在绕制过程中完成的。

3. 低温杜瓦设计

超导绕组工作于低温环境，如果采用铁芯与绕组同处于低温环境中，即所谓的冷铁芯结构，超导变压器与常规油式变压器相似，制造比较容易。但是变压器铁芯空载损耗始终存在，在低温下铁芯材料电阻率将减小，涡流损耗将增加。在液氮温度下消耗 1W 的功率相当于室温下消耗 15W 的功率，给低温制冷带来很大负担，降低变压器的效率，所以铁芯与绕组必须分开，绕组置于与铁芯隔开的低温杜瓦容器中。

热交换有三种基本方式：固体热传导、对流热交换和热辐射。固体热传导热量的大小与其截面成正比，减小截面可以极大地降低固体导热；对流热交换是气体分子相互碰撞，将热量向温度低的区域传递，真空度增加即气体分子的减少可以减小对流产生的热传递；任何物质，只要温度高于 0 都会通过热辐射向外辐射热量，光滑的金属波箔膜可以将热辐射反射出去,减小辐射漏热。传统的低温杜瓦采用不锈钢材料,强度高,杜瓦内壁可以很薄,有效减小固体热传导;不锈钢密度高、不放气,能够维持真空度,有效减小对流热交换;在杜瓦内外夹层间包绕多层光滑金属箔作为辐射屏,有效地防止热辐射的传播;同时在夹层中间还放置一定量的活性碳以吸附多余的气体分子。所以传统的低温杜瓦一般都采用不锈钢材料制备,具有强度高、真空维持时间长、绝热性能好等优点,不锈钢杜瓦真空度可抽到 10^{-7} Pa以上,真空度可维持两年以上。但是超导变压器用低温杜瓦包围铁芯磁路,因此变压器用杜瓦不能使用任何金属材料,应选用绝缘性能好的玻璃钢材料。在内外杜瓦壁夹层内,防辐射屏的使用与常规杜瓦不同,辐射屏光滑金属箔应该采用带有切口的薄金属箔以免在杜瓦夹层内形成短路环,如图 6-6 所示。由于玻璃钢材料的放气特性,杜瓦真空不能维持很长时间,所以超导变压器用低温玻璃钢杜瓦需要定期抽真空。

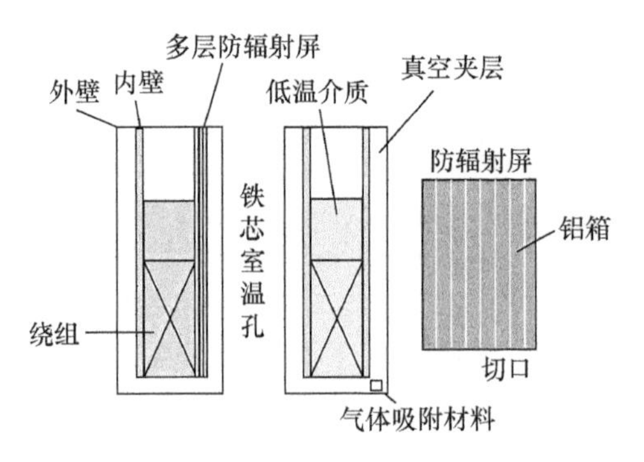

图 6-6　玻璃钢杜瓦结构示意图

玻璃钢杜瓦的尺寸和绕组的尺寸有关,杜瓦内壁要和铁芯以及高压绕组保持一定距离,外壁要和最外面的低压绕组保持一定距离,630kVA 的杜瓦设计高度为680mm,内、外直径分别是 410mm、760mm。

4. 电流引线设计

超导变压器电流引线主要指低压绕组引线。由于低压绕组电流很大,一般采用铜排材料从低温区到室温区过渡。引线传导热损耗占很大比例。选择较大的电流引线截面积,则可减小焦耳热,但却会增加热传导引起的损耗;减小电流引线截面可降低传导热,但会增加焦耳热。因此,对电流引线的几何尺寸进行优化设计,对于超导变压器非常重要。

为了减小低压引线向杜瓦内的传导漏热及引线的焦耳热损耗,对低压引线截面积应进行优化设计,以引线由室温端向低温端漏热最小为目标。引线的优化设计基于一维热传导方程式求解,即

$$\frac{d}{dz}\left[Ak(T)\frac{dT}{dz}\right]-m_1 C_p\frac{dT}{dz}+\frac{\rho(T)I_t^2}{A}=0 \tag{6-9}$$

式中，A 为引线截面积；$k(T)$为热导系数；C_p为比热容；ρ(T)为引线电阻率；T 为沿引线上的温度；I_t为传输电流；m_1为单位时间低温介质的消耗量。

针对 630kVA 超导变压器的性能需求，根据图 5-10 所示的电流引线漏热模拟试验结果，获得低压电流引线的最佳截面为 64mm^2。

6.4　1MVA 电力变压器设计

以一台额定容量为 1MVA、电压分配为 10kV/0.4kV、运行频率为 50Hz 超导变压器设计为例进行概括的设计描述。变压器的铁芯是三相三柱式，表 6-5 是变压器设计基本参数。

表 6-5　变压器设计基本参数

基本参数	数值
相位	3
额定功率	1MVA
初级电压/电流	10kV/57.7A
次级电压/电流	0.4kV/1.44kA
联结组别	Wye-Wye
操作温度	65～67K，过冷液氮

1. 铁芯截面积的确定

用下面的半经验公式来计算

$$D=K\sqrt[4]{P'} \tag{6-10}$$

式中，D 为铁芯直径尺寸；P'为变压器每柱容量；K 为经验系数。K 随电源频率、铁芯磁通密度及结构的变化而变化，对三相双绕组变压器一般取 50～57。

其中对于三相三柱式双绕组变压器铁芯，每柱容量为

$$P'=\frac{S_e}{3} \tag{6-11}$$

式中，S_e为额定容量。

由于变压器铁芯截面的选择与绕组使用材质无关，只是考虑由于超导带材的使用可能允许变压器有更大裕度的过负荷持续运行情况，所以把铁芯截面设计得比同等容量传统变压器要大，故在此经验系数选为 54，则 1MVA 超导变压器铁芯截面圆直径为

$$D=54\times\sqrt[4]{1000/3}\approx 230(\text{mm}) \tag{6-12}$$

2. 高低绕组匝数的确定

最大磁通密度 B_m 的选择：当 B_m 取得较大值时，可以节省铁芯材料消耗，但 B_m 取得越大，越接近饱和点，将使励磁电流和铁耗大大增加，从而使变压器运行性能恶化。对于我国目前最常用的冷轧硅钢片，设计中的取值范围为 1.55～1.75T。对于中、小型变压器，一般为 1.55～1.65T；对于大型变压器，一般为 1.7～1.75T。

此时对于 1MVA 的变压器，考虑到变压器实际运行的特点：在过励磁 5%（即电压超过 5%）时，在额定容量下能够连续运行；在过励磁 10%时能够空载运行。并且对于超导变压器还要求能抵抗更大容量的过励磁状况运行特性，所以在初选磁通密度时需要选择得相对比较低。这样做还有一个好处就是能够减小铁芯温升，一定程度上延长铁芯叠片之间的绝缘层老化时间，提高超导变压器的运行可靠性。鉴于以上考虑，在结合硅钢片性能参数后，选定初步计算的磁通密度 B_m' 为 1.6T。

1）匝电动势的初选值

先计算铁芯有效截面积

$$A_Z=\frac{1}{4}\pi D^2 K_{SF}K_{fd} \tag{6-13}$$

通过铁芯的直径查表得铁芯柱的级数为 9 级，则其对应的填充系数为 0.95，然后取叠片系数为 0.97，可得 $A_Z=\frac{1}{4}\pi\times 23^2\times 0.95\times 0.97\approx 382.8\text{cm}^2$，匝电动势 $E_t'=B_m'A_Z/45=1.6\times 382.8/45\approx 13.61\text{V}$。

2）低压绕组的计算

$$N_2=\frac{U_2}{E_t'}=\frac{400}{\sqrt{3}\times 13.61}\approx 17(\text{匝}) \tag{6-14}$$

因此验证实际的匝电动势 E_t 和铁芯实际的磁通密度 B_m 为

$$E_t=\frac{U_2}{N_2}=\frac{400}{\sqrt{3}\times 17}=13.58(\text{V}) \tag{6-15}$$

$$B_m=\frac{45U_2}{N_2A_Z}=\frac{45\times 400}{\sqrt{3}\times 17\times 382.8}=1.5985(\text{T}) \tag{6-16}$$

3）高压绕组的计算

$$N_2=\frac{U_2}{E_t'}=\frac{10000}{\sqrt{3}\times 13.58}\approx 425(\text{匝}) \tag{6-17}$$

可以知道，铁芯直径为 23cm，有效截面积为 382.8cm²，高低绕组匝数分别为 425 匝和 17 匝。铁芯设计参数见表 6-6，其结构示意图见图 6-7。

表 6-6　铁芯设计参数

基本参数	数值
材料	武钢硅铁高导磁冷轧取向硅钢片 23RB035
结构	双绕组三柱式，45°斜接缝 D 型轭叠铁芯结构
铁芯直径	23cm
铁芯截面积	382.8cm^2
窗高/窗宽	40cm/75cm(和绕组尺寸有关)
磁通密度	1.6T
每匝电压	13.58V

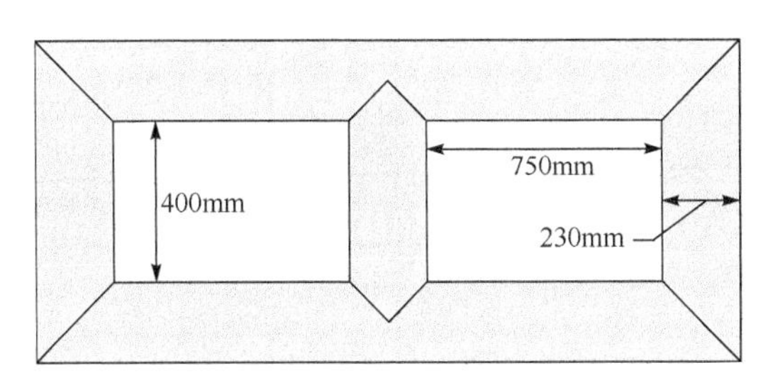

图 6-7　铁芯结构示意图

3. 高低压绕组设计

高压绕组(初级)：由 5 个共轴同心螺线管串联而成；每个螺线管包括 17 个轴向线圈层；每个轴向线圈层包括 5 个线圈匝数；每匝线圈由单根 DI-BSCCO 带材绕制而成；绕组总匝数为 5×17×5=425 匝。高压绕组设计参数见表 6-7，其结构示意图见图 6-8。

表 6-7　高压绕组设计参数

项目	基本参数	数值
螺线管参数	材料	日本住友电气 DI-BSCCO 带材
	结构	五个共轴同心螺线管串联形式
	最内层螺线管与铁芯表面距离	15.7cm
	相邻螺线管的空隙距离	0.8cm
	螺线管高度/宽度	10.85cm/0.19cm
	单螺线管匝数	轴向 17 层×每层 5 匝
	总匝数	17×5×5=425

续表

项目	基本参数	数值
带材参数	带材并绕根数	1
	带材厚度/宽度	0.03cm/0.45cm
	同层相邻带材的空隙距离	0.01cm
	相邻层的带材的空隙距离	0.2cm

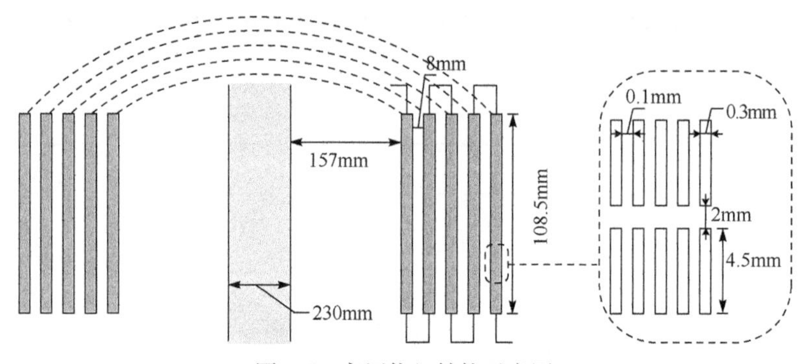

图 6-8 高压绕组结构示意图

低压绕组(次级):由 1 个螺线管组成;该螺线管包括 17 个轴向线圈匝数;每匝线圈包括 10 根并联的 DI-BSCCO 带材;其中,10 根并联的 DI-BSCCO 带材被分成 5 组,每组 2 根带材;每组中的 2 根带材通过低温胶粘牢后,分别深入至 5 根空芯柔性管道内;相邻空芯柔性管道间采用支撑条连接,进而组成一个装配整体;过冷液氮可以通过导线间的空隙,对每个 DI-BSCCO 带材进行完全浸泡,达到良好的制冷效果。低压绕组设计参数见表 6-8,其结构示意图见图 6-9。

表 6-8 低压绕组设计参数

项目	基本参数	数值
螺线管参数	材料	日本住友电气 DI-BSCCO 带材
	结构	单螺线管
	最内层螺线管与铁芯表面距离	5cm
	螺线管高度/宽度	10.85cm/6.7cm
	单螺线管匝数	轴向 17 匝
带材参数	每匝的带材并绕根数	10
	每匝的带材组数	5
	带材厚度/宽度	0.03cm/0.45cm
	同层相邻带材组的空隙距离	1.6cm
	相邻层的带材组的空隙距离	0.2cm

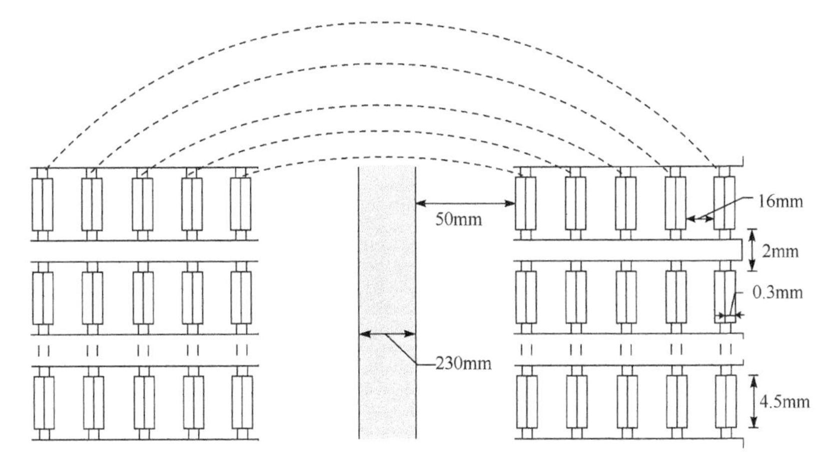

图 6-9　低压绕组结构示意图

4. 低温杜瓦设计

低温杜瓦设计参数见表 6-9,其结构示意图见图 6-10。

表 6-9　低温杜瓦设计参数

基本参数	数值
材料	玻璃钢 GFRP
结构	空心圆柱结构,真空绝热
内/外直径	25cm/70cm
高度	25cm
内壁与铁芯表面距离	1cm
杜瓦内层宽度	22.5cm

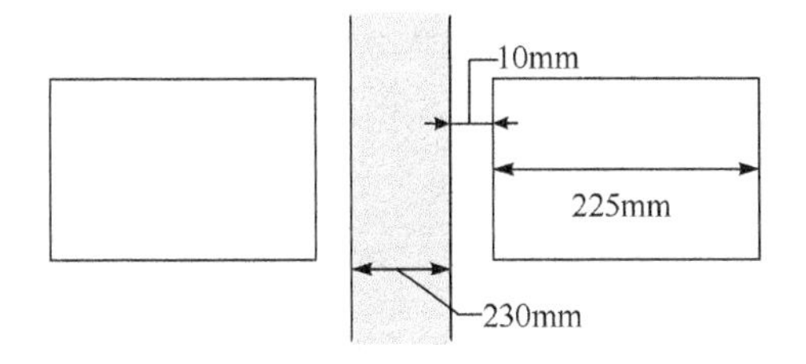

图 6-10　低温杜瓦结构示意图

5. 变压器电磁分析

1) 高压绕组

当 1MVA HTS 变压器完全负载时,HV 和 LV 绕组电流的峰值 I_{peak} 分别为 81.59A 和 2.03kA。相应的 HV 绕组的电磁场分布如图 6-16 所示。由于初级绕组和次级绕组安匝几乎相等，图 6-11 中的电磁场分布则类似于一个空心螺线管。DI-BSCCO 带材最宽表面的平行磁场占了内部磁场分布的很大一部分。然而随着两个线圈末端越来越接近，垂直磁场分量越来越大。由于 DI-BSCCO 带材有很强的各向异性磁场，在末端的安匝磁场小于中间安匝的磁场。

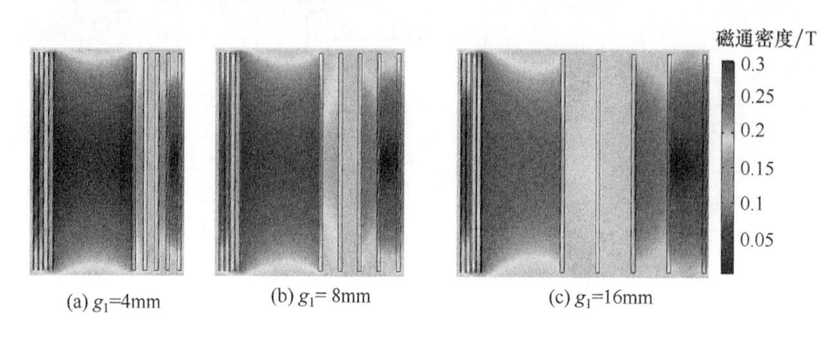

图 6-11　HV 绕组的磁场分布

从 HV 绕组和 LV 饶组的内壁到外壁，5 个螺线管组被定义为 $N_{group}=1, 2, \cdots, 5$。从 17 个轴向层的顶部到底部，被定义为 $N_{layer}=1, 2, \cdots, 17$。高压绕组和低压绕组两个相邻轴向层之间的空隙分别定义为 g_1 和 g_2。图 6-12 是高压绕组顶端的线圈层($N_{layer}=1$)临界电流 I_c 随 g_1 的变化。随着 g_1 的增大，每组的临界电流随之增大到一个饱和值，两个相邻轴向层放置的安全性也随之增大。但是，相应地则需要更大体积的杜瓦来对高压绕组进行冷却。在设计中选择了一个合适的值 $g_1=8$mm，所有线圈匝最小的临界电流为 266. 5A，电流的峰值和它的比例 $I_{peak}/I_c=0.306$。

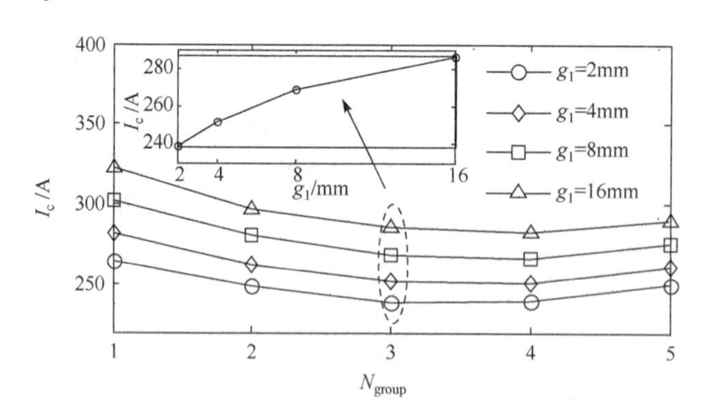

图 6-12　HV 绕组顶端线圈层的临界电流分布

2）低压绕组

随着 g_2 的大小不同，低压绕组的电磁场分布如图 6-13 所示。低压绕组顶端的线圈层($N_{layer}=1$)临界电流 I_c 随 g_1 的变化如图 6-14 所示。相似地，随着 g_1 的增大，每组的临界电流随之增大到一个饱和值，选择了一个合适的值 $g_2=16$mm。

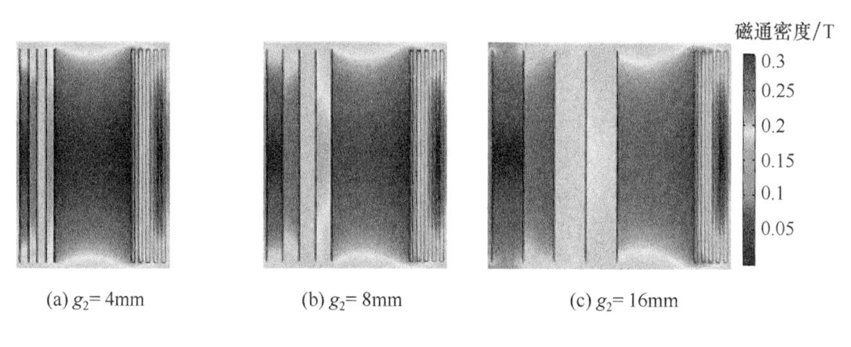

(a) $g_2=4$mm　(b) $g_2=8$mm　(c) $g_2=16$mm

图 6-13　LV 绕组的磁场分布

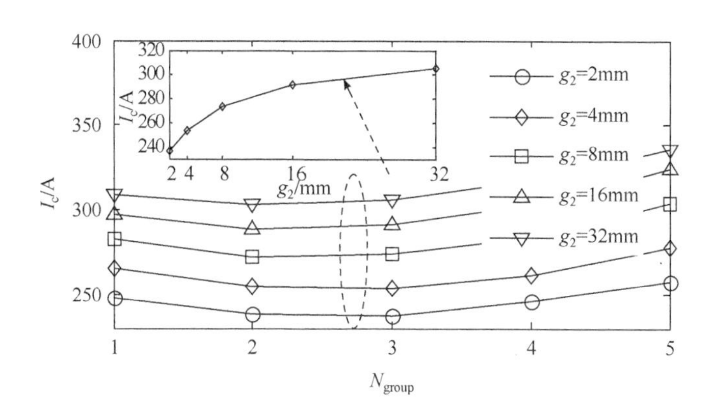

图 6-14　LV 绕组顶端线圈层的临界电流分布

3）加入分磁器后临界电流的特点

为了提高末端线圈的可操作电流，最简单的方法是采用两个或多个饼式线圈作为一个单元，直到两个线圈的末端。但是，它会需要更多的带材和花费，同时会产生更多的接头。研究表明，在线圈的两端加入分磁器可以有效提高临界电流[4]。在设计中，采用一种磁导率为 40 的铁粉芯，如图 6-15 所示。仿真的铁粉芯的漏磁通密度大约为 1T。在线圈顶端的磁通密度比没有分磁器的末端线圈的磁通密度要小得多。

相应地，带有分磁器的高压绕组和低压绕组的临界电流会有明显的提高。图 6-16和图 6-17 分别展示了高压绕组和低压绕组临界电流的对比图。高压绕组和低压绕组最小的临界电流分别提高到 307.5A 和 326A，分别是没有分磁器绕组的 1.15 倍和 1.13 倍。此外，加入分磁器，还能使工作电流更加均匀，图 6-18 是低压绕组电流分布的情况，其中 K_1 是每组的电流值占所有组电流总和的比例，从图中可以看出，加入分磁器后的值在每组分布较均匀，最大值为 0.215，和平均值 0.2

接近。表 6-10 是绕组端部有无分磁器的临界电流的对比。

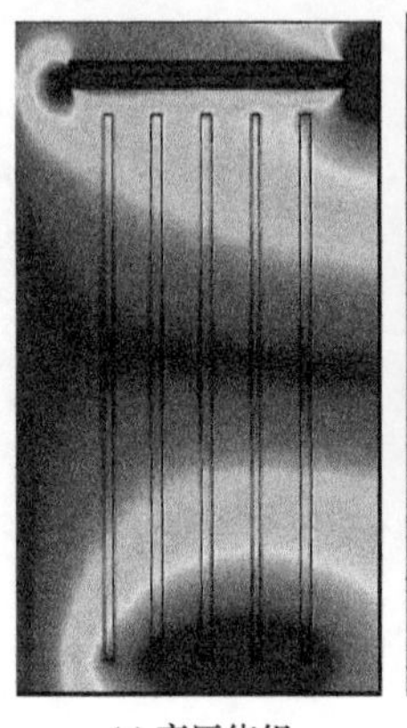

(a) 高压绕组

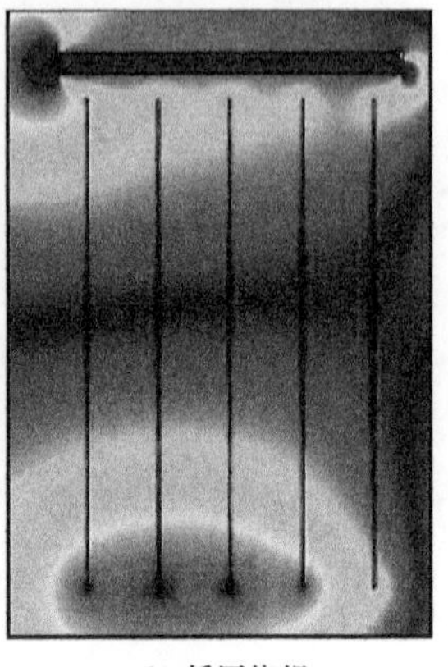

(b) 低压绕组

图 6-15　有分磁器和无分磁器垂直磁场分布图

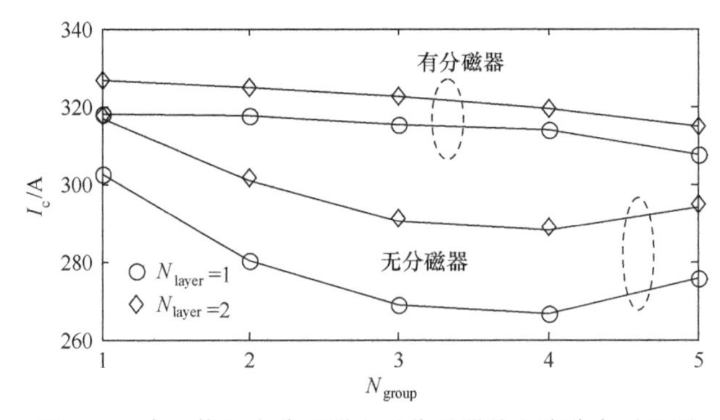

图 6-16　高压绕组有分磁器和无分磁器的电流分布对比图

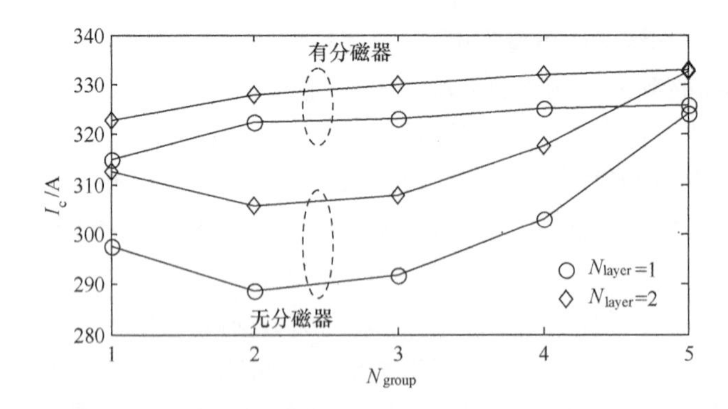

图 6-17　低压绕组有分磁器和无分磁器的电流分布对比图

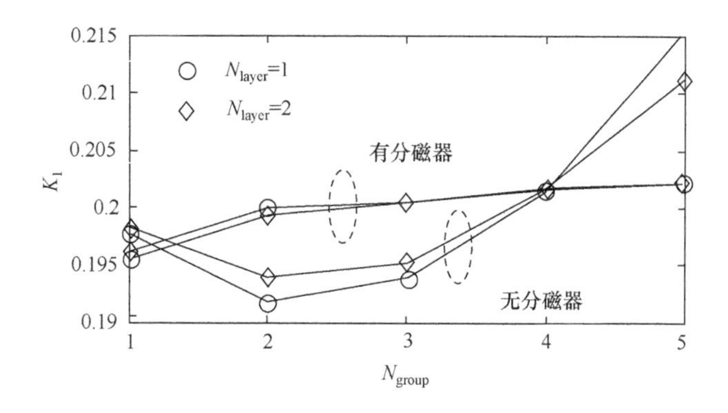

图 6-18　低压绕组不同带材组的电流分布情况

表 6-10　绕组端部有无分磁器的临界电流的对比

基本参数	绕组端部无分磁器	绕组端部有分磁器
高压绕组工作电流峰值	81.6A	81.6A
高压绕组临界电流	266.5A	307.5A
低压绕组工作电流峰值	2036A	2036A
低压绕组临界电流	292A×10	326A×10

6. 变压器性能分析

设计的 1MVA 用超导绕组代替传统变压器的铜绕组。传统变压器设计中，低压绕组的内外直径分别是 238mm 和 334mm，高压绕组的内外直径分别是 462mm 和 606mm，铁芯体积为 0.25m^3，是超导变压器的 1.1 倍。另外，可以提高初级绕组的匝数，进一步减小超导变压器的体积。图 6-19 是 1MVA HTS 变压器的

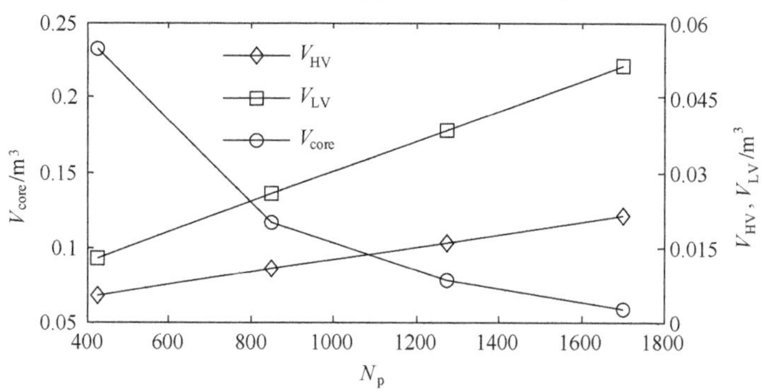

图 6-19　V_{core}、V_{HV}、V_{LV}和匝数 N_p的关系

V_{core}、V_{HV}、V_{LV}和匝数 N_p的关系。尽管随着匝数的增加，铁芯体积有很明显的增加，但是由于超导带材的高临界电流密度，高压绕组和低压绕组的体积增加得很慢。当匝数从 425 上升到 1700 时，铁芯的有效界面积从 382.8cm^2 下降到 95.7cm^2。

传统 1MVA 变压器的工作损耗为 8.74kW，其中空载损耗 1.21kW，电阻损耗 7.25kW，涡流损耗 0.13kW，杂散损耗 0.15kW。可以看到由绕组电阻引起的损耗占总损耗的 0.83。1MVA 超导变压器的运行损耗主要由磁滞损耗、耦合损耗、涡流损耗组成[5]。忽略电流引线和杜瓦的漏热损耗，计算的在 65K 下的变压器的运行损耗为 0.42kW。当制冷系统冷却绕组时，考虑到实际卡诺循环的效率，制冷机所需要的能量大约为 1.8～3.6kW[6]。表 6-11 给出了变压器运行损耗。

表 6-11　变压器运行损耗

基本参数	数值
高压绕组损耗	30W×3
低压绕组损耗	110W×3
电流引线漏热	400W
低温杜瓦漏热	120W
总热负荷	970W

6.5　3MVA 牵引变压器设计

3MVA 高温超导变压器技术条件如表 6-12[7]所示。

表 6-12　3MVA 高温超导变压器工作环境指标

基本参数	数值
海拔高度	不超过 2500m
最高周围空气温度	+40℃
最低周围空气温度	−45℃
最高年平均温度	+25℃
周围空气湿度	最湿月月平均最大相对湿度不超过 90%（该月月平均最低温度不高于+25℃）

振动和冲击振动是正弦波形，振动频率在 1～50Hz，振幅 A(单位为 mm)为 f 的函数，由式(6-18)表示，即

$$A=\begin{cases}25/f, & 1\text{Hz}\leqslant f\leqslant 10\text{Hz}\\ 250/f^2, & 10\text{Hz}\leqslant f\leqslant 50\text{Hz}\end{cases} \tag{6-18}$$

使用中能承受最大冲击加速度:机车车辆运动方向(纵方向)为 30m/s^2,水平方向(横方向)为 20m/s^2,垂直方向 10m/s^2;额定工作电压为 25000V(初级)/860V(次级),初级最高电压为 29kV,初级最低电压为 17.5kV,频率为 50Hz,相数为单相。3000kVA 变压器主要设计参数见表 6-13。

表 6-13　变压器主要设计参数

项目	参数
容量 S_N/kVA	3000
相数 m_p	1
频率 f/Hz	50
额定电压($U_1/U_2/U_3$)/V	25000/960.3×4/860
额定电流($I_1/I_{21}/I_{22}$)/A	116.6/658×4/450
温升考核电流($I_{1w}/I_{21w}/I_{22w}$)/A	101.4/559.3×4/366
二代超导线材截面/mm^2	4.2×0.23
阻抗电压	25%
冷却方式	液氮开式循环冷却
运行温度/K	66～77

1. 铁芯结构设计

材料	30Q130
结构形式	两柱芯式
芯柱直径	$D=180\text{mm}$
芯柱有效面积	$A_z=225.34\text{cm}^2$
铁芯磁通密度	$B_{m1}=1.5986\text{T}$
铁芯窗宽	$B_{B0}=2(b_1+b_4+B_{HL})=350\text{m}$
铁芯窗高	$H_B=h_x+H_L+h_s=200+940+220=1380\text{mm}$
铁芯外围宽	$B_{B1}=2D+B_{B0}=710\text{mm}$
铁芯外围高	$H_{H1}=H_{H0}+2b_c=1517\text{mm}$
中心距	$M_0=B_{B0}+D=530\text{mm}$
角质量	$G_{jiao}=62.69\text{kg}$
轭质量	$G_{Fe1}=2A_z\times B_{B0}\times 7.65\times 10^{-4}=121\text{kg}$
心柱质量	$G_{Fe2}=2A_z\times H_{H0}\times 7.65\times 10^{-4}=476\text{kg}$

总质量　　$G_{Fe}=G_{jiao}+G_{Fe1}+G_{Fe2}=660\text{kg}$

铁芯铁损　　$1.5<B_m<1.6$ 时，$k=1.28\times B_m-1.244$

损耗　　$P_{Fe2}=1.2kG_{Fe}=637\text{W}$

2. 超导绕组设计

绕组排列方式如图 6-20 所示。图中 GY1～GY4 为高压绕组；DY1～DY4 为低压牵引绕组；DY5 为列车供电绕组。GY1～GY4 为连续式线圈；DY1～DY4 为双螺旋式线圈；DY5 为双螺旋线圈。GY1～GY4 导线并绕根数为 1 根导线；DY1～DY4 为 12 根并绕；DY5 为 8 根并绕。初级、次级额定电流密度最大值为

$$j_1=\sqrt{2}I_1(a_1\times s_0)=85.35(\text{A/mm}^2) \tag{6-19}$$

$$j_{21}=\sqrt{2}I_{21}(a_{21}\times s_0)=80.28(\text{A/mm}^2) \tag{6-20}$$

$$j_{22}=\sqrt{2}I_{22}(a_{22}\times s_0)=82.35(\text{A/mm}^2) \tag{6-21}$$

初级、次级温升考核电流密度为

$$j_{w1}=\sqrt{2}I_{w1}(a_1\times s_0)=74.22(\text{A/mm}^2) \tag{6-22}$$

$$j_{w21}=\sqrt{2}I_{w21}(a_{21}\times s_0)=68.24(\text{A/mm}^2) \tag{6-23}$$

$$j_{w22}=\sqrt{2}I_{w22}(a_{22}\times s_0)=68.98(\text{A/mm}^2) \tag{6-24}$$

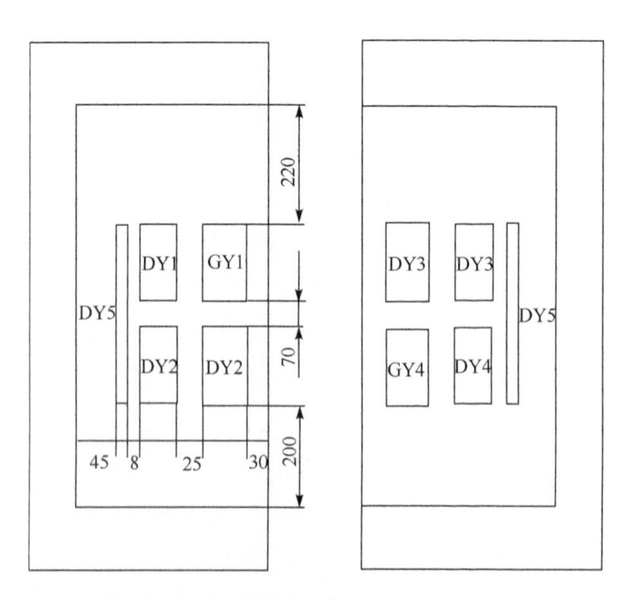

图 6-20　变压器绕组排列方式(单位：mm)

绕组匝数：高压线圈匝数 3124 匝；牵引线圈匝数 120 匝；列车供电线圈(DY5)匝数 108 匝；匝电势为 8.0025V/匝。

高压绕组为双饼式结构，分 4 个线圈，每一铁芯柱上有 2 个，沿轴向排列，每个线圈沿轴向分为 A、B、E1、E 四种线段。同一个柱上的上线圈自上至下各线段的排列顺序为 A 段、B 段、E1 段及 E 段，下线圈的各线段与上线圈上下对称。A 段线圈双饼数 $M_A=1$；B 段线圈双饼数 $M_B=1$；E1 段线圈双饼数 $M_{E1}=1$；E 段线圈双饼数 $M_E=15$。A 段线圈匝数为 17 匝/线饼；B 段线圈匝数为 20 匝/线饼为 E1 段线圈匝数为 24 匝/线饼；E 段线圈匝数为 2×24 匝/双饼。

低压绕组结构：每个铁芯柱上沿轴向布置 2 个绕组。每个绕组沿径向分 4 层线圈，各层线圈之间串联，每层线圈 30 匝，每匝用"径向 6 根×轴向 2 根"绕制。螺旋数 N_L为 2；每柱径向线圈数 N_x为 4；每层线圈匝数 $W_c=W_{21}/N_x=120/4=30$；每层螺旋径向并绕根数 $N_b=a_{21}/N_L=6$；径向并绕导线之间的气隙 0.5mm；2 个线圈中间气道宽 10mm；匝间气隙 4.5mm；单层线圈幅向尺寸 9mm；绕组轴向高度 435mm；绕组电抗高度 421mm；绕组幅向尺寸 46mm。

列车供电线圈结构：列车供电绕组由 2 个线圈构成，采用双螺旋结构线圈，每柱铁芯上布置 1 个线圈，2 柱线圈串联；每柱线圈 54 匝。螺旋数量旋数 N_L 为 2；每柱径向线圈数 N_x为 1；每层线圈匝数 $W_c=W_{22}/2/N_x=108/2/1=54$；两单螺旋间不留气隙，即每匝高 9mm；绕组轴向高度 828mm；绕组电抗高度 813mm。

变压器主绝缘距离：低压绕组 1 与低压绕组 2 之间的距离为 8mm；高压绕组与低压绕组 1 之间的距离为 25mm；因为低压绕组 1 较高，取低压绕组 1 上端部与上铁轭间的距离为 220mm；低压绕组 1 下端部与下铁轭间的距离为 200mm。

线圈平均半径：低压绕组 2 平均半径为 136.5mm；低压绕组 1 平均半径为 169mm；高压绕组 1 平均半径为 226mm。

超导线长度和质量：高压绕组导线长 $L_H=a_1\times W_1\times\pi\times 2\times R_{cp1}/1000=8872\text{m}$；低压绕组 1 导线长 $L_{L1}=4\times a_1\times W_{21}\times\pi\times 2\times R_{cp21}/1000=6117\text{m}$；低压绕组 1 导线长 $L_{L2}=a_1\times W_{22}\times\pi\times 2\times R_{cp22}/1000=741\text{m}$；导线计算总长度 $L=L_H+L_{L1}+L_{L2}=15730\text{m}$；导线质量 $G_L=(L\times 10)\times(s_0\times 10^{-4})\times 9=137\text{kg}$；导线损耗 $P_1=1.2\times L\times 0.05=1022.45\text{W}$。

变压器线圈装配：变压器绕组总幅向尺寸 $B_{HL}=B_{L1}+B_{L2}+B_H+b_1+b_2=100\text{mm}$；变压器线圈装配图见图 6-21。

完成对 3000kVA 高温超导变压器进行概念设计后，将各主要参数与国内近期研制的容量相近的"先锋"号动车组变压器进行对比，如表 6-14 所示，外形见图 6-22。

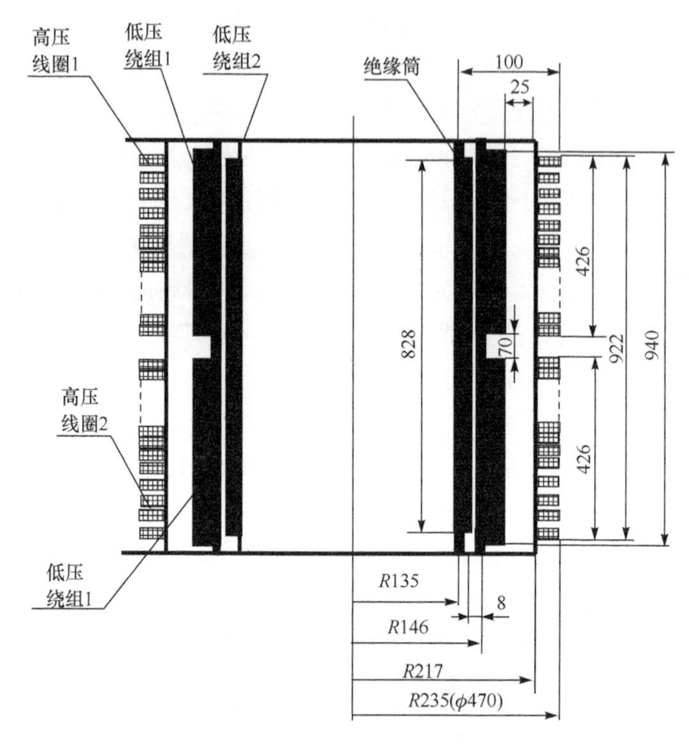

图 6-21 一个铁芯柱上绕组装配图(单位:mm)

表 6-14 3000kVA 高温超导变压器与国内近期研制的容量相近的"先锋"号动车组变压器进行对比

项目	3017kVA"先锋"号电动车组变压器(油浸式变压器)	3000kVA 电动车组高温超导变压器(二代超导线材)	指标对比
容量/kVA	3017	3000	基本一致
电压/kV	25	25	一致
冷却方式	变压器油	液氮	不一致
使用线材	铜线	超导二代线材	不一致
尺寸(长×宽×高)/mm	2538×2329×823	2017×1200×652	尺寸缩小 67.6%(未包含超导变压器液氮罐尺寸)
质量/kg	5700	2278.5	质量减少 60%
效率/%	96.5	99.67	效率提高 3.17%

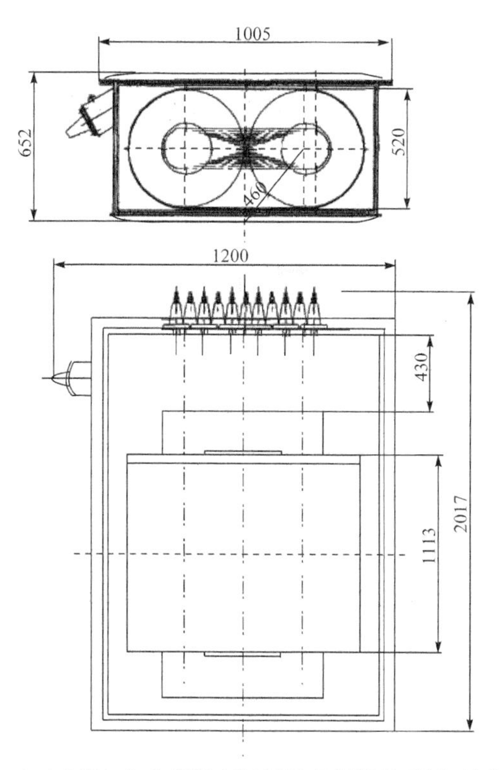

图 6-22　3000kVA 电动车组高温超导变压器外形图(单位:mm)

6.6　100MVA 大型变压器设计

1. 铁芯和绕组

设计的 100MVA 超导变压器和传统的 60MVA 变压器尺寸相似。传统变压器的占地为 8m×10m,由 3 个 20MVA 的变压器组成。表 6-15 为高温超导变压器的参数。组带材采用 YBCO 涂层导体,涂层导体宽 4mm,厚 0.2mm;120A(77K)、228A(65K)。额定电流为每个涂层导体的 70%。初级绕组和次级绕组的电流为 Y 型连接,第三绕组为三角形绕组。为了降低交流损耗,绕组采用同芯式的排列,顺序是第三级、初级、次级、初级,对应的匝数分别为 66、115、132、115,绕组的高度为 2.3m。初级绕组和次级绕组相距 100mm,初级绕组的第三绕组相距 50mm。初级绕组采用"连续的磁盘绕组",次级绕组和第三绕组采用的是层式结构,第三绕组供给维护变电站所需的电能,它的额定电压是 6.6kV。图 6-23 为绕组的分布图,图 6-24 为铁芯和绕组的分布结构图[8,9]。

表 6-15　高温超导变压器的参数

绕组及铁芯	容量	值
初级绕组	电压/电流	154kV/0.37kA
	绕组类型	连续磁盘绕组
次级绕组	电压/电流	22.9kV/2.5kA
	绕组类型	层式绕组
第三绕组	电压/电流	6.6kV/1.6kA
	绕组类型	层式绕组
铁芯	磁通密度	1.4T

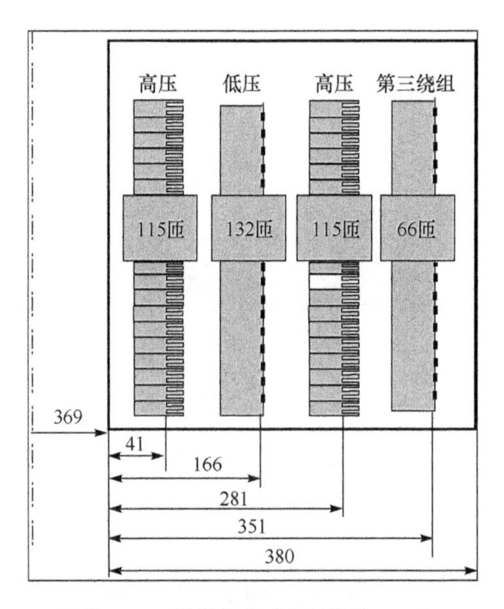

图 6-23　绕组的分布图(单位:mm)

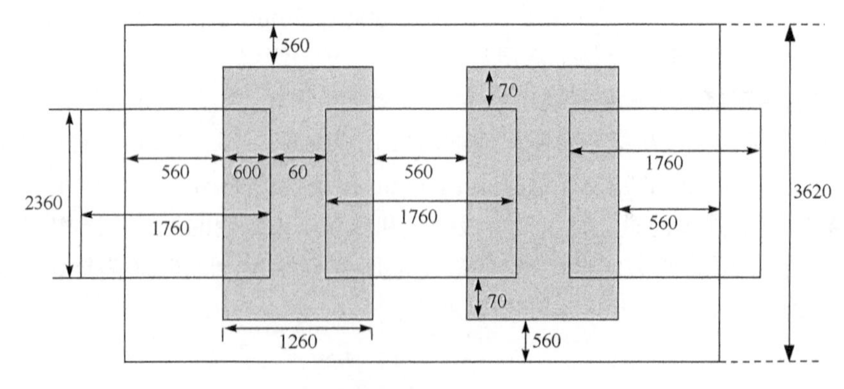

图 6-24　铁芯和绕组设计结构(单位:mm)

随着绕组之间空隙的增大，绕组的交流损耗和阻抗比也随着增大，如图 6-25 所示。传统的 60MVA 的阻抗比为 15%，最终把 100MVA 的超导变压器设置为 12%。

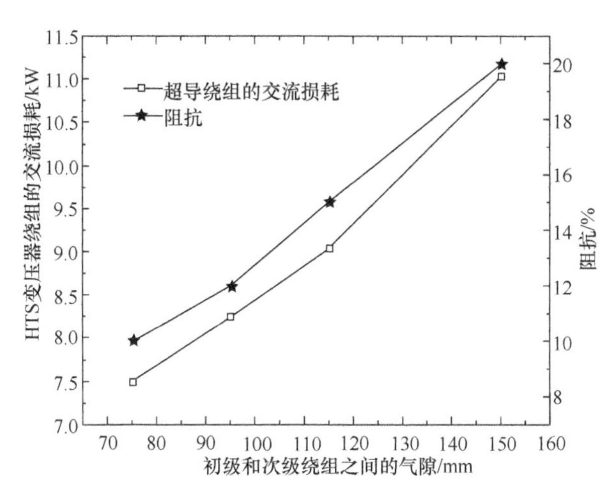

图 6-25　交流损耗、阻抗比和绕组气隙之间的关系

2. 冷却系统

变压器的工作温度设计在 67K 以下，以提高绕组的临界温度。主要的杜瓦带有一个室温孔，这个杜瓦在侧面和底部有真空夹层和超强绝热的隔热层。主杜瓦和次杜瓦分别由玻璃钢和不锈钢材料制作。由冷却机、低温泵和热交换器提供的 65K、1atm（1atm≈1.01×10^5 Pa）液氮，可以使超导线圈冷却到 67K，冷却系统见图 6-26。经过低温泵进行流动冷却到 65K 的液氮由次杜瓦通过传输线传给变压

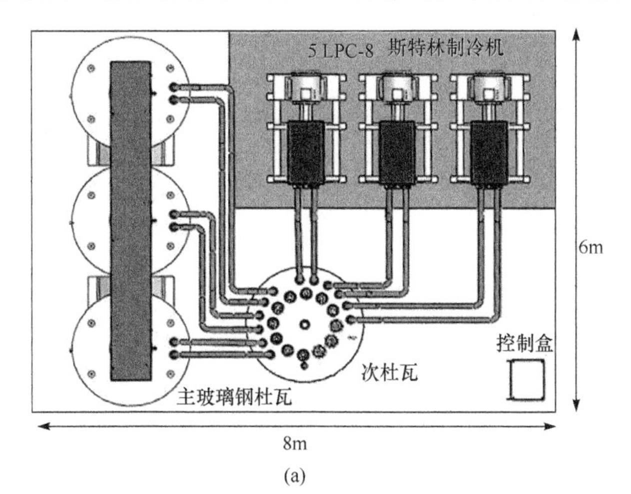

(a)

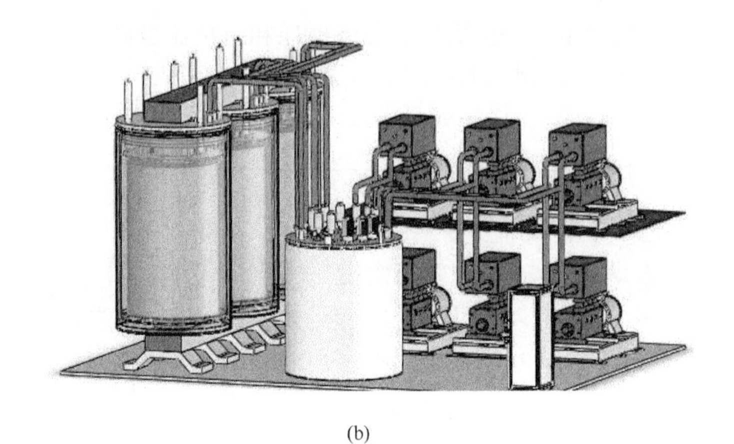

(b)

图 6-26　制冷系统布局图

器的杜瓦。在传输线的底部液氮分成两部分，一部分流入圆环管，一部分注入变压器绕组里，已经被加热的液氮可以再次回到储存液氮的杜瓦里面。图 6-27 为低温杜瓦图。

3. 交流损耗

高压绕组的交流损耗分别为 2.1kW、3.3kW，低压绕组的损耗为 2.3kW，三个损耗总和为 7.7kW。每个绕组的漏磁通如图 6-28 所示。

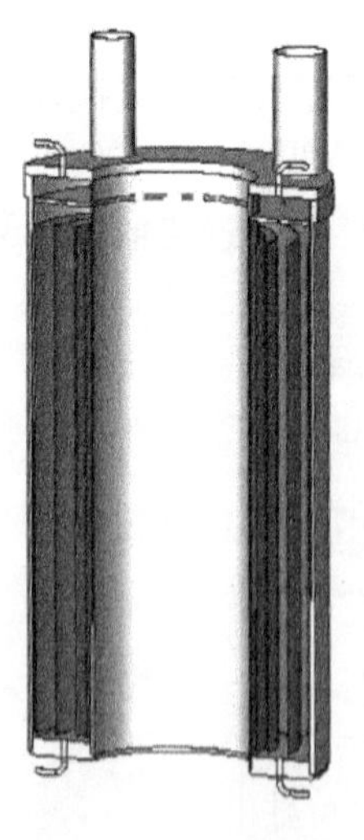

图 6-27　低温杜瓦图

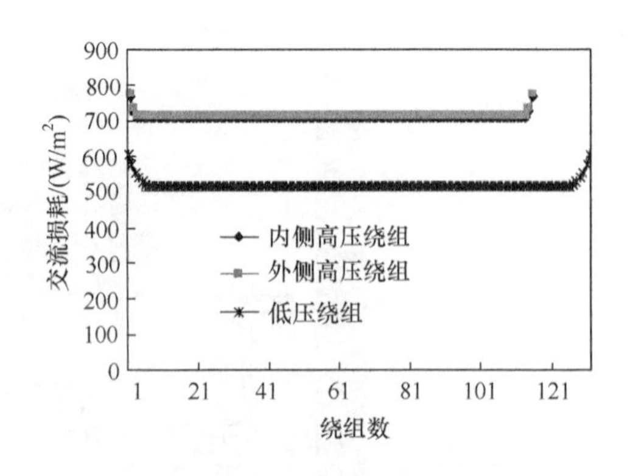

图 6-28　绕组的交流损耗

图 6-29 是三个不同入口位置温度的分布。从图中可以看出，绕组温度从底部到顶部逐渐升高，最高温度出现在高压绕组的最上端线圈。高压绕组的大部分温

度都在 67K 以上,低压绕组一半的温度也在 67K 以上。采用层式绕组的低压绕组比高压绕组有较低的交流损耗,温度也比高压绕组低。

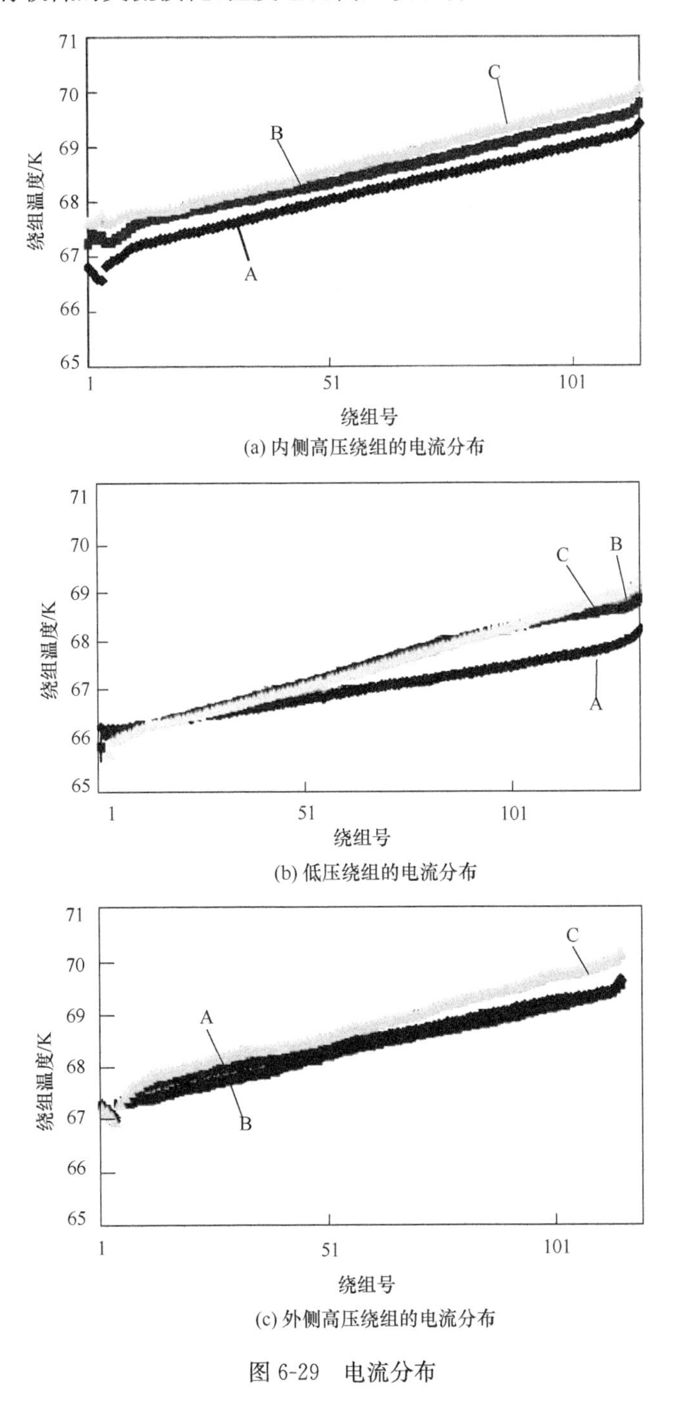

图 6-29　电流分布

最终设计的 100MVA 超导变压器的尺寸是传统变压器的 71%，参数对比如表 6-16 所示，超导变压器的铁损为 18.3kW，漏热参数如表 6-17 所示。

表 6-16　100MVA 超导变压器和 60MVA 传统变压器参数对比

类型	容量/MVA	V/T	占地面积/m²	体积/m³	容积率/(m²/MVA)	效率/%
传统变压器	60	≈100	16.53	109.4	0.28	99.3
超导变压器	100	100	11.74	77.65	0.12	99.4

表 6-17　100MVA 超导变压器漏热参数

参数	数值
主杜瓦	1.5kW
次杜瓦	0.1kW
传输线	0.07kW
交流损耗	23.28kW
总损耗	26.78kW
液氮流动速度	450L/min
总制冷容量	28kW
冷却系统中能量消耗	455.26kW
制冷机的惩罚因子	17W/W

6.7　240MVA 大型变压器设计

240MVA 超导变压器的主要参数如表 6-18 所示。

表 6-18　240MVA 变压器的主要参数

参数	数值
额定容量	240000kVA
额定电压	400/132kV
抽头	132kV(+15%～5%)14 级±中性点)
额定电压下的线电流	346/1054A
接线	Y/Y_0 自耦
电抗保证值	20%

续表

参数		数值
额定电流密度	串联绕组①	39.1A/mm²
	公共绕组①	36.9A/mm²(最小分接头位置,为 39.6A/mm²)
	分接绕组	3.0A/mm²(常规)

① 由超导和基质材料构成的复合导体截面平均。

1. 铁芯和绕组[1]

图 6-30 为铁芯一个窗口的剖面图,其绕组布置图中的分接头之间有薄层绝缘带。边缘部分暴露于冷却剂中。公共绕组也可能增用加强带,多半用不锈钢带铆焊在导体上加固和增加线饼的支撑,有助于承受短路力。

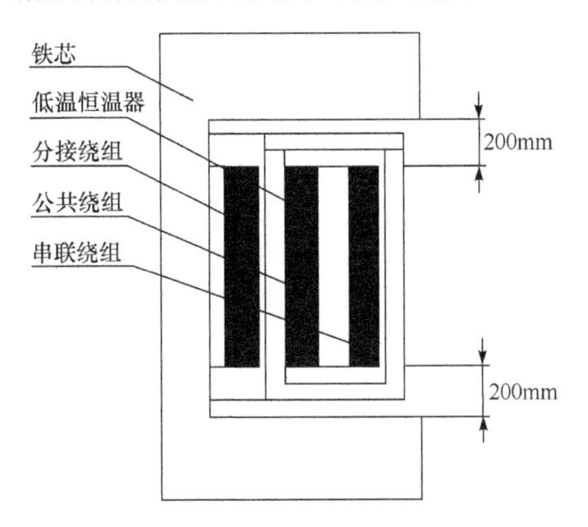

图 6-30　窗口截面的一半(不按比例)

为了机械牢固性,建议采用固体绝缘圆盘代替绕组线饼之间的常规垫层。在圆盘两面开有冷却径向凹槽。超导体与冷却剂接触的面积占公共绕组总边缘面积的 17%,占串联绕组总边缘面积的 33%(由于机械强度的要求,上述两个数值受到限制)。公共绕组和串联绕组均由间隔均匀的轴向杆支撑,支撑面积约为内表面的 25%。串联绕组的外侧封装在一个不间断的管中,在每个凹槽处有径向孔洞。

公共绕组与串联绕组之间的环形间隔比绝缘要求的大,由电抗要求确定。理论上,该环形间隔应充满液氮。但是,需要某种形状的夹紧杆贯穿整个绕组高度。众所周知,圆形杆将在周围液体/气体中引起应力集中。因此,建议在径向用一些加强肋填满空腔,在圆周方向等距离布置,将两个最低的连接线从串联和公共绕组向上穿过低温恒温器盖也可能有好处。因此,建议导线穿过分隔肋中的通道。

2. 动态热稳定性

高温超导体的抗局部暂态影响天生比低温超导体稳定得多。高温超导体的比热容较高,对暂态温度变化的敏感程度小得多,绝热稳定范围大得多。如果发生故障失去超导性,在发生不可逆转的损坏之前,有足够的时间(超过 15s)来断开变压器。但是,绕组的热容量比传统变压器小得多。穿越性故障使绕组温度很快上升到不能在线恢复的程度。

3. 电介质击穿

液氮作为冷却剂可与导体直接接触,它就成了主绕组的基本绝缘。选择气体冷却铁芯、分接绕组和连接导线就意味着这些部位的导体绝缘必须依赖固体材料。推荐的气体是干燥的氮气。

高压引线将采用电缆穿过低温恒温器壁连到套管,穿出点在低温恒温器中部,如图 6-31 所示(这也很方便,因为串联绕组由两个并联回路组成,可在绕组高度的中部相连)。这将在顶部留出净空供其他连接引线穿出低温恒温器,并使分接绕组以较大的间隔距离引至分接开关,以满足干燥氮气绝缘的需要。

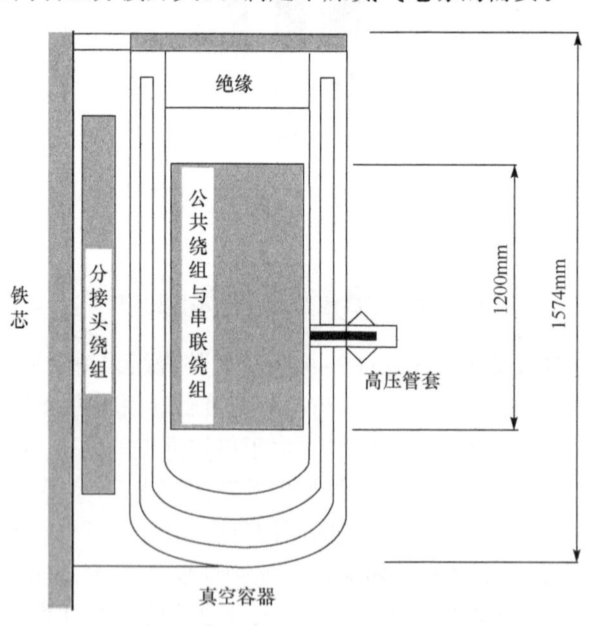

图 6-31　低温恒温器(不按比例)

必须假设运行期间液氮中将包含有氮气气泡。因为氮气的相对介电常数比液氮低,因此在气泡(假定为球形)中的电场要增大 10%以上,导致故障可能性增加。

如果在两层固体绝缘材料之间充满液氮的区域被大量氮气填充，则危险更大。在两层厚固体介质之间夹一薄层气体的极端情况下，电场可以增大到两种相对介电质常数之比达到 3 的程度，即使是夹一层液氮，这个比值也超过 2。

绝缘系统的设计必须遵循下列原则：

(1) 保证气泡不在导电材料周围聚集；

(2) 如果液氮仅形成很薄的一层，要避免固体-液体(或气体)绝缘形成“三明治”形结构；

(3) 允许气泡从高电场应力区域快速通过；

(4) 在临界区域内允许的应力为气态氮能承受的水平，并具有适当的裕度，以应付由于上述原因产生的应力增大，以及单纯的电场不均匀性产生的应力增大；

(5) 利用固体材料的形状来尽可能降低邻近液氮区域中的应力集中。

4. 冲击电压分布

从初始以电容为主的电压分布转到以低频电感为主的电压分布是一个复杂的过程。因此，采用了简单的电容器梯形网络模型，将超导绕组与常规铜绕组的应力集中系数进行比较。该模型给出指数电压分布，其比例常数 α 由串联(线饼间)电容与并联(线饼对地)电容之比确定[10]。

使用常规高压绕组的尺寸，估计 $\alpha=4.5$，而对于相应的超导绕组，由于线圈支撑区和相关线饼间的电容减小，使 α 增至 7.8。虽然高压变压器在相邻线圈的匝间进行换位，以增加串联电容，从而大大降低 α 值。上述比较是在线匝没有换位的情况下做出的，表明常规和超导绕组都需要换位。预计成对线饼的简单换位已足够。如果证明需要更复杂的布置，则将使绕组绕制工艺大大复杂化。

5. 穿越性故障条件

穿越性故障会引起严重问题，如果穿越性短路电流达到额定电流的 2 倍再叠加最大不对称暂态分量，且故障能在 64ms 内消除，变压器将恢复正常运行(不切除)。而 64ms 刚刚是快速动作保护装置在顺利条件下可能动作的边界条件如表 6-19 所示。

表 6-19　故障运行条件

故障水平，均叠加 2 倍不对称暂态值/pu	2	3	4	5
能恢复的最大承受时间/ms	64	28	16	10
存活时间/ms	1040	460	260	166

表 6-19 表明恢复时间和存活时间是故障水平的函数。更高的故障水平则要求切除变压器。变压器切除后要冷却约 1 个小时才能恢复正常运行。如果遭遇事

故,必须在某一最大时限内切除变压器,并在冷却后重新投入。在最大可能的故障水平情况下(5 倍额定电流),故障下的存活时间约 170ms。这个时间可用过冷液氮来延长。

6. 电磁力

众所周知,在穿越性故障情况下,作用于变压器绕组的力很大,可引起结构破坏。需考虑三个主要的力:轴向压缩力 S_c、轴向位移力 S_d和径向力 S_w。如果两绕组对称中心之间存在初始轴向位移,则 S_d将使位移增大。S_w作用于外侧绕组上表现为崩断力须由环向抗张力 S_h承受,$S_w=2S_h$在内侧绕组上则表现为弯曲力。

S_c趋向于使绕组结构产生轴向压缩故障,使绕组线饼的各导体截面变形,使线饼的轴向或径向直线扭曲呈锯齿状。S_d可使保持原副绕组轴向相对位置的夹具承受过负荷,在极端情况下可引起损坏。在现代变压器制造中,非常重视对称性,使初始位移最小,如保持在几毫米的水平,因此 S_d不会引起结构损坏。S_w使外侧绕组结构产生环向抗张力,内侧绕组形成波浪形弯曲,使绕组在相邻两轴向支撑杆之间引起向内的损坏。

在设计中要考虑这些力在更为不利条件下造成的影响。这些力均与安匝的平方成正比,因此要避免安匝数超过传统变压器。如果绕组高度降低,这些力就要增加,因而,只允许变压器高度适当降低。此外,超导体的电流密度大大增加,在很小的绕组支撑区上要能承受住轴向力 S_c和 S_d。最后,绕组横截面降低,未加支撑的绕组承受不住切向应力,必须进行外圈支撑,内侧绕组的波形弯曲趋势更加明显,需要更小、更密集的间隔支撑。必须记住,在任何故障条件下,绕组任何部分的应变都不得超过 1%。否则超导性将永久受损或完全丧失,因此,受力是变压器设计的一个主要的限制条件。

7. 低温恒温器冷却

为提供所需的工作温度,设计 3 个独立的环形低温恒温器来容纳三相绕组。低温恒温器必须是非金属的,否则周围磁场将在恒温器中感应出涡流。由于变压器窗口大小有限,热绝缘厚度受到限制,固体绝缘由于其穿墙泄漏损失过大也不予采用。另一个热泄漏源是低温超导绕组与室温引线相连的导体入口(或热套管)。每个低温恒温器需要 1 个高压口和 3 个低压口。

推荐的玻璃纤维双层壁、真空玻璃纤维隔热低温恒温器的每个口为圆筒状,外径为 75mm、长 500mm,连接到低温恒温器壁。由于电气绝缘,外径可能更大。每个口内含一个螺旋状常规导体,用晶状或玻璃纤维绝缘包裹。高压口位于低温恒温器垂直壁的正中央,3 个低压口位于顶部法兰盘上。

在正常运行情况下,串联和公共绕组用从饱和液氮容器中泵入的液氮冷却。冷却通道是两断面之间的固体垫片中的半圆形径向槽。槽的断面占垫片总横截面的15%。这些槽将内侧液氮进口通道与出口通道相连。冷却系统的设计使导体温度不超过进口液氮温度1K。因为低温恒温器壁上的过热只有2～3K,所以在冷却通道中不可能发生集结沸腾现象。强迫循环是有效的热传递机制。考虑了超导特性后,正常运行温度可取为79K。

8. 铁芯和分接绕组的冷却

传统变压器的主要损耗是绕组的欧姆损耗。在超导变压器中,基本上没有欧姆损耗,可用强迫气体通风来驱除和冷却由其余损耗产生的热。如果将包容变压器的整个构件做成密闭的,并充以干燥的氮气,这是便宜而易于做到的,而且氮气比空气的电气击穿强度高得多。

假定铁芯磁轭由一个外壳覆盖(可用玻璃纤维制成),强迫气流流过磁轭表面。铁芯柱和分接绕组的冷却由强迫氮气流过与铁芯柱轴平行的通道来实现。这些通道位于铁芯与分接绕组圆筒形支撑内径之间、管道的外径与分接绕组内径之间,以及分接绕组外径与低温恒温器壁之间。当然,每个环形空间总有一部分被轴向间隔支柱占据。铁芯内叠片组之间通常也留有另外的冷却通道。

风扇产生的噪声以及由于铁芯振动噪声失去油的阻尼作用而对环境的影响需仔细考虑。可以肯定,噪声比传统变压器大。但是,合理地设计变压器外壳,加上防噪声外罩就可以抑制噪声。

9. 超导和传统变压器的比较

表6-20列出超导变压器的总损耗,以及与之比较的常规参照变压器的相应数据。传统变压器的总损耗取为100%。表6-21列出主要综合特性,包括尺寸、结构和性能。超导变压器减小铁芯尺寸和质量,去掉了大部分铜重和无油冷却。尽管环绕每个铁芯柱的低温恒温器需要空间,但是绕组尺寸的减小,仍可使变压器的总体尺寸减小。减轻质量可缓和运输问题,不用油对降低环境风险和火灾危险非常有利。

表6-20　损耗分析

项目	超导变压器	传统变压器
铁芯损耗	8	9
夹具杂散损耗	5	5
箱体损耗	—	7
总铜损耗	<1(分接头)	79
冷冻器功率	7	—
气冷风扇损耗	2	—
估计总损耗	23	100

注:常规设计的总损耗为100%。

在性能方面,导体的电流密度大大增加,总的额定电力损耗大大降低。过负荷能力有所改善。穿越性故障的耐受能力非常有限,目前,在不大大增加绕组交流损耗和导体投资情况下,近期内难以解决这个问题。注意,电网变压器是成对并联安装的,为的是提高系统的安全性,因此可以讨论在两台变压器中允许其中一台选择超导变压器。发生穿越性故障后,其中超导变压器必须断开 1h 后再投入,从统计上讲系统安全性的降低是可以允许的。

表 6-21 中未列入的一项技术特性是故障条件下的机械力。在超导变压器中应力较大,主要是因为绕组尺寸小,故与传统变压器相比,应力接近设计极限。

表 6-21　超导变压器和传统变压器技术特性比较

参数	超导变压器	传统变压器
铁芯长度①	88.5	100
高度①	82.4	100
厚度①	100	100
窗口高①、宽①	70、78.5	100、100
铁芯质量①	80	100
绕组质量①(公共和串联)	6.3	100
分接头绕组质量①	100	100
铁芯和分接头绕组的冷却	强迫液氮	ONAN/OFAF
公共和串联绕组的冷却	液氮(配制冷机)	ONAN/OFAF
有效电抗/%	20	20
铁芯磁通密度/T	1.67	1.67
额定电流密度(公共和串联绕组)有效值/(A/mm^2)	38	2.83
额定总损耗①	23	100
过负荷能力	2 倍额定电流,数小时	1.3 倍额定电流,6h 1.5 倍额定电流,30min
抗穿越性故障能力(+2 倍暂态分量)不断开恢复时间	2 倍额定电流,64ms	5 倍额定电流,3s
5 倍额定电流(+2 倍暂态分量)存活时间	166ms	>3s

①用传统变压器相应值的百分比表示。

表 6-22 说明在额定条件下连续运行节约的费用。显然,附加设备和材料的费用可由减少大量损耗抵偿(按每年 9.5%折旧,10 年回收期)。但是,由于为电网安全而安排了冗余,网络变压器的负荷系数非常低,可取为平均值 0.225 和有效值 0.26。

表6-22 在连续满负荷运行时节约的费用

节约/消耗	%
节约的铁芯板材费用	1
节约的连续换位铜材费用	7
减少的铜损,折旧超过10年	65
制冷费用	−21
制冷机驱动电力上的基建等效消耗(折旧超过10年)费用	−6
AC导体的费用,总计为7371A/km	−10
节约的总等效基建费用	36

注:全部值均以传统变压器的总基建投资为100%计算。

现在,通常是将两台容量为全容量的变压器并联。因此,可以考虑用一台HTS变压器正常连接,并联的一台传统变压器正常断开,当需要时(如在穿越性故障期间)能快速切换。因此,将大大减少传统变压器的损耗。显然,变电站设计的策略需要重新考虑。

参考文献

[1] 西库尔斯基J K,贝德兹C,马元斑.大型高温超导变压器设计研究(上).水利水电报,2000,4(21):1-6.

[2] Sissimatos E, Harms G, Oswald B R. Design rules for high-temperature superconducting power transformer. Physica C,2001,354:23-26.

[3] 王银顺,赵祥,韩军杰,等.630kVA三相高温超导变压器的研制和并网试验.中国电机工程学报,2007,27(27):24-31.

[4] Wang Y S,Zhao X,Han J J,et al. Development of a 630kVA three-phase HTS transformer with amorphous alloy cores. IEEE Transactions on Applied Superconductivity,2007,17(2):2051-2054.

[5] Kamijo H,Hata H,Fujimoto H,et al. Fabrication of superconducting traction transformer for railway rolling stock. Physica C,2006,43:841-844.

[6] Li X S,Chen Q F,Sun J B,et al. Analysis of magnetic field and circulating current for HTS transformer windings. IEEE Transactions on Applied Superconductivity, 2005, 15(3):3803-3813.

[7] 龙谷宗,唐跃进,李晓松,等.电动车组用高温超导变压器总体设计(下).机车电传动,2007,(3):13-15.

[8] Kim S R,Han J,Kim W S,et al. Design of the cryogenic system for 100MVA HTS transformer. IEEE Transactions on Applied Superconductivity,2007,17(2):899262.

[9] Choi J,Lee S,Park M,et al. Design of 154kV class 100MVA 3 phase HTS transformer on a common magnetic core. Physica C,2007,463-465:1223-1228.

[10] 西库尔斯基J K,贝德兹C,等.大型高温超导变压器设计研究(下).水利水电报,2000,21(5):24-28.

第7章　超导变压器实例与分析

7.1　发展与应用概述

早在20世纪60年代实用超导材料出现后,国际上就开展了对超导变压器的研究。由于超导线的交流损耗较大,超导变压器的研究几乎没有进展。80年代初,低交流损耗的极细丝复合多芯超导线的成功研制,加上低温冷却技术的改善,共同促进了低温超导变压器的发展。1987年以来,随着高温超导带材的开发成功,各国研究者对超导变压器的研究兴趣开始转向高温超导变压器。首先,德国、日本、美国等分别进行了一系列技术、经济可行性研究和概念设计,对大容量三相高温超导变压器进行了相对价格与性能的评估,并与低温超导变压器和常导变压器相比较。其结果表明,目前高温超导变压器的经济运行容量可达到30MVA。随着高温超导材料性能的改进,各种容量的高温超导变压器工业样机也相继问世。

高温超导变压器的发展主要有两个方向[1]:①电力变压器;②牵引变压器,主要由美国、日本、韩国、中国等国家研制完成。表7-1和表7-2分别给出了超导电力变压器和超导牵引变压器的发展现状。

表7-1　超导电力变压器的发展现状

国家	容量	电压变比	电流变比	相位	超导带材	研制情况
瑞典	630kVA	18.72kV/0.42kV	11.2A/866A	三相	Bi2223/Ag	1997年挂网运行
美国	5/10MVA	24.9kV/4.2kV	116A/694A	三相	YBCO	2004年成功研制样机
法国	41kVA	2.05kV/0.41kV	20A/100A	单相	初级:Bi2223 次级:YBCO	2004年概念设计
印度	10kVA	1kV/0.231kV	10A/43.3A	单相	Bi2223/Ag	2004年概念设计
中国	630kVA	10.5kV0.4kV	34.6A/909.3A	三相	Bi2223/Ag	2005年研制成功
中国	1250kVA	10.5kV/0.4kV	69A/1804A	三相	Bi2223/Ag	2012年研制成功
韩国	60MVA	154kV/23kV	225A/1506A	三相	YBCO	2005年概念设计
韩国	100MVA	154kV/22.9kV	370A/2500A	三相	YBCO	2005年概念设计
日本	2MVA	22kV/6.6kV	52.5A/175A	三相	ReBCO	2010年概念设计
日本	400kVA	6.9kV/2.3kV	58A/174A	单相	ReBCO	2014年成功研制样机
日本	2MVA	66kV/6.9kV	17.5A/167A	三相	ReBCO	2014年成功研制样机
新西兰和 澳大利亚	1MVA	1.1kV/0.415kV	30A/1390A	三相	YBCO	2011年开始研制

表 7-2　超导牵引变压器的发展现状

国家	容量	电压变比	电流变比	相位	超导带材	研制情况
德国	2MVA	25kV/0.1389kV	40A/360A	单相	Bi2223	2001 年研制成功
日本	4MVA	25kV/1.2kV	160A/3000A	单相	Bi2223	2005 年试验测试
中国	300kVA	25kV/0.86kV	12A/349A	单相	Bi2223	2007 年研制成功
中国	3000kVA	25kV/0.96kV	116.6A/2720A	单相	Bi2223	2007 年概念设计

7.2　超导电力变压器

7.2.1　升降压变压器

1. 美国

美国研制电力变压器由中等容量到大容量，计划经过三个阶段：1MVA →5/10MVA →30/60MVA[2]。

美国研制组包括 Waukesha 电系统公司、IGC-SuperPower 电力公司、橡树岭国家实验室及 Rochester 天然气和电力公司等单位。1998 年研制了 1MVA 单相 13.8kV/6.9kV 高温超导变压器[3]；2004 年研制成功了三相 5MVA/10MVA、24.9kV/4.6kV 高温超导变压器样机[4]，其中在正常负荷下，容量为 5MVA，而在紧急情况下可以 10MVA 的容量运行。该机曾挂在 Winsconsin 州电网上进行试验，能承受 10 倍于额定电流的故障电流，并能够稳定运行而不发生热降级，具有较好的稳定性，其成功研制说明了更大容量高温超导变压器在技术上的可行性及优点。已经研制成功的 5MVA/10MVA 变压器样机是 30MVA/60MVA 变压器在电压等级上的缩小版。

2011 年，Waukesha 电系统公司、IGC-SuperPower 电力公司和橡树岭国家实验室等合作研制 50MVA、132kV/13.8kV 三相高温超导变压器，见表 7-3。

表 7-3　50MVA 超导变压器的参数

项目	参数
相数	3
额定容量	50MVA
额定电压	132kV/13.8kV
额定电流	219A/1208A
高低匝数	860/156

2. 韩国

近年来，韩国在超导变压器研制方面有后来居上的气势，其在 2004 年研制了 1MVA/22.9kV/6.6kV 单相变压器[5]。2005 年，韩国机电研究所进行了 60MVA、154kV/23kV 三相超导变压器的概念设计，参数见表 7-4[6]，高压绕组采用的是双饼式结构，低压绕组采用的是螺旋式结构。表 7-5 为 60MVA 超导变压器的具体参数。

表 7-4　60MVA 超导变压器的参数

项目	参数
相数	3
额定容量	60MVA
额定电压	154kV/23kV
额定电流	225A/1506A
绕组匝数	992/148
磁通密度	1.75T

表 7-5　60MVA 超导变压器的具体参数

铁芯	高度	2429mm
	宽度	3196mm
	体积	$8.15m^3$
高压绕组	总匝数	992
	双饼个数	32
	匝数/每个双饼	31
	导线并联根数	3
低压绕组	总匝数	148
	螺线管个数	2
	匝数/每个螺线管	74
	导线并联根数	16

传统的 60MVA 变压器效率为 99.3%，铜损和铁损分别为 100kW 和 33kW。而设计的 60MVA 的高温超导变压器的铁损为 28.7kW，交流损耗为 0.6kW，传输电流损耗为 12kW，因此效率高达 99.93%，比传统变压器高 0.63%。

2006 年,韩国理工大学、韩国电气工程与科学研究所等合作,研制了带有载分接开关(OLTC)的单相 33MVA、154kV/22.9kV[7]。超导绕组采用三级结构,第三绕组能够消除三次谐波。2007 年进行了 100MVA、154kV/22.9kV 三相超导变压器的概念设计[8]。100MVA 高温超导变压器的铁损为 18.3kW,总漏热为 26.78kW,其中杜瓦漏热为 1.5kW,低温试验箱为 0.1kW,电流引线为 0.07kW,交流损耗为 23.28kW。它的尺寸为传统三相 60MVA 变压器的 71%,为三个单相组成的 100MVA 超导变压器尺寸的 85%。

3. 新西兰

2011 年,新西兰工业研究有限公司和澳大利亚的 Wilson 变压器有限公司合作,进行了 1MVA、11kV/415V 三相超导变压器的研究。表 7-6 给出了 1MVA 超导变压器的设计参数,表 7-7 给出了它的漏热损耗。图 7-1 为单个杜瓦结构设计的示意图[9]。

表 7-6　1MVA 超导变压器的设计参数

项目	参数
相数	3
额定容量	1MVA
额定电压	11kV/415V
额定电流	30A/1390A
绕组匝数	918/20

表 7-7　1MVA 超导变压器的漏热损耗

项目	参数
杜瓦漏热	20W
电流引线漏热	220W
初级线圈交流损耗	30W/每相(70K)
次级线圈交流损耗	170W/每相(70K)
总漏热	840W(70K)

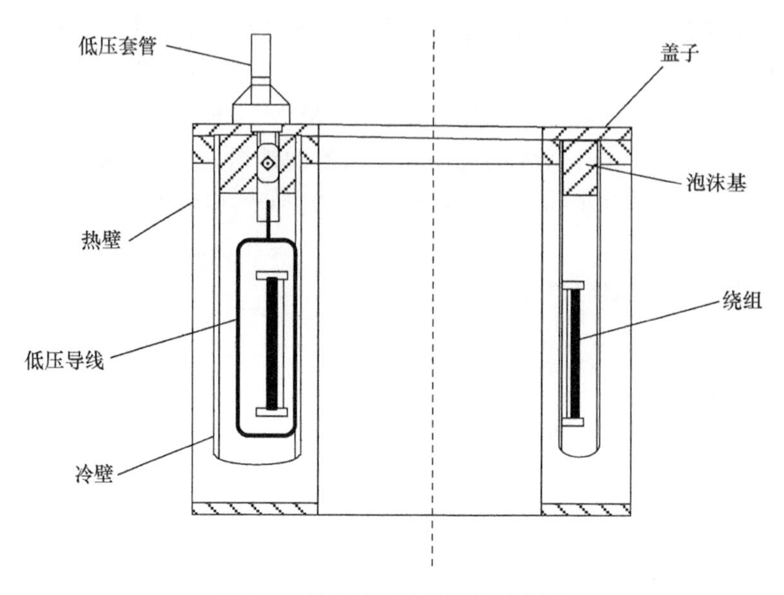

图 7-1 单个杜瓦结构设计示意图

4. 中国

国内关于超导变压器样机的研制工作开展得较晚。中国科学院电工研究所与新疆特变电工股份有限公司合作，于 2003 年开发了国内第一台高温超导变压器，其容量为 26kVA，电压为 400V/16V[10]；于 2005 年成功研制了 630kVA、10.5kV/0.4kV HTS 变压器[11]。该变压器采用非晶合金铁芯，采用的结构型式为三相五柱非晶合金卷铁芯；高压绕组采用圆筒式结构；低压绕组采用饼式结构，由 23 个双饼并联而成，每饼 10 匝。表 7-8 给出了变压器主要试验参数。图 7-2 展示了变压器的整体示意图。

表 7-8 630kVA 超导变压器的主要试验参数

参数		设计值	试验值
容量/kVA		630	630
空载试验	励磁电流	1.15%	1.36%
	变比	26.25	26.25
	铁损/W①	1031.1	1090
负载试验	短路阻抗	2.45%	2.74%
	绕组损耗/W②	121.8	110.67
	感应耐压	100Hz,30s	通过

续表

参数	设计值	试验值
绝缘水平	高压绕组 28kV,60s 低压绕组 5kV,60s 平衡绕组 5kV,60s	通过
涌流试验	10 倍涌流,0.2s	没有失超

① 室温温度。
② 77K 温度。

图 7-2 630kVA 变压器整体示意图

2012 年中国科学院电工研究所和甘肃白银长通电缆有限责任公司合作研制出 1250kVA、10.5kV/0.4kV 高温超导变压器[12]。表 7-9 给出了该变压器的一些参数。图 7-3 给出了该变压器的整体示意图。图 7-4 给出了其中一相变压器的铁芯、绕组的结构示意图。1250kVA 变压器于 2014 年 8 月完成;经过几次测试后,已在甘肃省白银国家高新技术产业园区 10kV 超导电力变电站开始运行。

表 7-9 1250kVA 变压器参数

项目	参数
容量	1250kVA
额定电压	10.5kV/0.4kV
额定电流	69A/1804A
联结型号	Yyn0
变比	26.25
铁芯	直径:310mm 高度:810mm 宽度:760mm 磁通密度:1.5T

续表

项目	参数
杜瓦	内/外直径:330mm/740mm 高度:730mm 工作温度:77K
匝数	高压绕组:262 低压绕组:10(22 根带材并联)
频率	50Hz
短路阻抗	6.0%

图 7-3 1250kVA 变压器整体示意图

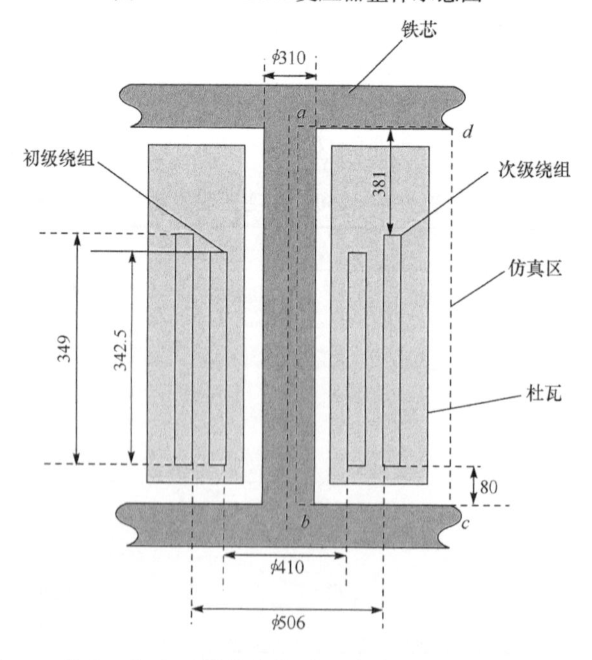

图 7-4 其中一相变压器的铁芯、绕组的结构示意图(单位:mm)

7.2.2　限流变压器

为了提高未来电网的效率、可控制性和稳定性，超导故障限流变压器(SFCLT)被提出。SFCLT 具有高温超导变压器的功能，在正常操作状态下，它可以减少高温超导变压器的漏阻抗，提高系统的稳定性和容量；在限流状态下，它是超导故障限流器(SFCL)。SFCLT 绕组由于失超引起限流阻抗，将减少故障电流，提高电力系统动态稳定性。

1. 名古屋大学、中部电力公司和卡尔斯鲁厄研究所研制的 2MVA 三相限流变压器

2011 年至今，名古屋大学、中部电力公司和卡尔斯鲁厄研究所合作完成了 2MVA、22kV/6.6kV 三相具有故障限流功能的超导变压器的设计方案[13]，见表 7-10。

表 7-10　2MVA 超导变压器的参数

项目	参数
相数	3
额定容量	2MVA
额定电压	22kV/6.6kV
额定电流	52.5A/175A
高低匝数	1334/396
漏阻抗	5.3%(50Hz)

图 7-5 为该变压器限流装置的试验测试电路[13]，在限流测试中，断路器 CB_2 保持关闭状态，断路器 CB_1 每 5 周期即 0.1s 关闭一次。观察低压绕组的电流如图 7-6 所示，其中 I_{PRO} 为不带限流功能的电流。由图可以看出，限流后，第一周期的电流为未限流电流的 34%，第五周期的电流则为未限流电流的 18%。

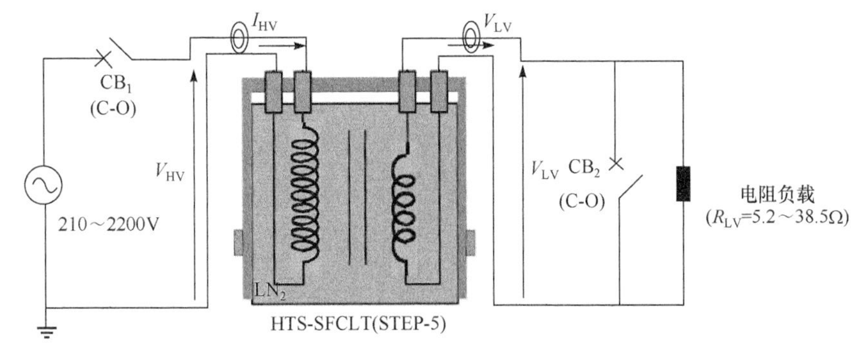

图 7-5　限流装置的试验测试电路

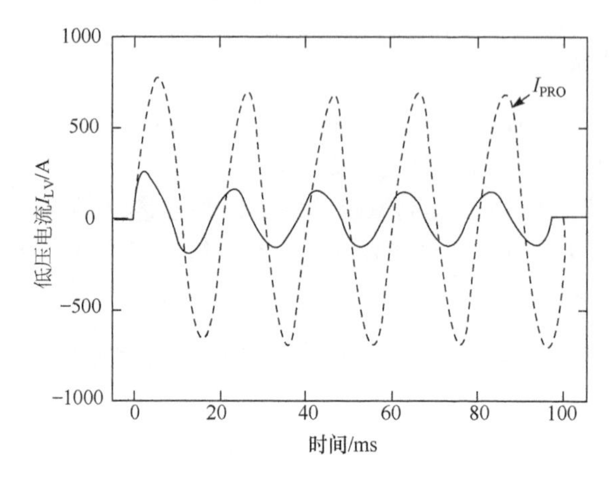

图 7-6 限流特性($I_{PRO}=786A_{peak}$)

2. 富士电机株式会社、九州变压器研制的 10kVA 限流变压器

日本富士电机株式会社、九州变压器等研制机构从 2011 年开始利用 REBCO 超导带材研制具有限流功能的超导变压器,即 20MVA 具有限流功能的超导变压器[14]。

2011 年研制出 10kVA 超导变压器[15,16],有四个绕组结构,对它进行反复的短路试验和反复的数据模拟,得出:当短路电流超过带材的临界电流时,整个 REBCO 超导绕组也不会转换到正常状态。表 7-11 是 10kVA 变压器的基本设计参数。它的初级电压为 1350V,电压比例是 1∶1。有四个绕组,初级绕组和次级绕组除了主绕组,还有辅助绕组。变压器的垂直截面如图 7-7 所示,所有的绕组都是同轴放置,最外面的是初级辅助绕组,最里面的是次级辅助绕组。每个绕组有 6 层,300 匝。电路如图 7-8(a)所示。主要绕组和辅助绕组在两侧并联连接。当主要绕组因为故障电流失超的时候,电路 7-8(a)则转换为图 7-8(b)所示的等效电路。

表 7-11 10kVA 限流变压器的参数

项目	参数
容量	10kVA
电压(初级/次级)	350V/350V
电流(初级/次级)	29.2A/29.2A
负载	12Ω
每个绕组的层数	6
每个绕组的匝数	50×6=300
每匝电压	1.312V
主要绕组带材	GdBCO
辅助绕组带材	YBCO

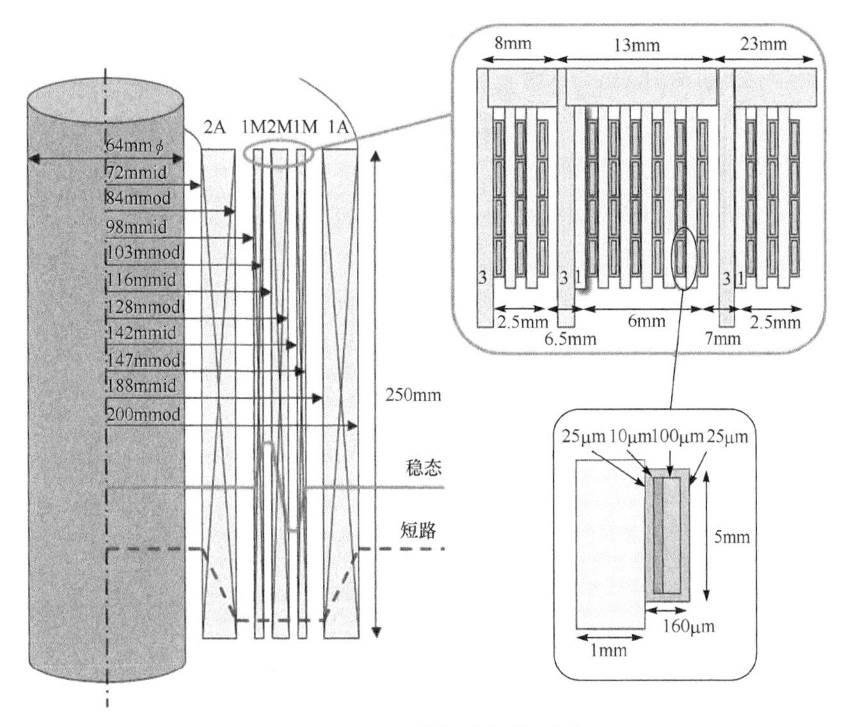

图 7-7　变压器的垂直截面图

1M 和 2M 是初级和次级的主要绕组，1A 和 2A 是初级和次级的辅助绕组

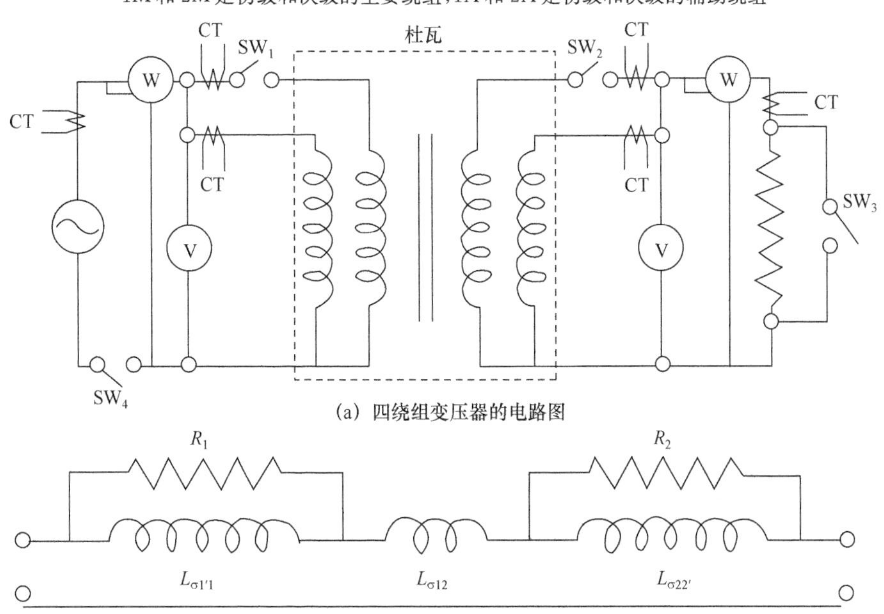

(a) 四绕组变压器的电路图

(b) 当主要绕组失超时的等效电路(主要绕组感应出很大的电阻)

图 7-8　变压器电路图

制造出的变压器和铁芯一起用 77K 的液氮冷却，进行测试。变压器的初级绕组连接到 100kVA 的电压调节器上。

在空载损耗测试中，由于励磁电流 I_{ex}是影响初级绕组电压 V_1的主要函数，所以对其进行观测，并使次级绕组开路。V_1的波形如图 7-9(a)所示，其中 $I_1=I_{ex}$，$V_1=325V$。不管初级的辅助绕组有没有连接，励磁电流 I_{ex}都不受影响。空载损耗，即铁损，是电压 V_1和励磁电流 I_{ex}在一段时间内的积分。图 7-10 是电压 V_1和空载损耗的示意图。尽管测试中铁芯式浸泡在液氮里面，但铁损很小，对变压器的影响很小。

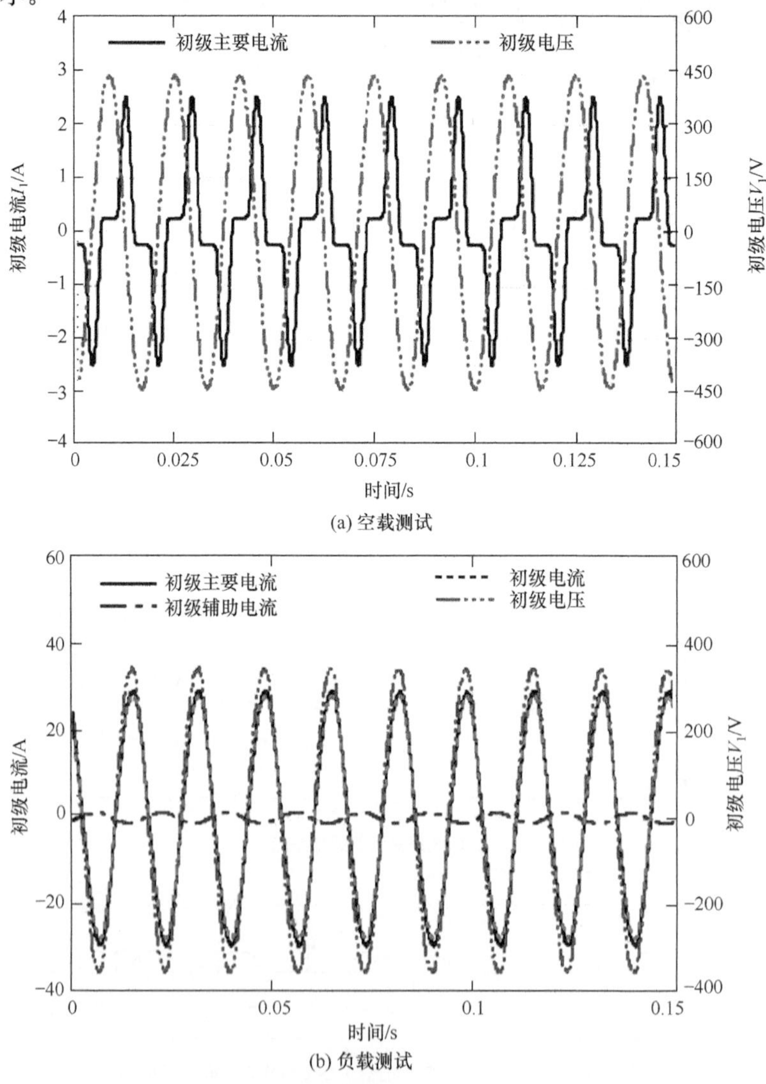

(a) 空载测试

(b) 负载测试

图 7-9 空载和负载测试中初级绕组电压和电流波形图

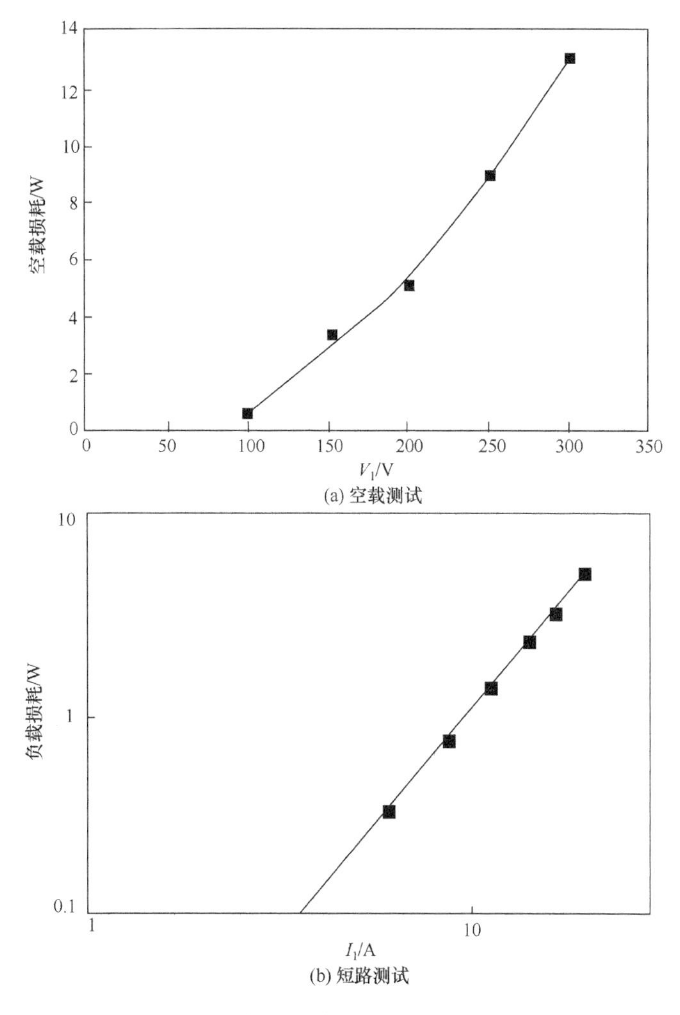

图 7-10　空载和短路测试中交流损耗波形图

在短路测试中变压器的交流损耗也就是负载损耗，测量时是让次级绕组短路。传输电流 I_1决定了初级和次级主绕组总的交流损耗，观测出的交流损耗如图 7-10(b)所示。其中辅助绕组是开路的，频率为 60Hz。交流损耗增加的速率是电流 I_1的 2.3 次方，当 I_1=20A 时，交流损耗为 5.2W。用同样的方式测量辅助绕组的交流损耗，在 I_1'=13.3A 时，它只有 13W。绕组的交流损耗和预计的一样小。

在负载损耗测试中，在次级绕组连接一个 12Ω 的电阻作为负载，进行负载测试。图 7-9(b)展示了初级电流的波形图。可以看到，初级电流的大部分流向了初级的主要绕组。在两侧绕组观测到的主绕组和辅助绕组电流之间的比例和计算比例的比较如图 7-11 所示。从图中看出,测出的电流比例和计算的电流比例几乎吻合。

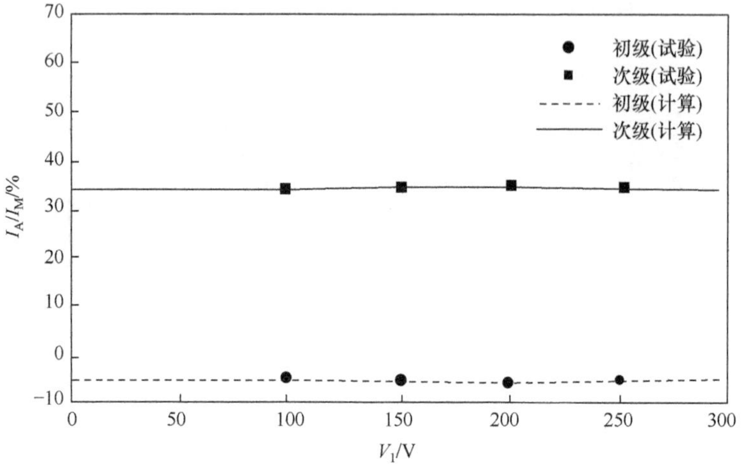

图 7-11　初、次级主绕组和辅助绕组之间的测试和计算结果对比图

3. 富士电机株式会社、九州变压器研制的 2MVA 限流变压器

基于 10kVA 又设计出两个 6. 6kV/2. 3kV-400kVA 的超导变压器[17-19],短路阻抗分别是 11%和 15%;最后设计出三相 66kV/6. 9kV-20MVA 的具有限流功能的超导变压器,并建立了它的 1/10 模型,三相 66kV/6. 9kV-2MVA 的超导变压器[15]。表 7-12 为 2MVA HTS 变压器的设计参数。每个初级绕组,单个带材被绕制成 8 层圆筒式,绕制过程如图 7-12 所示。每个次级绕组由 8 个磁带制作成 3 个细丝结构如图 7-13(a)和(b)所示,然后绕制成两层圆筒式,每层有 15 个换位。

表 7-12　2MVA HTS 变压器的设计参数

项目	参数
相数	3
容量	2MVA
频率	60Hz
额定电压	66kV/6. 9kV
额定电流	17. 5A/167A
联结组别	Y-Y
短路阻抗	3%
每相的匝数	918/96
层数(初级/次级)	8/2
匝电压	41. 5/匝
负载损耗	26. 9W
空载损耗	7. 92kW

图 7-12　初级线圈的绕制过程

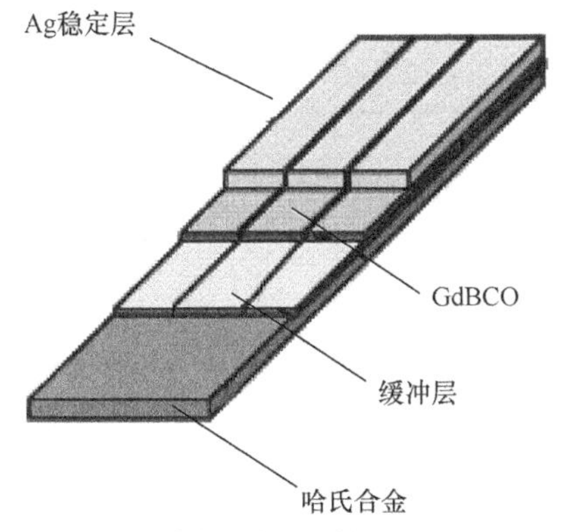

(a) 激光刻磁带的示意图

(b) 刻磁带的照片

图 7-13　次级绕组的制作

测试包括其 *I-U* 特性以及损耗，其中铁芯的损耗为 7.92kW，交流损耗为 26.9W，杜瓦和电流引线的漏热分别为 310W 和 137W。图 7-14(a)为 2MVA 超导变压器的工作系统，图 7-14(b)为已经完成的变压器绕组结构示意图。

(a) 2MVA超导变压器的工作系统

(b) 2MVA超导变压器绕组结构示意图

图 7-14　2MVA 超导变压器

4. 卡拉丹兹技术大学、凯奇凯梅特学院研制的 0.4kVA 三相限流变压器

利用超导短路环可将两组变压器铁芯进行耦合，而短路环在感应电流过大出现失超时，耦合的变压器铁芯发生解耦，同时将引起电感值的突增。基于上述原理，土耳其卡拉丹兹技术大学(Karadeniz Technical University)的 Ertekin 等正在研究和测试一台 6kVA 三相磁通转换型限流变压器。匈牙利凯奇凯梅特学院(Kecskemet College)的 Kosa 等于 2006 年开始研究闭合超导环的磁通恒定特性，并于 2010 年研制了一台 0.4kVA、230V/24V 三相限流变压器。该三相限流变压器的铁芯截面积为 900m^2，磁通密度为 1.7T，初级绕组圈数为 697 匝，次级绕组圈数为 73 匝。初级铁芯、绕组和次级铁芯、绕组通过 3 个闭合超导环耦合而成。其

中，每个闭合超导环均由美国 SuperPower 公司生产的 SF12050 型号 YBCO 高温超导带材绕制而成。三相限流变压器整体、结构和电路示意图如图 7-15所示。

图 7-16 给出了三相限流变压器 L1 相在发生三相接地短路时的初级、次级限流特性。次级纯阻性负载 R 为 4.5Ω。在正常运行情况下，L1 相初级电压 $U_{\mathrm{PL1}}(t)$ 和次级电压 $U_{\mathrm{SL1}}(t)$ 的峰值分别达到 325V 和 34V，初级电流 $I_{\mathrm{PL1}}(t)$ 和次级电流 $I_{\mathrm{SL1}}(t)$ 的峰值分别达到 0.85A 和 7.55A。当三相接地短路发生在 550.1ms 之后，L1 相初级和次级的瞬时故障电流峰值可以被快速抑制在 1.8A 和 24.5A。而且，L1 相初级和次级故障电流峰值还呈现出逐渐衰减的限流特性。从图 7-16 可以看出，L1 相初级和次级故障电流峰值将稳定在 0.8A 和 7.2A，与未发生故障的电流幅值非常接近。

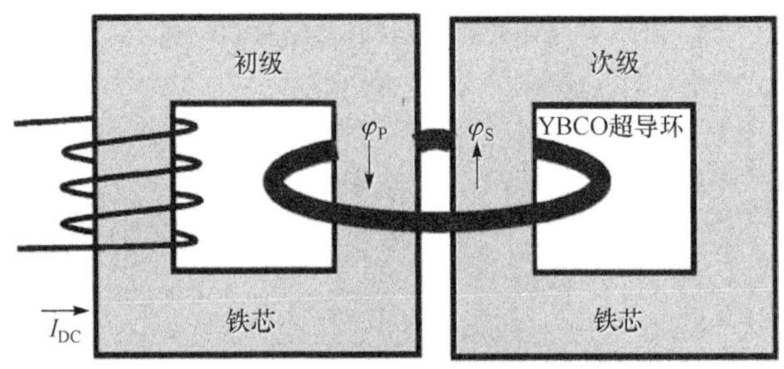

(a) 利用超导短路环的铁芯耦合示意图

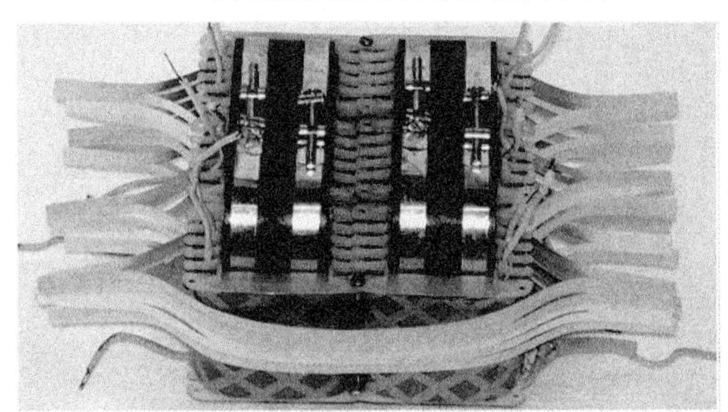

(b) 三相限流变压器整体示意图

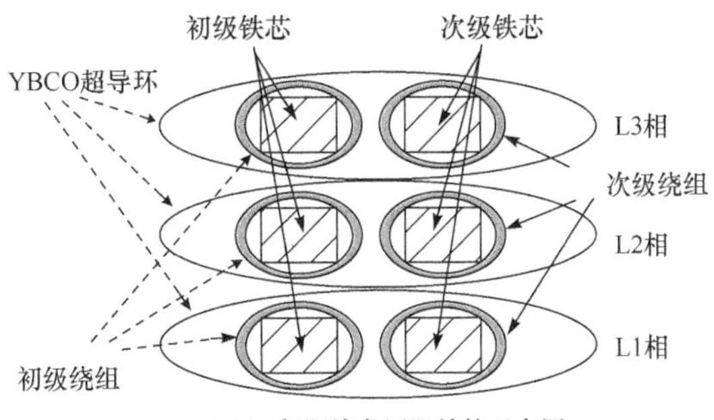

(c) 三相限流变压器结构示意图

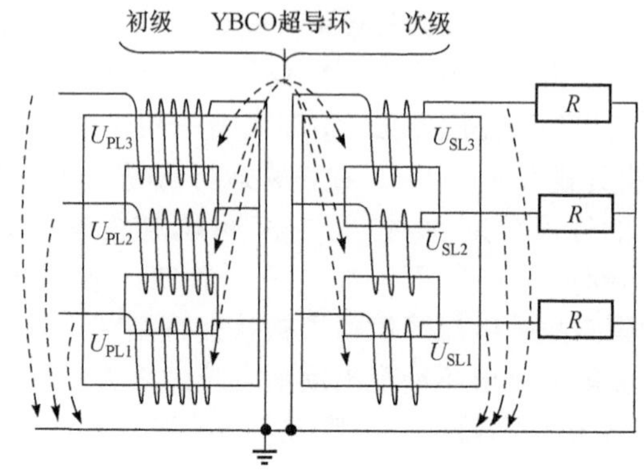

(d) 三相限流变压器电路示意图

图 7-15　三相限流变压器整体、结构和电路示意图

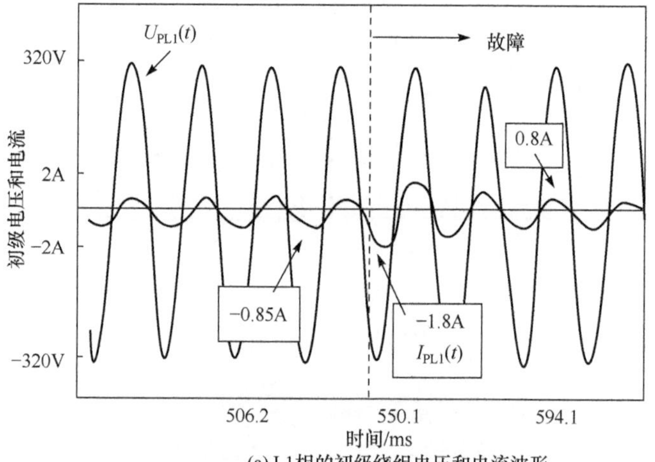

(a) L1相的初级绕组电压和电流波形

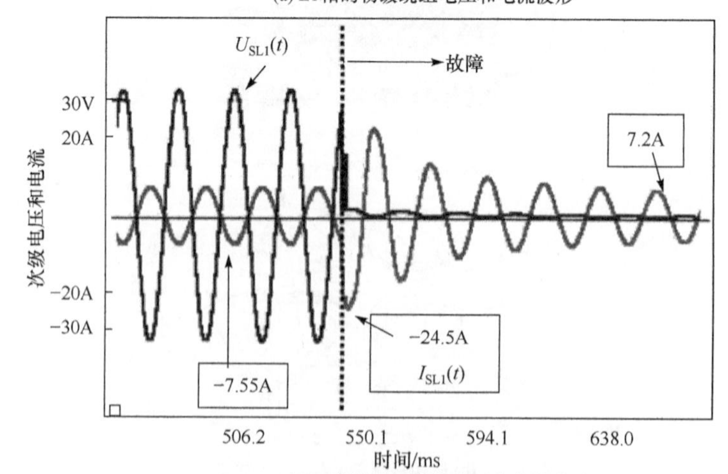

(b) L1相的次级绕组电压和电流波形

图 7-16　三相限流变压器 L1 相的初级、次级限流特性

7.3　超导牵引变压器

1. 德国

1996 年 10 月，德国 Siemens 和 GEC Alsthom LINDE 合作开始研究 10MVA 高温超导电力机车牵引变压器，旨在应用于德国高速铁路系统。通过应用高温超导技术，牵引变压器的质量可以从 12t 降到 7.7t。德国 Siemens 公司表明，如果超导技术被应用，变压器的效率将从 94%提高到 99%，体积将减少30%～40%。

1999 年 1 月，一个单相 100kVA、5.5kV/1.1kV 的变压器首次研制成功，并经过了测试。在负载和控制测试后，开始研制一个单相 1MVA、25kV/1.4kV 的变压器，并在 2001 年 9 月研制成功[20]。

2. 日本

2005 年，日本研制和测试了一个 4MVA 牵引变压器[21]，这个变压器有一个初级绕组、四个次级绕组，还有一个第三绕组。四个次级绕组是相互独立的。完成后的变压器高 1.9m，宽 1.2m，厚度 0.7m，总质量为 1.71t。具体参数如表 7-13 所示，已经研制出的变压器如图 7-17 所示[22]。

表 7-13　高温超导变压器的主要参数

项目	参数
初级绕组	4MVA，25kV，160A
次级绕组	3.6MVA，1.2kV，750A×4 个绕组
第三绕组	400kVA，440V，909A
阻抗百分比	和传统变压器一样(约 20%)
阻抗矩阵	和传统变压器一样
测试方法	采用 JIS-E5007(铁路车辆牵引变压器的测试方法)
冷却方式	液氮冷却(66K)
超导带材	Bi2223
绕组型式	螺旋型

图 7-18 为 4MVA 变压器的负载试验测试图，可以看出次级绕组保持超导特性的最大电流为 650A，在 650A 以下交流损耗没发生急剧的变化。加大电流到额

图 7-17　4MVA 牵引变压器

定电流 750A，由于焦耳损耗，交流损耗极大增加。因此，保持变压器超导电性的最大输出为 3.5MVA，此时次级绕组的电流为 650A，第三绕组为设计的额定电流 909A。在 3.5MVA 下，计算交流损耗为 6.2kW，效率为 96.8%。在额定容量 4MVA 下，相当于超导状态下的 3.5MVA，它比设计的值低，这是因为在初步设计时，没有用到高性能的高温超导带材[22]。

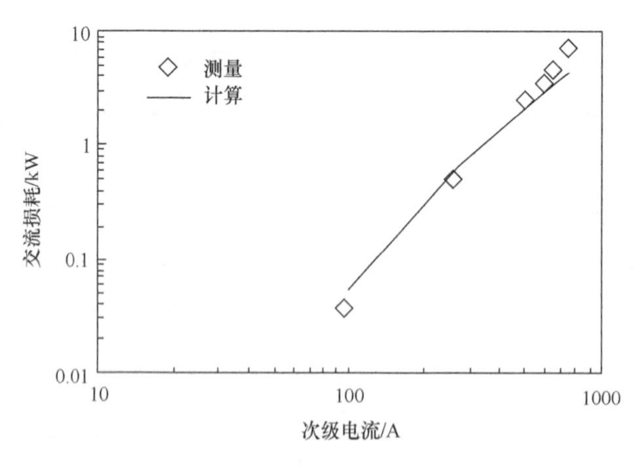

图 7-18　66K 下变压器的交流损耗特性

3. 中国

根据中国科学技术部批准立项的国家高技术研究发展计划(863 计划)“电动车组高温超导主变压器的研发”要求,2005 年,株洲电力机车厂和华中科技大学超导研究中心合作开展了 300kVA、25kV/860V 单相高温超导变压器的总体设计。表 7-14 为 300kVA 高温超导变压器设计的具体参数[23]。

表 7-14 300kVA 高温超导变压器设计的具体参数

项目		参数
额定值	容量/kVA	314.7
	初级电压/V	25000
	次级电压/V	860
	初级电流/A	12
	次级电流/A	349
铁芯	材料	30Q140
	直径/mm	220
	芯柱有效截面积/cm^2	338.5
绕组	材料	Bi2223
	线规/mm	4.2×0.23
	临界电流/A	90(77K,0T)
	初级匝数	2092
	次级匝数	72
	高压线圈	连续式
	低压线圈	螺旋式
	阻抗电压	6%
	联结组	I, I_0
	冷却方式	液氮闭式循环冷却
	工作温度/K	67～77
	质量/kg	约 1000
	效率	99.6%

该变压器采用壳式结构,线圈做成一个整体,套装在中间铁芯柱上。铁芯采用单相三柱旁扼式,采用自然冷却方式;线圈用高温超导线材 Bi2223 绕制,采用液氮强迫循环冷却方式。变压器原理结构如图 7-19 所示。为了满足变压器总体参数要求,并根据超导线材在空间磁场下的性能确定该变压器的绕组布置,如图 7-20 所示。

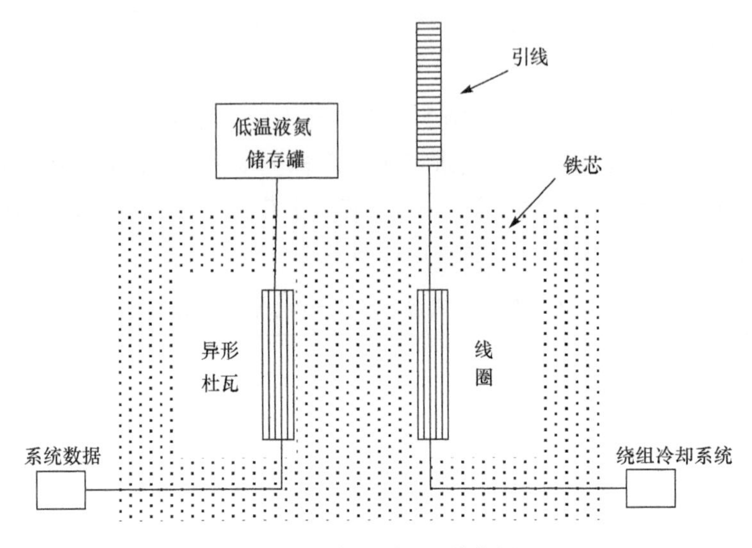

图 7-19　变压器原理结构图

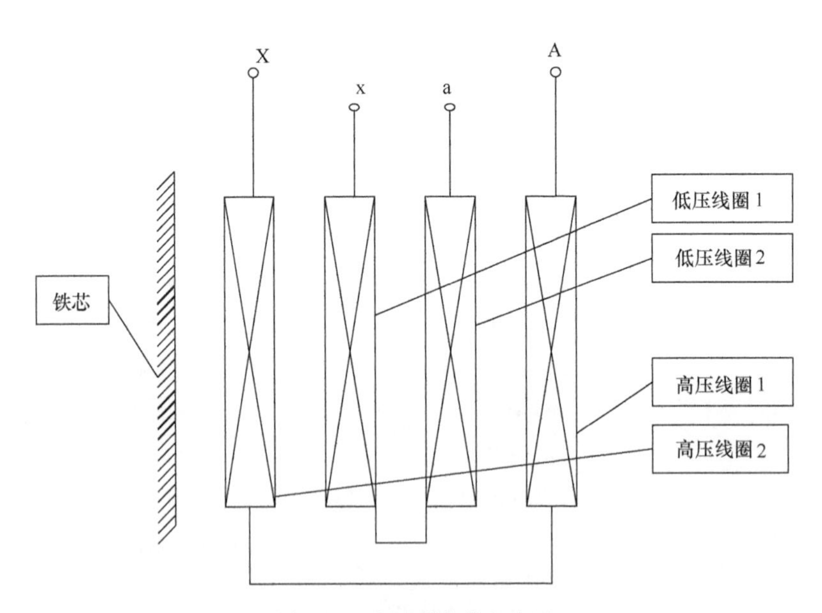

图 7-20　变压器的绕组布置

在 300kVA 超导变压器样机制造完成以后，总结样机制造经验，完成了 3000kVA 牵引变压器的概念设计。变压器线圈采用高温超导二代线材设计，以提高超导变压器线圈工艺性能及变压器综合性能。变压器线圈结构采用 300kVA 变压器样机的结构，即高压线圈采用连续式线圈，低压线圈采用螺旋式线圈设计，列车供电线圈采用螺旋式线圈。变压器的冷却采用开式液氮循环冷却，由此控制变压器铁芯发热成为关键技术。变压器线圈仍然采用玻璃钢异形杜瓦封闭，实现液氮低温环境[24]。

7.4　超导空芯变压器

1. 基本结构和原理

空芯变压器绕组的结构形式主要包括径向排列、轴向排列和环形排列三种。图 7-21 和图 7-22 分别给出了绕组沿径向排列和轴向排列的截面示意图。

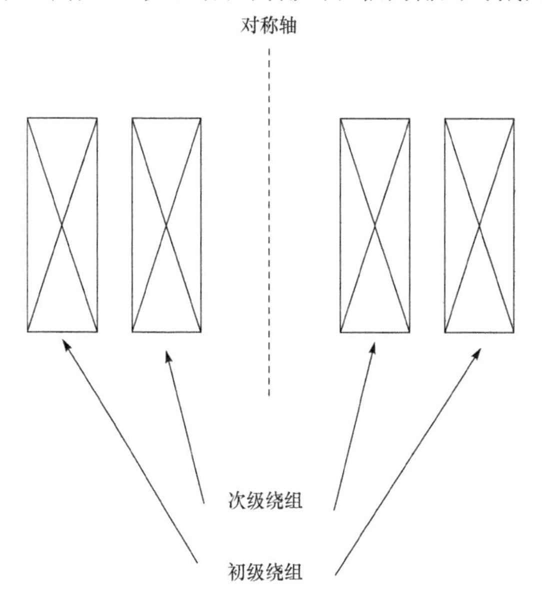

图 7-21　绕组沿径向排列的截面图

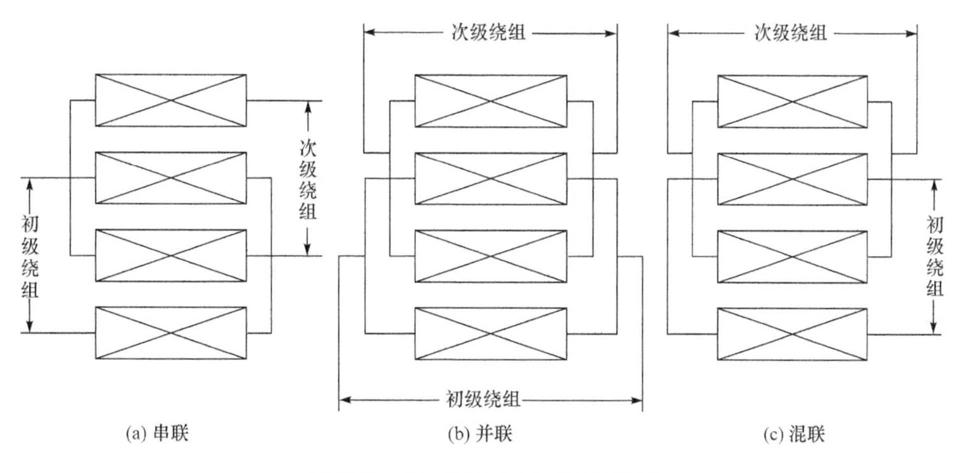

图 7-22　绕组沿轴向排列的截面图

下面分析四个不同绕组排列方式的空芯变压器。绕组的内直径为 4mm，外直径为 68mm，高度为 64mm，高、低压绕组的匝数都为 200。超导带材的临界电流密度为 $10kA/cm^2$。堆叠的超导线的数目为 10，绕组允许的电流为 1kA。

分析了四种不同绕组的电磁场分布情况：①初级绕组在次级绕组外侧，两者同轴放置；②初级绕组在次级绕组的外侧，两者轴向平行放置；③初级绕组放置在次级绕组的下面，两者同轴放置；④每个绕组分为 4 个部分（每部分 50 匝），螺旋绕制方式。初级绕组和次级绕组的空隙为 2mm。

四种情况下的绕组沿着中心轴的磁场分布和磁通密度 B_1、B_2、B_3、B_4 分别如图 7-23 和图 7-24 所示。情况 1 中最大的磁通密度为 2.31T，但磁场分布是不均匀的；情况 2 和情况 3 的最大磁通密度分别为 0.24T 和 0.21T；情况 4 中的磁通密度相对均匀（约 1.38T），这有利于实际空芯变压器的磁耦合。

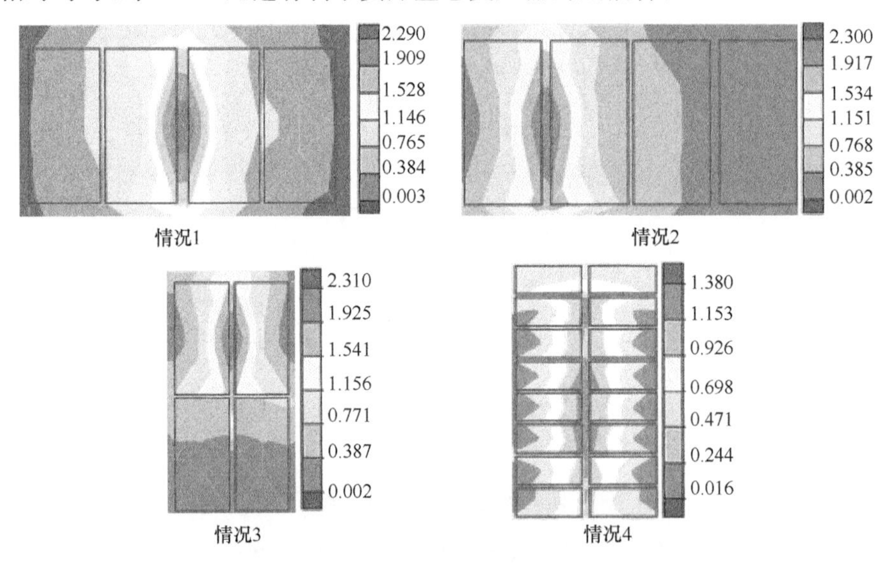

图 7-23　四种情况的电磁场分布（单位：T）

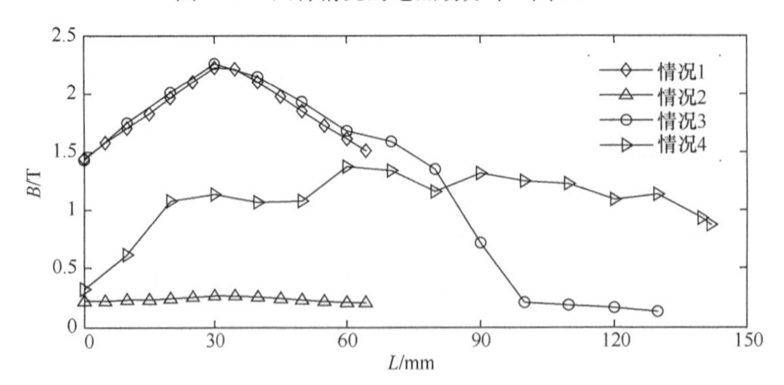

图 7-24　四种情况下的绕组沿着中心轴磁通密度

由电磁感应定律可知，次级绕组的感应电压和初级绕组产生的最大磁通密度 B_m 线性相关，即 $U_2=4.44fN_2B_mS$，其中 f 是交流电源的频率，N_2 是次级绕组的匝数，S 是有效截面积。当情况 4 中，$f=50\text{Hz}$，$N_2=200$，$S=10^{-3}\text{m}^3$，次级负载 $R=1\Omega$ 时，随着初级绕组总电流 N_1I_1 的增加，最大磁通密度 B_m 和传输有效功率 P_2 增加，如图 7-25 所示。传统的电流密度为 320A/cm² 的铜绕组，绕组排列方式和情况 4 一样，当通入 1600A 的总电流时，B_m、U_2 和 P_2 分别是 0.044T、1.95V 和3.8W。相对地，当超导绕组通入 200kA 的总电流时，B_m、U_2 和 P_2 分别是 5.54T、246V 和 69kW，可见超导绕组在实际工作中能够传递更多的电能。

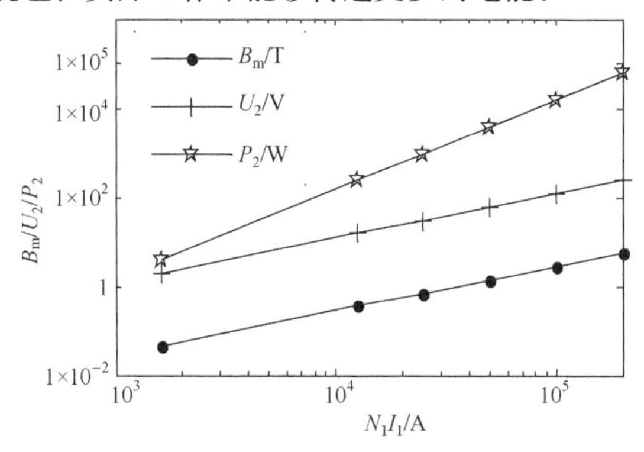

图 7-25　N_1I_1 和 B_m、U_2、P_2 的关系曲线

2. 应用实例分析

1）绕组沿径向排列

2004 年，西班牙埃斯特雷马杜拉大学电力工程系设计了一种由 Bi2223 超导带材绕成的螺线管型超导变压器，如图 7-26 所示，为了保持线圈的形状，Bi2223 超导带材被缠绕在由玻璃纤维构成的螺旋管上，通过线圈的不同排列放置可以形成几种变压器的雏形。其中两种类型线圈的布置如表 7-15 所示，N 表示每个线圈的匝数，R、L 分别表示各自线圈的半径和长度。

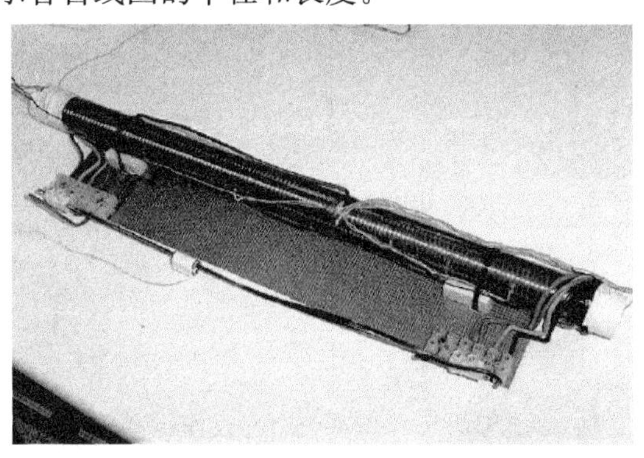

图 7-26　螺线管型超导变压器

表 7-15 螺线管绕组的基本参数

绕组	类型一			类型二		
	N	R/m	L/m	N	R/m	L/m
线圈 1	130	0.0163	13.27	107	0.0316	21.26
线圈 2	135	0.0165	13.99	109.5	0.0325	22.19
线圈 3	136	0.0167	14.31	109	0.0329	22.52
线圈 4	133	0.0170	14.21	108	0.0335	22.73

2）绕组沿轴向排列

2005 年，长沙理工大学等科研单位在理论计算的基础上，制作了由 5 个高温超导双饼绕组组成的试验用空芯脉冲变压器，如图 7-27 所示。高温超导双饼采用 Bi2223/Ag 带材（4.2mm×0.23mm，I_c=68.7A）绕制而成，双饼绕组同轴排列，双饼绕组之间夹放环氧树脂薄板作为导热片，每个超导双饼绕组都设计了独立的电流引线。

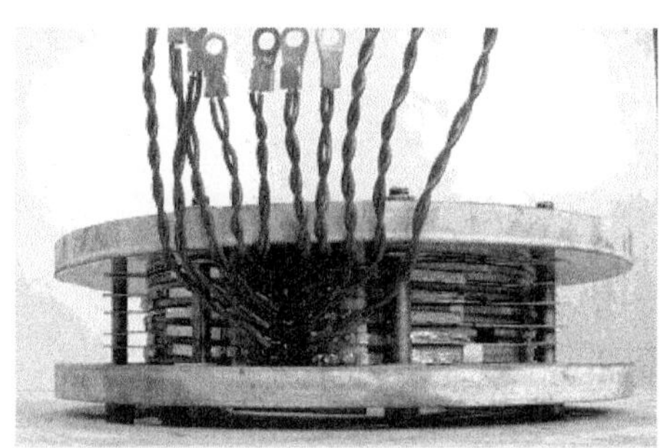

图 7-27 由双饼绕组构成的超导空芯变压器

3）绕组沿环排列

2002 年，西班牙埃斯特雷马杜拉大学电力工程系提出了一种环形超导空芯变压器，如图 7-28 所示，变压器由 Bi2223 超导带材绕制而成，为了加强变压器的结构，Bi2223 超导带材被缠绕在玻璃纤维环上，绕组的特点如表 7-16 所示。

图 7-28 环形超导空芯变压器

表 7-16　环形绕组的基本参数

项目	参数
匝数(高压/低压)	447/341
层数(高压/低压)	3/2
内/外直径	29.3cm/36.7cm

7.5　超导混合变压器

7.5.1　高电压变压器

为了满足某些特殊要求，需要制备大电流低压和低电流高压的变压器。但是由于传统铜质导线绕制的变压器线圈具有较高的内阻，电流传导密度低，不能满足上述要求。随着高温超导材料及其相应技术的发展，制作高温超导大电流低电阻损耗线圈已可实现。

这种高温超导变压器，主要部件包括铁芯、初级线圈和次级线圈。初级线圈通过大电流引线与外部电源相连，次级线圈通过高压输出端口输出高压电；初级线圈由复合高温超导导线或高温超导初始带材绕制，是大电流低电阻损耗线圈，次级线圈采用传统高压线圈技术绕制；初级线圈置于低温容器中，利用制冷液或制冷机(4K 室温范围温度可控)冷却。制冷机冷却采用传导制冷工作模式，制冷液冷却采用简便浸泡方案。

由于初级线圈采用复合高温超导导线或高温超导初始带材，与绕制线圈的传统铜导线相比，传导电流密度大大提高，可大大减少初级线圈的圈数和体积，同时减少了初级线圈的电阻损耗，即 $I^2R\approx0$，效率提高；由于提高传导电流密度和减小电阻损耗，降低了对供电电源的要求，所以所述高温超导高压变压器正常工作的技术要求更易实现，实用性更好。次级线圈仍然采用有多圈特点的传统高压线圈技术而非超导导线绕制，次级线圈圈数大大提高，获得相同功率和输出电压所需的初级线圈圈数大大减少，进而使得次级线圈的圈数相对于非超导变压器的次级线圈圈数大大减少，导致次级线圈的内耗降低，并减少次级线圈的回路电阻，大大提高了高温超导变压器的性能和使用效果。

上述的高温超导变压器属于低电流高电压型电源变压器，主要应用于产生高压或超高压，作为一种普遍适用的低电流高压电源适用于任何需要低电流和高电压的场合，可应用于高压绝缘测试试验系统或高压放电试验系统等。此种高温超导变压器的次级线圈由于是低电流高电压的情况，以及高温超导导线特征和绝缘等问题，不宜采用高温超导导线绕制。

实例分析

采用制冷液冷却的 100000V/0.5A/50Hz 高温超导高压变压器电源，结构示意图如图 7-29 所示[25]。主要包括铁芯、初级线圈和次级线圈，初级线圈通过大电流引线与外部电源相连，次级线圈通过高压输出端口输出高压电；初级线圈由复合高温超导导线绕制，高温超导导线如图 7-30 所示。是大电流低电阻损耗线圈，次级线圈采用传统高压线圈技术绕制；初级线圈置于低温容器中，利用制冷液冷却。

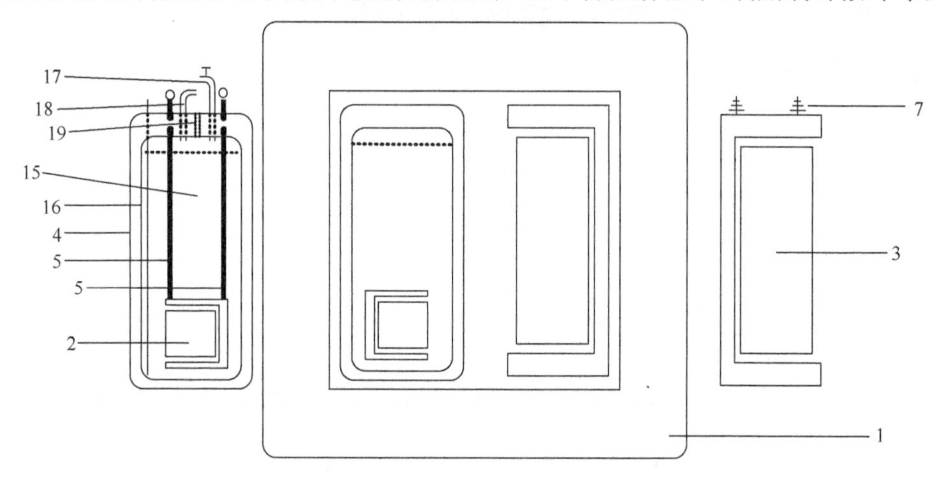

图 7-29 高温超导变压器的结构示意图

1-铁芯；2-初级线圈；3-次级线圈；4-低温容器；5-大电流引线；7-高压输出端口；15-制冷液；16-制冷液液面设计；17-制冷液进口；18-制冷液出口；19-保险阀

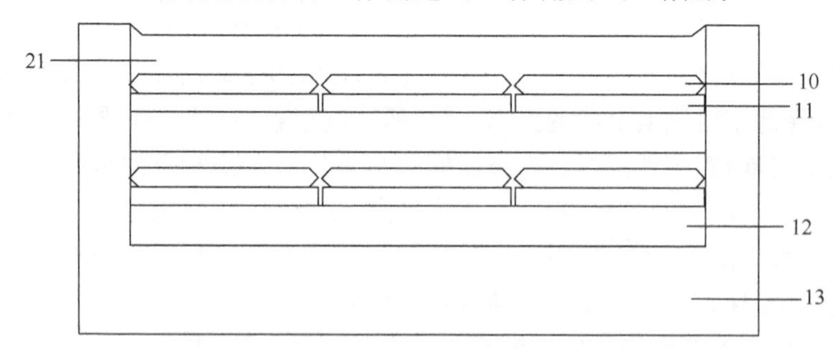

图 7-30 利用填充封灌强化工艺制备的复合高温超导导线结构示意图

10-高温超导初始带材；11-高温超导带材强化基带；12-高温超导多带材强化基体；13-高温超导复合导线外保护套；21-固化填充物

此种高温超导高压变压器设计参数如下。

规格：初级工作电压 0～220V，初级线圈的圈数为 10 圈；次级线圈输出 100kV 电压、0.5A 电流。

铁芯 1：硅钢片铁芯，长 L=2mm，高 H=2m，截面为 0.2m×0.2m。

最大功率：50000VA（变压器效率，如选 99.9%）。

磁路：铁芯 1 在额定工作点的磁感应强度 $B\approx1.7$T，相对磁导率 $\mu_r\approx4000$，磁场强度 H=338.2A/m。

初级线圈：电流 I_1=257.0A，电压 V_1=194.6V，是利用填充封灌强化工艺制备的复合高温超导导线制备的超导连接双饼式线圈。图 7-31 是初级线圈为超导连接双饼式线圈的剖面示意图。

次级线圈的圈数：采用铜漆包线绕制，N_2=5139 圈。

大电流引线：利用开普敦薄膜带作为绝缘带包裹卷绕八根高温超导初始带材制备，然后用环氧树脂进行固化和保护处理。图 7-32 为大电流引线的俯视图和制备示意图。

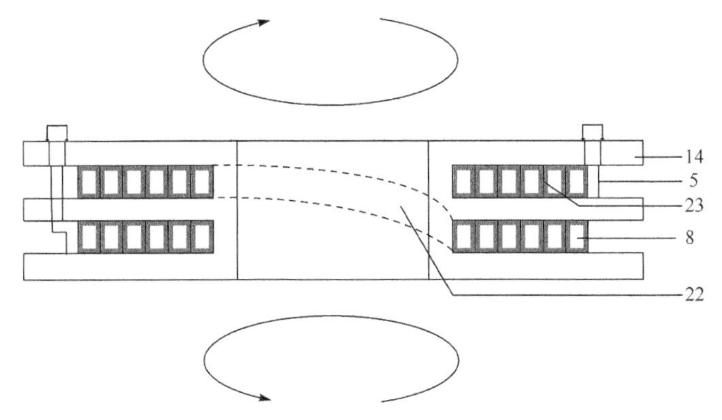

图 7-31　初级线圈为超导连接双饼式线圈的剖面示意图

5-大电流引线；8-复合高温超导导线；14-线圈骨架；22-导线槽；23-绝缘层

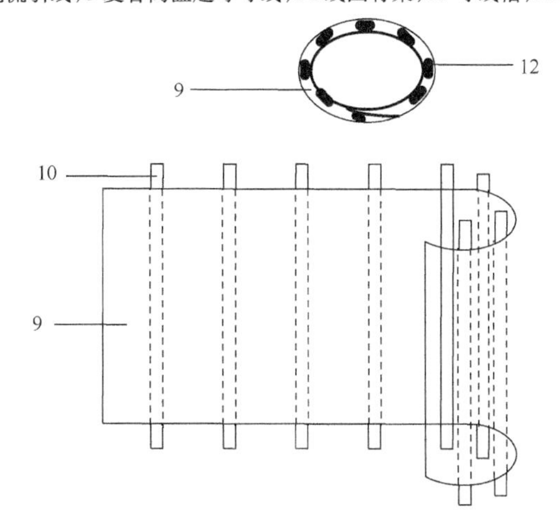

图 7-32　大电流引线的俯视图和制备示意图

9-绝缘带；10-高温超导初始带材

下面给出了一个 25kVA(380V/100kV,66A/0.25A)高温超导高电压变压器的设计案例,用于分析和验证高温超导大电流变压器的可行性。其主要性能参数见表 7-17。初级绕组(Bi2223 线圈)比铜线圈轻 15%,它所需要的窗口面积仅为 300mm^2。次级绕组由铜线绕制,铜绕组的质量为 14kg,它所需要的窗口面积为 8000mm^2。由于高温超导绕组比铜绕组有较小的质量以及较小的窗口面积,所以与之对应的铁芯的窗口面积和质量也较小。

平行磁场密度 $B_x(/\!/c)$将会影响高温超导带材的临界电流 I_c的大小,当 $B_x(/\!/c)$增加时,带材的临界密度 I_c将减小。当通过超导绕组的电流达到或者超过临界电流时,高温超导绕组将会失超。25kVA 高温超导变压器的静磁场分布如图 7-33 和图 7-34 所示。绕组端部的平行磁场的最大值为 0.008T,在高温超导绕组的允许范围内。

高温超导的绕组的交流损耗可被忽略,铜绕组的交流损耗为 204W。如果忽略铁芯损耗,25kVA 超导变压器的效率为 99.18%。

表 7-17 25kVA 超导变压器的参数

容量	单相,25kVA
冷却方式	液氮
初级绕组	
带材/尺寸	Bi2223/4.2mm×0.23mm
电压/电流	380V/66A
截面积	200mm×1.5mm
总匝数	152
次级绕组	
带材/尺寸	Cu/0.1mm^2
电压/电流	100kV/0.25A
截面积	400mm×20mm
总匝数	40000
铁芯	
高度/宽度	700mm/700mm
截面积	100mm×100mm
窗口面积	500mm×500mm

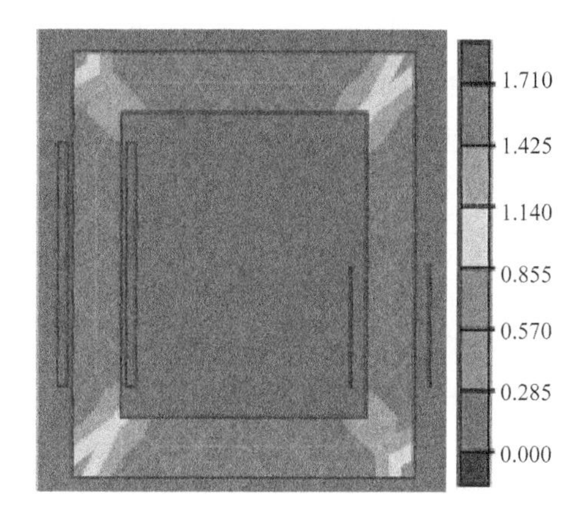

图 7-33　磁场分布(单位:T)

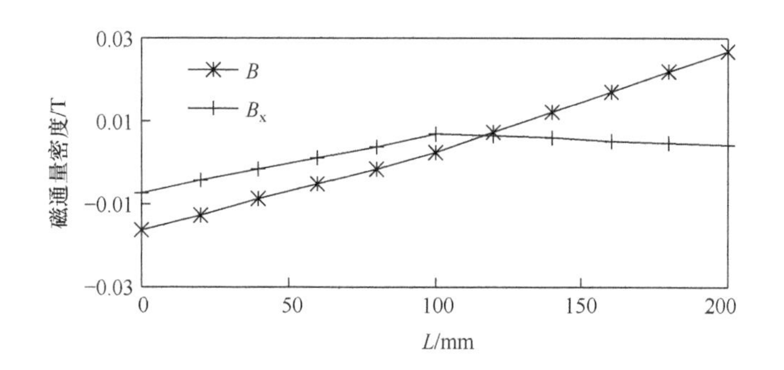

图 7-34　沿着超导绕组内壁方向的磁场分布

7.5.2　大电流变压器

由于传统铜质导线绕制的变压器线圈具有较高的内阻,电流传导密度低,导致了当变压器的次级线圈需要产生非常大的电流输出时,次级线圈的功耗 I^2R 很大,绕组圈数体积也非常大,所以其实际运行成本高、整体体积大,无法实现高效的设计。针对现有技术的不足,利用高温超导材料绕制大电流次级线圈,研制出使得次级容量增大、电阻损耗降低、能够输出大电流低电压的高温超导大电流变压器[26]。

高温超导大电流变压器和高电压变压器一样,主要包括铁芯、初级线圈和次级线圈。初级线圈通过高压输入端口与外部电源相连,次级线圈通过大电流引线输出大电流低压电;次级线圈由复合高温超导导线或高温超导初始带材,或高温超导大电流电缆导线绕制,是大电流低电阻损耗线圈,初级线圈采用传统高压线圈技术绕制;次级线圈置于低温容器中,利用制冷液或制冷机(4K 室温范围温度可控)冷却。制冷机冷却采用传导制冷工作模式，制冷液冷却采用简便浸泡方案。此种变压器的初级线圈也可采用复合高温超导导线绕制，或高温超导初始带材绕制，并与次级线圈同时置于低温容器中，利用制冷液或制冷机冷却。

由于次级线圈采用复合高温超导导线或高温超导初始带材，与绕制线圈的传统铜导线相比，传导电流密度大大提高，可大大减少初级线圈的圈数和体积，同时减少初级线圈的电阻损耗，即 $I^2R\approx0$，效率提高。

高温超导大电流变压器属于大电流低电压输出型电源变压器，主要应用于产生大电流，作为一种普遍适用的大电流低压电源，适用于任何需要大电流和低电压的场合，可应用于高温超导低压直流输电系统中作为降压大电流变压器，或作为冶金工业中的电弧炉、感应炉、钢包炉、矿热炉、电石炉、电渣炉、盐浴炉，或大功率电焊机的变压器、电流互感器、断路器、接触器、热继电器、开关、升流电源等，还可用于现代脉冲工程中的如大功率脉冲发生器、大功率激光器、高能加速器、受控热核反应以及电磁炮等。

实例分析

C 型铁芯用制冷机冷却的 50000VA/50Hz 高温超导高压变压器电源分析如下。

采用制冷液冷却的 50000VA/50Hz 高温超导高压变压器电源，结构示意图如图 7-35 所示。主要包括铁芯、初级线圈和次级线圈，初级线圈通过高压输入端口与外部电源相连，次级线圈通过大电流引线输出大电流低电压；初级线圈采用传统高压线圈技术绕制，次级线圈由复合高温超导导线绕制，如图 7-36 所示，是大电流低电阻损耗线圈。次级线圈置于低温容器中，利用制冷机冷却。

图 7-35　高温超导变压器的结构示意图

1-铁芯；2-初级线圈；3-次级线圈；4-低温容器；5-大电流引线；6-制冷机；
7-高压输入端口；16-测控线端口；17-真空抽气孔；18-基座

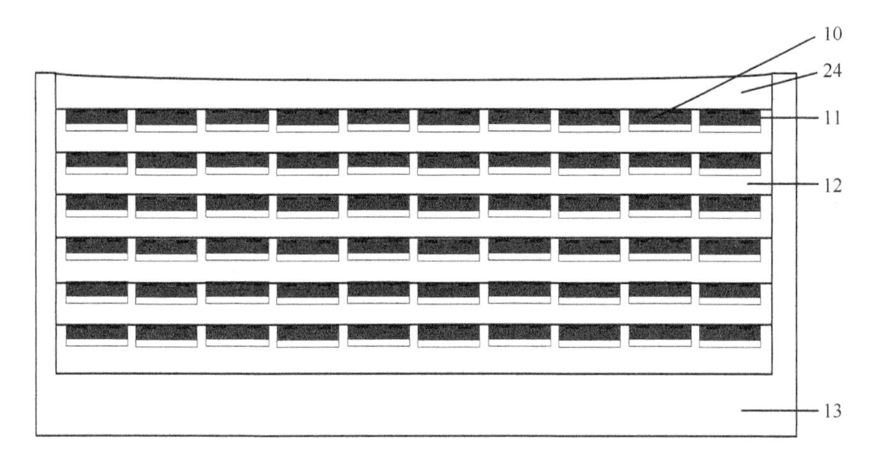

图 7-36　利用填充封灌强化工艺制备的复合高温超导导线结构示意图

10-高温超导初始带材；11-高温超导带材强化基带；12-高温超导多带材强化基体；13-高温超导复合导线外保护套；24-固化填充物

此种高温超导高压变压器设计参数如下。

规格：初级线圈工作电压 6300V，次级线圈输出 24V 电压，2000A 电流；次级线圈的实绕圈数为 2 圈，实际最大电流为 2083A。

铁芯 1：C 型，冷轧晶粒取向硅钢片，长 $L=2$mm，高 $H=2$m，截面为 0.2m×0.2m。

最大功率：50000VA（变压器效率，如选 99.9%）。

磁路：铁芯 1 在额定工作点的磁感应强度 $B\approx1.7$T，相对磁导率 $\mu_r\approx4000$，磁场强度 $H=338.2$A/m。

初级线圈：电流 $I_1=8$A，采用铜漆包线绕制，$N_1=525$ 圈。

次级线圈：是利用填充封灌强化工艺制备的复合高温超导导线制备的超导连接双饼式线圈。

图 7-37 是高温超导大电流变压器应用于高温超导低压直流输电系统中的结构示意图。图 7-38 是制冷液流动槽为单向通道的高温超导大电流电缆导线结构示意图。

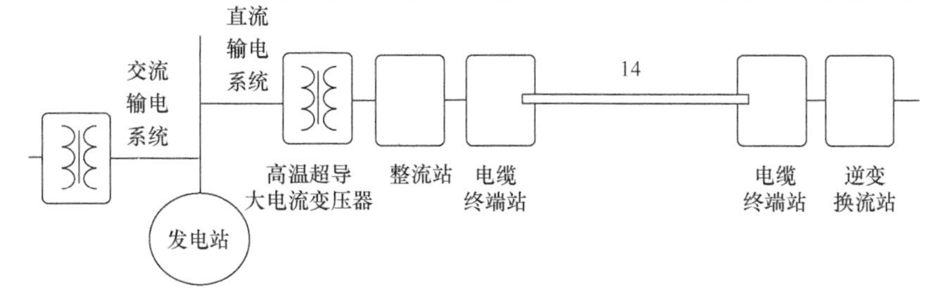

图 7-37　高温超导大电流变压器应用于高温超导低压直流输电系统中的结构示意图

14-高温超导大电流电缆

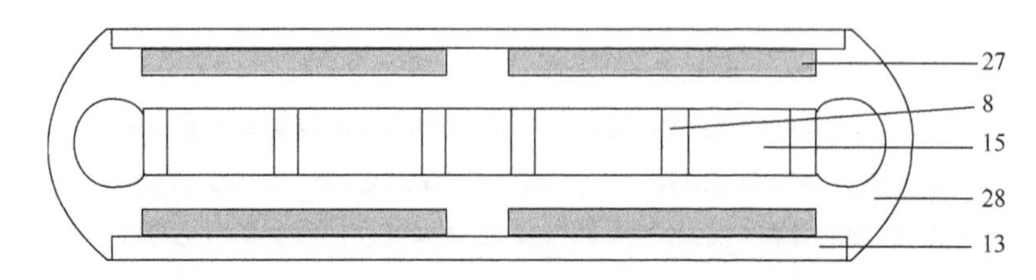

图 7-38 制冷液流动槽为单向通道的高温超导大电流电缆导线结构示意图

8-强化支柱；13-外保护套；15-制冷液流动槽；27-复合高温超导导线；28-高温超导大电流导线基体

下面给出了一个 25kVA(10kV/5V，2.5A/5kA)高温超导大电流变压器的设计案例，用于分析和验证高温超导大电流变压器的可行性。其主要性能参数见表 7-18。初级绕组由铜线绕制，它所需要的窗口面积为 0.02m^2，绕组质量为 40kg。次级绕组(Bi2223 线圈)比铜线圈轻 15%，它所需要的窗口面积仅为 780mm^2。由于高温超导绕组比铜绕组有较小的质量以及较小的窗口面积，所以与之对应的铁芯的窗口面积和质量也较小。

表 7-18 25kVA 超导变压器的参数

容量	单相，25kVA
冷却方式	液氮
初级绕组	
带材/尺寸	Cu/1mm^2
电压/电流	10kV/2.5A
截面积	400mm×50mm
总匝数	10000
次级绕组	
带材/尺寸	Bi2223/4.2mm×0.23mm
电压/电流	5V/5kA
截面积	200mm×3.9mm
总匝数	5
铁芯	
高度/宽度	700mm/700mm
截面积	100mm×100mm
窗口面积	500mm×500mm

平行磁场密度 $B_x(/\!/c)$将会影响高温超导带材的临界电流 I_c的大小，当 $B_x(/\!/c)$增加时，带材的临界密度 I_c将减小。当通过超导绕组的电流达到或者超过临界

电流,高温超导绕组将会失超。25kVA 高温超导变压器的静磁场分布如图 7-39 和图 7-40 所示。图 7-40 中的横坐标数值对应从高温超导绕组的内壁上边沿开始至内壁下边沿的距离,其平行磁场最大值为 0.03T。堆叠的 Bi2223 带材导线数量为 80 根,其构成的电缆截面为 40mm×3.9mm,正常状态下每根高温超导带材的工作电流为 62.5A。

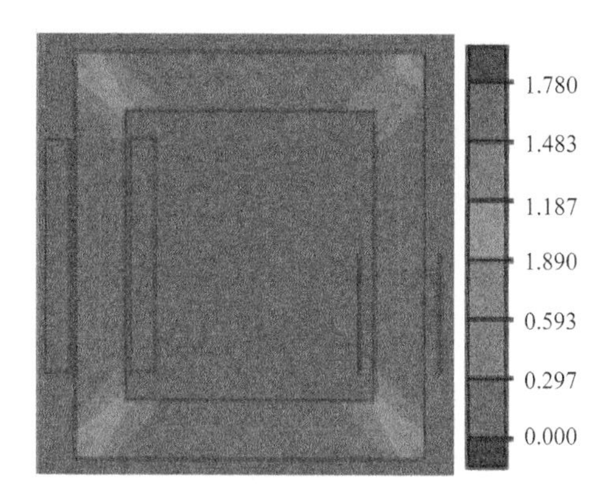

图 7-39　磁场分布(单位:T)

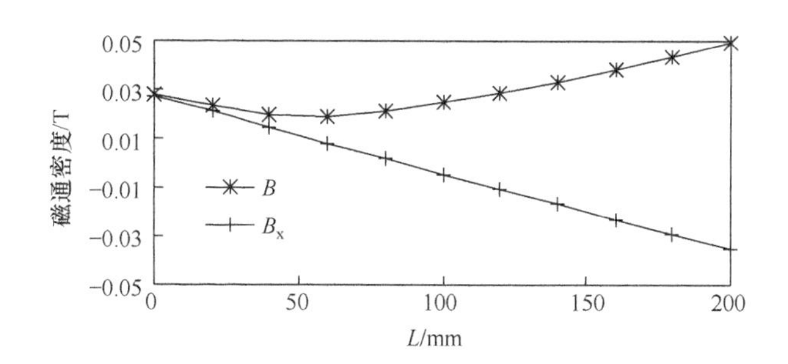

图 7-40　沿着超导绕组内壁方向的磁场密度分布

高温超导绕组的交流损耗可被忽略,铜绕组的交流损耗为 581W。如果忽略铁芯损耗,25kVA 超导变压器的效率为 97.68%。

7.6　超导特殊变压器

7.6.1　松耦合电能传输变压器

无线电能传输技术又被称为非接触电能传输(contactless power transfer, CPT)技术,该技术由于实现了电源与用电设备之间的完全电气隔离,具有安全、可靠、灵活等传统电能传输方式无可比拟的优点,所以得到了国内外学者的广泛关注。

根据电能传输机理以及方式的不同,无线电能传输技术可分为三类[27,28]。第一类是基于电磁感应耦合原理进行短距离、大功率电能传输的无线充电技术。第二类是基于电场磁场共振原理的 WiTricity 技术,该技术由麻省理工学院 Marin 于 2007 年提出,可在数米内进行电能传输。第三类是将电能转化为激光或者微波发射给距离较远的接收天线,再进行处理后实现电能远距离传输。本节先介绍基于电磁感应原理的电能传输技术。

感应耦合电能传输技术是一种利用电磁感应原理,通过非接触的耦合方式进行能量传递。其基本典型结构如图 7-41 所示,三相工频电源经过整流滤波之后所获得的直流电在逆变器中进行高频逆变,所产生的高频交变电流在经过初级补偿电路之后注入发射线圈(T_x),然后在邻近空间中产生高频交变磁通,接收线圈(R_x)通过耦合高频交变磁通来获取感应电动势,在经过适当的电能参数调节之后,即可向负载提供电能。

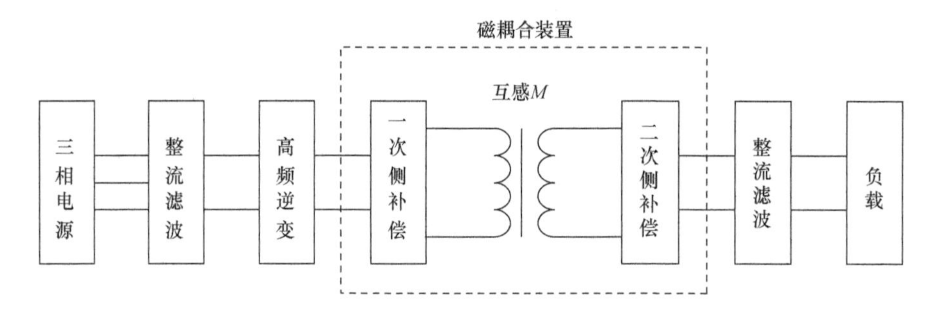

图 7-41 感应耦合电能传输系统典型结构图

1. 高温超导感应耦合电能传输系统(HTS-WPT)的理论分析

1) 基本的感应耦合电能传输系统分析

感应耦合电能传输系统中,一方面为了提高功率传输能力,另一方面为了降低对输入电源伏安等级的要求,通常会采取在系统中添加补偿电容的措施来降低系统的无功损耗,图 7-42 给出了四种最基本的拓扑结构。其中,s 表示串联补偿,即补偿电容与线圈电感以串联的方式连接;p 表示并联补偿,即补偿电容与线圈电感以并联的方式连接。图中,L_1 和 L_2 分别为传输线圈(T_x)和接收线圈(R_x)的电感,C_1 和 C_2 分别为传输和接收回路的补偿电容,R_1 和 R_2 分别为 T_x 和 R_x 的内阻,R_L 为负载电阻,M 为 T_x 和 R_x 的互感,V_1、I_1 分别为输入电压和电流,I_p 和 I_s 分别为传输和接收回路的谐振电流。由于 ss 的补偿拓扑结构比其他的更简单[29],所以本节采用 ss 补偿进行分析。

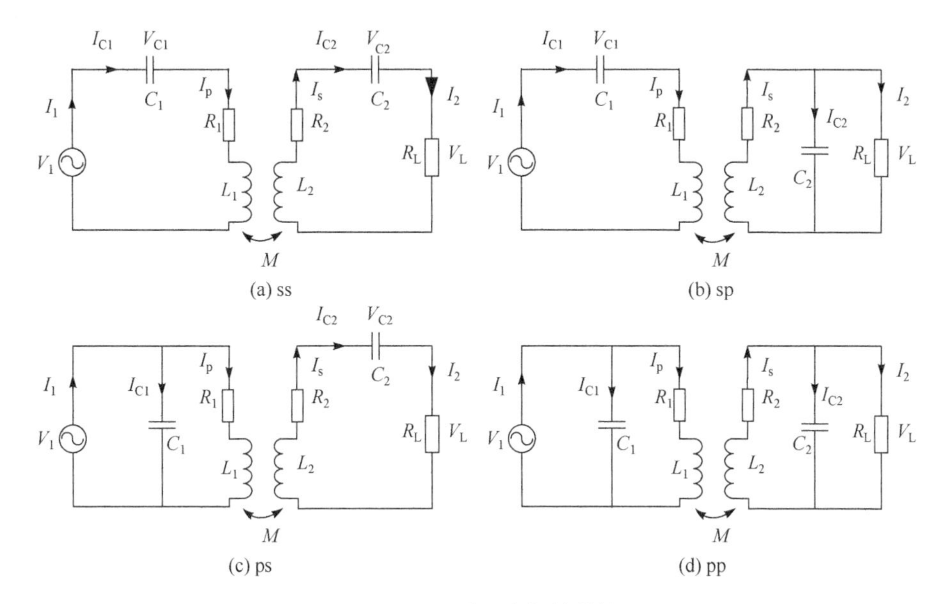

图 7-42　四种基本拓扑结构

从图 7-42 中可以得到传输回路和接收回路的阻抗分别为

$$Z_1=R_1+\mathrm{j}\omega L_1-\frac{\mathrm{j}}{\omega C_1},\quad Z_2=R_2+R_L+\mathrm{j}\omega L_2-\frac{\mathrm{j}}{\omega C_2} \tag{7-1}$$

把接收回路的阻抗反射到传输回路后，从传输回路侧得的等效阻抗为

$$Z_1'=Z_1+\frac{(\omega M)^2}{Z_2} \tag{7-2}$$

当传输线圈是由交流电流源 I_1 驱动时，交流源提供的总有功功率 P_1 和负载 R_L 消耗的功率 P_2 分别为

$$\begin{aligned} P_1&=|I_1|^2\mathrm{Re}(Z_1')=|I_1|^2\left(R_1+\frac{(\omega M)^2(R_2+R_L)}{|Z_2|^2}\right)\\ P_2&=|I_2|^2R_L=\frac{|I_1|^2(\omega M)^2R_L}{|Z_2|^2} \end{aligned} \tag{7-3}$$

则有功功率从交流电流源传输到负载的转换效率可表示为

$$\eta_{\mathrm{Coupling}}=\frac{P_2}{P_1}=\frac{R_L}{\dfrac{R_1|Z_2|^2}{(\omega M)^2}+(R_2+R_L)} \tag{7-4}$$

2）高温超导体的交流损耗

在传输直流电时，倘若电流、温度和外部磁场保持在临界值以下，高温超导体会有基本的零电阻现象。但如果超导体传输交流电流或者处于交变磁场中（或存在电磁扰动）时，超导体内将产生损耗，即交流损耗。对于 Bi2223/Ag 带材，有三种类型的交流损耗，即磁滞损耗 P_h、涡流损耗 P_c 和电阻的固有损耗 P_r[30]，单位长

度的总交流损耗 $P_{Total}=P_h+P_c+P_r$，其中 $P_h \propto f$，$P_c \propto f^2$，并且固有损耗 P_r只可能出现在大电流的情况下，由于磁通的蠕动而产生。由于无线电能传输系统的工作频率在几千赫兹到数十千赫兹之间[31]，所以电阻的固有损耗 P_r可以忽略不计[32]，根据诺里斯公式[33]，单位长度的磁滞损耗可表示为

$$P_h=\frac{I_c^2\mu_0}{\pi}[(1-i)\ln(1-i)+(1+i)\ln(1+i)-i^2]f \tag{7-5}$$

式中，$i=I_p/I_c$，I_p为传输电流的峰值，I_c为超导体的临界电流；f 为工作频率。

单位长度的涡流损耗可表示为[34]

$$P_e \approx \frac{2\,(I_p\mu_0\pi f)^2}{\rho}\frac{d^3}{L} \tag{7-6}$$

式中，d 和 L 分别为基层厚度和外围纤维层的周长；ρ 为银的电阻率。如果用 L_{Tape}表示超导带材的总长度，则交流损耗的等效电阻可表示为

$$P_{AC\_Equ}=\frac{2P_{Total}L_{Tape}}{I_p^2}\approx\frac{2(P_h+P_e)L_{Tape}}{I_p^2}=R_h+R_e \tag{7-7}$$

式中，$R_h=\dfrac{2P_hL_{Tape}}{I_p^2}$为磁滞损耗；$R_e=\dfrac{2P_eL_{Tape}}{I_p^2}$为涡流损耗。

3）系统效率的定义

图 7-43 详细描述了高温超导感应耦合电能传输系统中功率流动和效率的定义，在图 7-41 和图 7-42 中的负载用串行连接的“整流”“直流/直流转换”和“电池”代替；由于直流/直流转换器是电池充电系统中的固有部分，它的效率 $\eta_{DC/DC}$将不会被考虑在 HTS-WPT 的效率之内，所以定义高温超导感应耦合电能传输系统的效率为

$$\eta_{Sys}=\frac{P_{Rcc}}{P_{PSU}}=\eta_{PA}\eta_{TX}\eta_{RX}\eta_{Rcc}$$

如果把功率放大器和整流器的功率损耗用等效损耗的电阻（R_{RA}、R_{Rec}）来代替，并假设它们是常量，那么可重新定义

$$R_1=R_{PA}+R_{TXCoil},\quad R_2=R_{Rec}+R_{RXCoil} \tag{7-8}$$

然后可以得到 $\eta_{Sys}=\eta_{Coupling}$[如式(7-4)所示]。

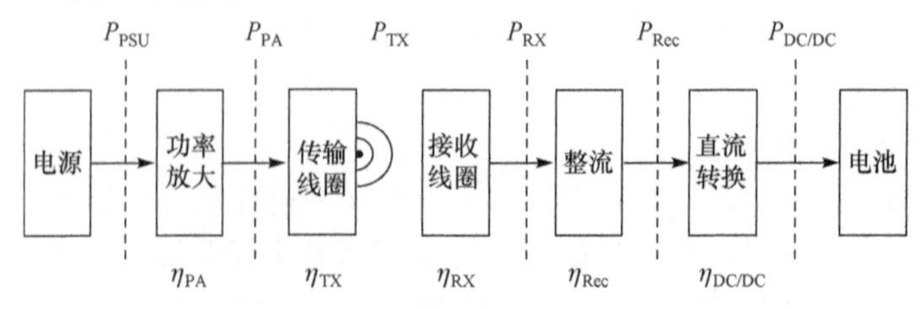

图 7-43　高温超导感应耦合电能传输系统中功率的流动和效率的定义

一般在高温超导系统中需要制冷装置使系统的工作温度低于临界温度来维持超导态，但由于制冷装置相对于充电对象过大，且不易安装，所以一般只在传输线圈中应用超导材料，而接收线圈采用传统的铜线圈。根据卡诺循环理论，在液氮温度区的最大冷却效率为 $\eta_{Carnot}=34.5\%$，在考虑其他的功率损耗后，一个典型的制冷系统的总效率是 $20\%\eta_{Carnot}=6.9\%$，6.9%的总效率表明：使被冷却对象放出1W的热量需要制冷装置输入14.5W(定义为功率系数 $k_{sp}=1/\eta$)的功率，考虑制冷系统的效率后，HTS-WPS的总效率可表示为

$$\eta_{Sys}=\frac{P_2}{P_1+P_{Coil}}=\frac{P_2}{P_1+k_{sp}|I_1|^2R_{TXCoil}}=\frac{R_L}{\dfrac{(R_1+k_{sp}R_{TXCoil})|Z_2|^2}{(\omega M)^2}+(R_2+R_L)} \tag{7-9}$$

式中，P_{Coil} 为制冷装置消耗的额外功率。

4）高温超导感应耦合电能传输系统的效率和负载特性分析

在整个充电过程中，等效负载电阻 R_L 会随着充电功率的变化而改变，公式(7-4)表明在充电的过程中，系统的充电效率会因 R_L 的变化而变化；此外式(7-9)表明，可以通过减小 R_1、R_2 或增大 ω、M 来提高系统的效率，通过采用共振调谐单元，传输侧电路可以被调整为纯电阻电路，因此，式(7-9)中的 $|Z_2|$ 可以取到最小值，即 $|Z_2|=R_2+R_L$。

式(7-9)对 R_L 求导后，当且仅当 R_L 取下面的值时，系统的效率最大

$$R_{L\eta_{max}}=\sqrt{R_2^2+\frac{(\omega M)^2R_2}{R_1'}} \tag{7-10}$$

式中，$R_1'=R_1+k_{sp}R_{TXCoil}$。

根据公式(7-3)可得，如果传输线圈由直流源驱动，当 $R_{LP_{max}}=R_2$ 时，可以获得最大功率点。因为功率放大装置的最大输出电压是有限的，因此，电流 I_1 不能保证在各种负载条件下为常数值，设交流源的最大有效值电压为 U_{max}，在接收端可以获得的最大功率为

$$P_{2U_{max}}=|U_{max}|^2(\omega M)^2\frac{R_L}{|Z_1Z_2+(\omega M)^2|^2} \tag{7-11}$$

式(7-11)表示了在负载变化的过程中，负载可获得的功率的极限值。

2. 结构

磁耦合装置是感应耦合电能传输系统功能实现的核心部分，该环节是实现能量非接触传输的基础。电能传输系统中的磁耦合装置有多种分类。一方面，根据工作时传输系统与接收设备的运动状态的不同，无线电能传输系统大致可以分为三类，即分离式、滑动式和旋转式，分别用于相对于供电电源要求保持静止、滑动和

旋转的用电设备供电。另一方面，按有无磁芯可分为空芯和带磁芯两类。

1）空芯磁耦合装置

根据空芯磁耦合装置中原、副边线圈分布位置的不同，可以将其分为三类，即平板式结构(点对点式)、螺旋管线圈式结构(点对点式)、多个线圈组合连接式结构和同轴变压器结构(同轴变压器式)，如图 7-44 所示。

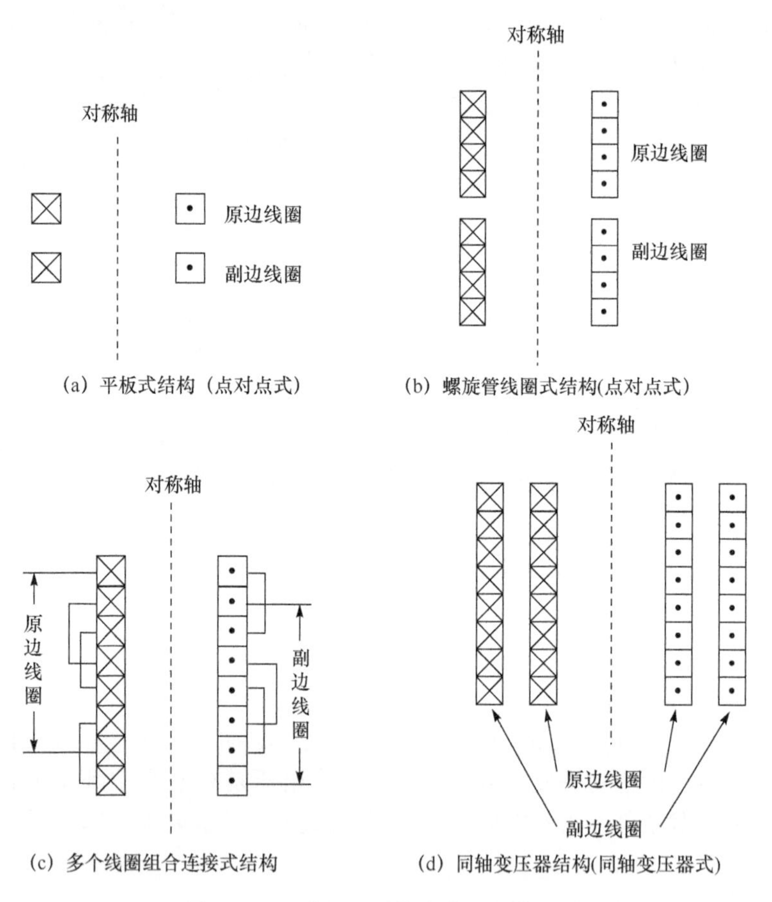

图 7-44　几种空芯磁耦合装置的截面图

2）带磁芯的磁耦合装置

磁芯形状有 U 型、EE 型、EI 型、EC 型和罐型等多种结构，可以根据不同的应用场合选择合适的磁芯。图 7-45 给出了 U 型磁体磁耦合装置中两种绕组的放置方式。图 7-45(a)将绕组放置在 U 型铁芯的底部，而图 7-45(b)将绕组拆分成两半后放置在 U 型铁芯的芯柱端部。此外，图 7-45 还给出了其他几种比较典型的电磁结构示意图。

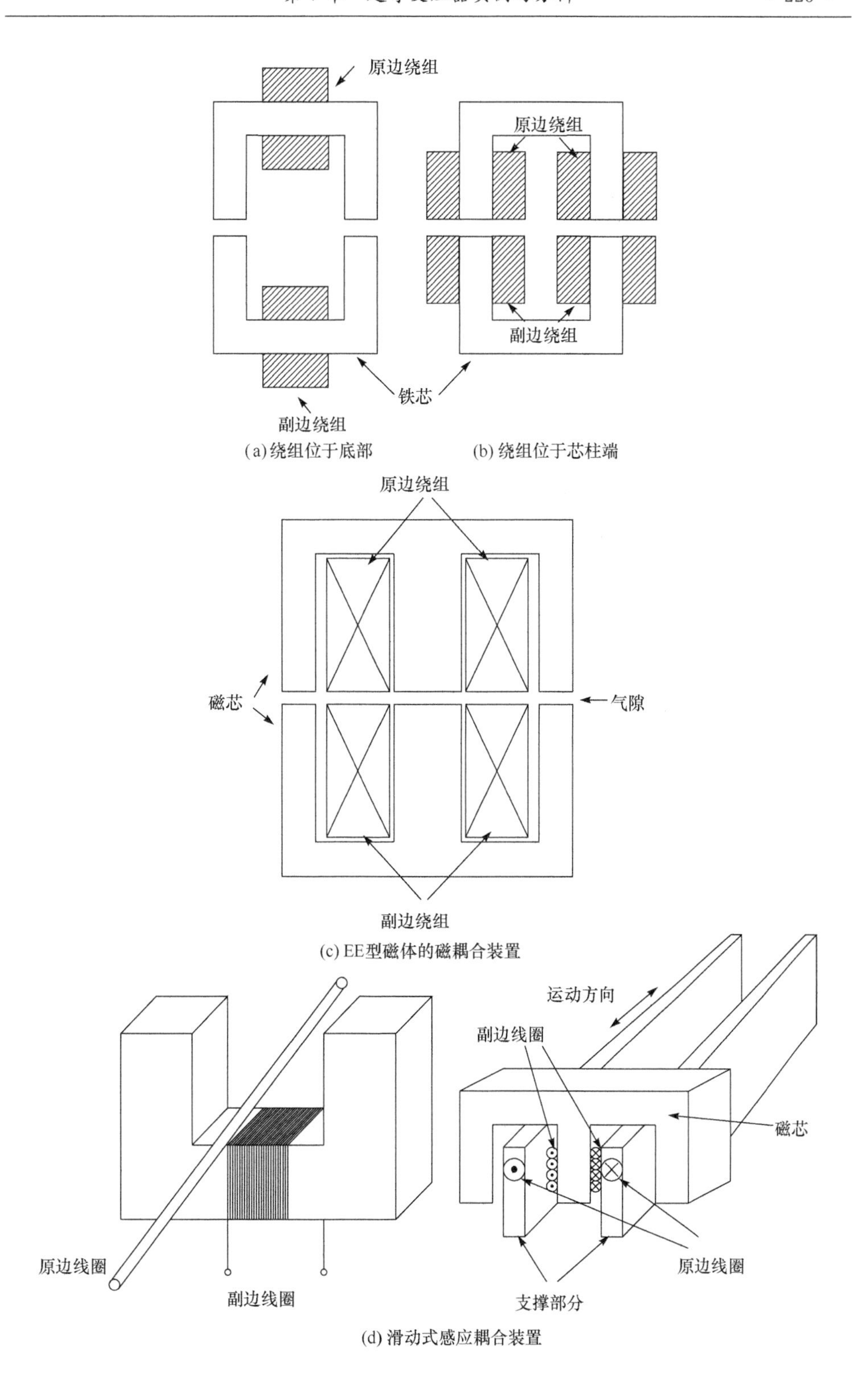

(a) 绕组位于底部　(b) 绕组位于芯柱端

(c) EE型磁体的磁耦合装置

(d) 滑动式感应耦合装置

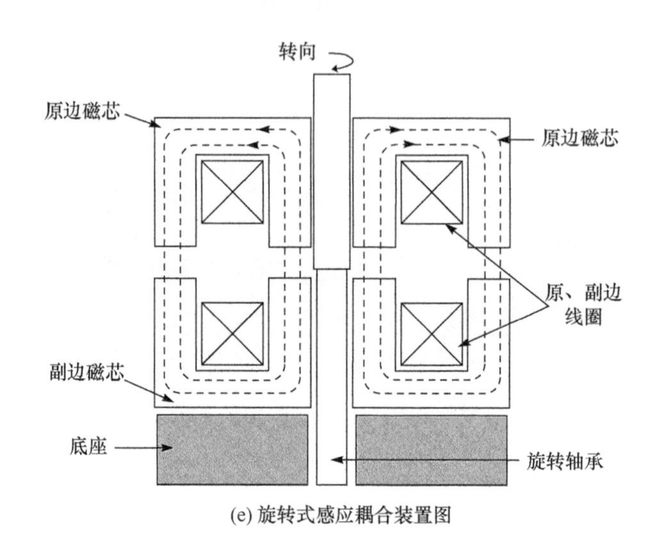

(e) 旋转式感应耦合装置图

图 7-45　几种典型的电磁结构示意图

3）应用

为了验证高温超导感应耦合电能传输系统（HTS-WPT）理论分析的正确性，华中科技大学的先进电磁工程和技术国家重点实验室建立了一个小容量的 HTSWPT。

2007 年 7 月 6 日，美国麻省理工学院（MIT）的研究小组在 *Science* 杂志的在线版 *Science Express* 上刊登了其在无线电路传输技术上的研究突破[35]，基于电磁谐振原理，试制出的无线供电装置，称为“Witricity”无线供电技术，可以点亮相隔 7ft（约 2.1m）远的 60W 电灯泡，能量效率可达到 40%。这个“隔空点灯泡”试验引起了欧美及全球各大媒体的极大关注，并进行了“Goodbye Wires”之类的广泛报道。

3. 基于电磁谐振原理的无线电能传输系统的电路模型

基于电磁谐振原理的无线电能传输系统由发射线圈和接收线圈构成，其并联等效电路如图 7-46 所示，在低频段辐射损失非常小，可以忽略不计[36]。

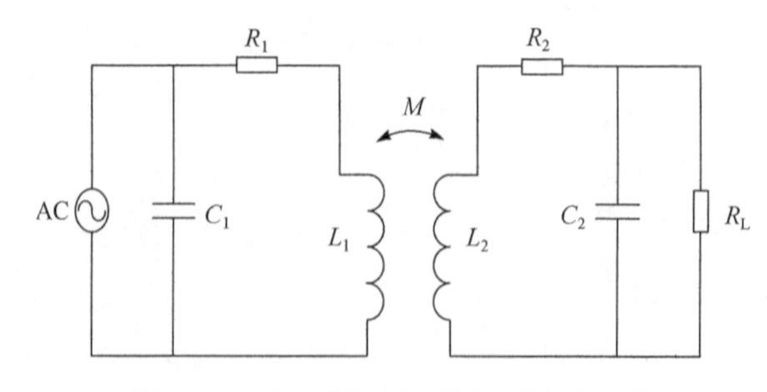

图 7-46　基于谐振原理的并联等效电路

假设发射线圈和接收线圈是相同的，它们有相同的电阻($R_1=R_2=R$)和电感($L_1=L_2=L$)，并且电容也相等($C_1=C_2=C$)，使这两个线圈可以得到相同的谐振频率 $f_0=1/(2\pi\sqrt{LC})$，根据等效电路模型和这些假设，可以得到效率的表达式为

$$\eta=\frac{\omega^2M^2R_L}{\omega^2M^2R_L+R[(\omega^2C^2R_L^2+1)(\omega^2M^2+R^2+\omega^2L^2)+R_L^2+2RR_L-2R_L^2\omega^2LC]} \tag{7-12}$$

式中，M 为互感系数；ω 为角频率($2\pi f$)；R_L 为负载的电阻。

在共振的情况下[$f=f_0=1/(2\pi\sqrt{LC})$，$1/(\omega C)=\omega L$]，则效率变为

$$\eta=\frac{\omega^2M^2R_L}{\omega^2M^2R_L+R[(\omega^2C^2R_L^2+1)(\omega^2M^2+R^2)+\omega^2L^2+2RR_L]} \tag{7-13}$$

由式(7-13)可以看出，线圈的电阻 R 越小，效率越高，因此，把高温超导线圈应用在无线电能传输系统中可以大大提高系统的效率。

4. 超导无线电力传输系统在电动汽车中的应用

应用于电动汽车中的超导无线电力传输(SUWPT4EV)系统的基本原理图如图 7-47 所示[37,38]。它由射频功率源(V_s)、即时通信电路(IM)、高温超导发射线圈(T_x)、铜接收线圈(R_x)和负载构成。由于线圈的共振耦合情况会随着线圈间距离的变化而变化，发射波会反射回发射天线，造成接收线圈的热损失，所以，为了保持不同电阻率的高温超导发射天线和铜接收器之间一直处于共振状态，在系统中安装了即时通信电路。

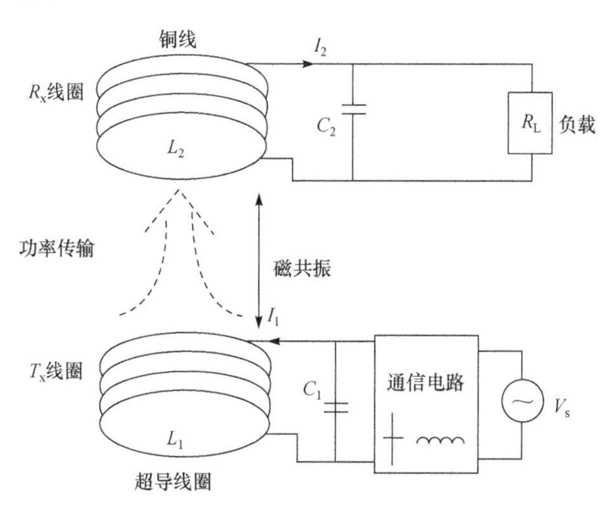

图 7-47　SUWPT4EV 系统的基本原理图

图 7-48 显示了 SUWPT4EV 系统的等效电路，其中，电感 L_{x1} 和 L_{x2} 是对应于 LC 耦合程度以及 T_x 和 R_x 线圈距离而选择输入源的共振频率的可变电感。

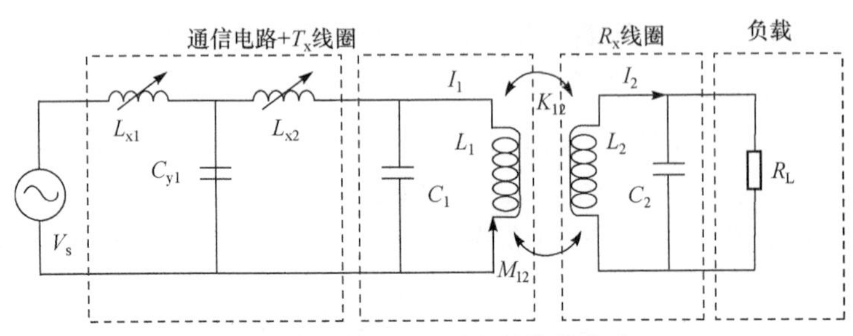

图 7-48 SUWPT4EV 的等效电路

此外,文献[37]通过实验分别验证了高温超导线圈和铜线圈作为发射天线与接收线圈(铜线圈)在共振、77K 和高频范围内的传输特性,其中,发射线圈和接收线圈的距离为 30cm,射频功率为 400W,频率为 370kHz。在这个实验中,高温超导 T_x 线圈和铜 R_x 线圈绕成螺旋状,其尺寸和设计规范如表 7-19 所示;为了确认传输功率,让两对 30W 的灯泡接在接收线圈上作为负载,实验原理图如图 7-49 所示。

表 7-19 高温超导线圈和铜线圈的具体参数

参数	数值
HTS GdBCO(SUNAM Co.)(厚度、宽度)铜稳定装置	(0.3mm,4mm)77K 下,I_c=190A
超导线圈在 77K、370kHz 下的感应系数和阻抗	10.92μH,25.3Ω
超导线圈在 77K、370kHz 下的 Q 值	200
高温超导 T_x 线圈,铜 T_x、R_x 线圈的匝数	4.5
铜 T_x、R_x 线圈的尺寸(厚度、宽度)	0.3mm,4mm
高温超导 T_x 线圈,铜 T_x、R_x 线圈的直径	30cm
铜线圈在 300K、370kHz 下的感应系数和阻抗	10.25μH,24.2Ω
超导线圈在 77K、300K 下的 Q 值	95,45
370kHz 下负载(30W 灯泡)的阻抗	119Ω

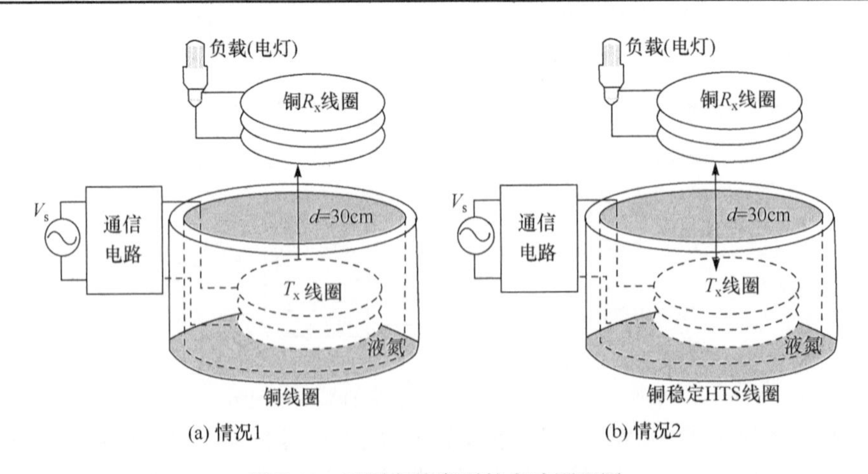

图 7-49 不同实验序列的实验原理图

为了比较两种方案的传输功率比，通过即时电路把反射功率比限制在 1%以下，其中，在传输功率为 400W 时高温超导发射线圈的实验性能及发射线圈与接收线圈的制造工艺如图 7-50 所示。

图 7-50　第二组装置的实验性能照片

7.6.2　感应加热变压器

电磁感应加热技术简称 IH(induction heating)技术，是法拉第感应定律的一种应用形式[39]。其本质就是利用电磁感应在柱体内产生涡流来给待加热工件进行电加热，它是把电能转换为电磁能，再由电磁能转换为电能，电能在金属内部转变为热能，达到加热金属的目的。以加热圆柱形工件为例，其原理如图 7-51 所示，电流通过线圈产生交变的磁场，当磁场内磁力通过待加热金属工件时，交变的磁力线穿透金属工件形成回路，故在其横截面内产生感应电流，此电流称为涡流[40,41]。其交流电频率越高，磁场变化就越快，单位时间内产生出的热量也就多。

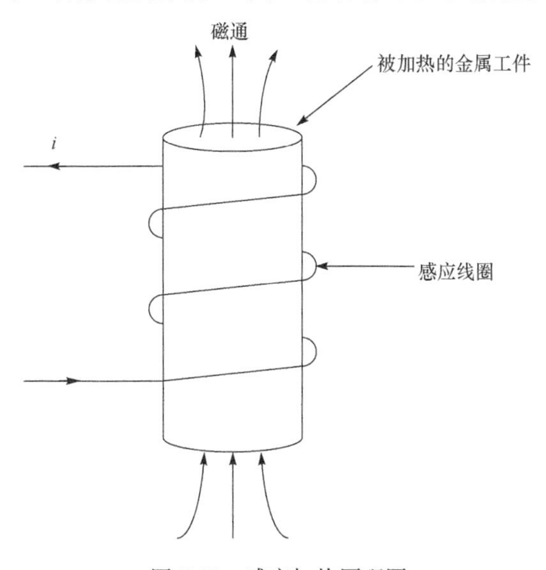

图 7-51　感应加热原理图

1. 基本原理

常规的感应加热器，被加热的工件是圆柱形方钢材料，被同轴放置在螺线管线圈的内部，当在线圈绕组中通交流电后，一个沿轴向的、时变的磁场会穿过被加热的工件，根据楞次定律，工件为了阻止磁场的变化就会感应出电流，这些电流沿切线方向流动，并且主要集中在工件的表面。因此，感应加热器本质上是一个变压器，被加热的金属工件等效为一个单匝的二次绕的短路形式。

这个加热过程的效率为[42]

$$\eta=\frac{P_w}{P_w+P_c} \tag{7-14}$$

式中，P_w为金属工件消耗的功率；P_c为消耗在线圈中的功率。

$$P=RI^2,\qquad I_w=nI_c \tag{7-15}$$

式中，n 为线圈的匝数。

把式(7-15)代入式(7-14)中得

$$\eta=\frac{n^2R_w}{n^2R_w+R_c} \tag{7-16}$$

此外，金属工件和单匝线圈的电阻可分别表示为

$$R_w=\frac{\rho_w 2\pi(r_w-\delta_w)}{l\delta_w},\qquad R_c=\frac{\rho_c 2\pi(r_c+\delta_c)}{l\delta_c/n} \tag{7-17}$$

式中，ρ_w 和 ρ_c 分别为金属工件和线圈的电阻率；r_w 为金属工件的半径；r_c 为线圈内径；l 为线圈和工件的轴向长度；δ 为趋肤效应的深度，由角频率 ω 和相对磁导率 μ 决定。

$$\delta=\sqrt{\frac{2\rho}{\mu\omega}} \tag{7-18}$$

把式(7-17)和式(7-18)代入式(7-16)中，得

$$\eta=\frac{1}{1+\frac{r_c+\delta_c}{r_w-\delta_w}\sqrt{\frac{\rho_c\mu_c}{\rho_w\mu_w}}} \tag{7-19}$$

线圈一般由铜绕组构成，即 $\mu_c=1$，此外，趋肤效应的深度相对于线圈绕组和工件的内径非常小，并且假设 $r_c=r_w$，则式(7-19)可简化为

$$\eta=\frac{1}{1+\sqrt{\frac{\rho_c}{\rho_w\mu_w}}} \tag{7-20}$$

大型先进的铝、铜工业感应加热器的最佳效率只有 60%左右。从式(7-20)可以看出，加热过程的效率可以通过改变 ρ_c/ρ_w 的值而改变，而 ρ_w 为被加热工件的

电阻率，是一个定值，所以只能通过减小线圈的电阻率 ρ_c 来提高效率，从而应用高温超导线圈(超导状态下的电阻率为零)成为一种可能。

2. 结构与实例分析

电磁感应加热主要利用了电磁感应原理、涡流热效应和趋肤效应。根据被加热器件的不同材质和结构可以分为柱式加热结构和板式加热结构。图 7-52 分别为常规柱式加热结构[43]和超导柱式加热结构[44]。

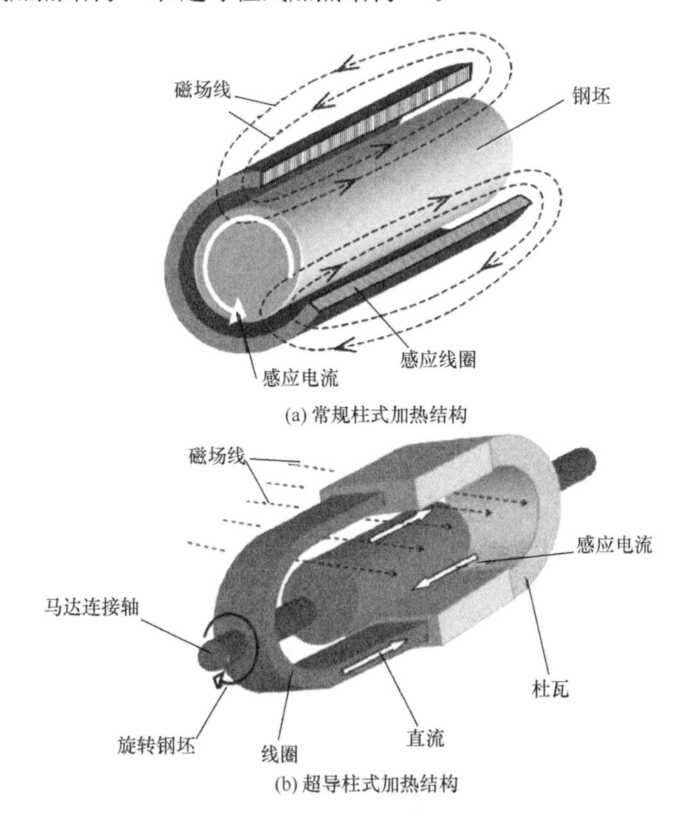

(a) 常规柱式加热结构

(b) 超导柱式加热结构

图 7-52　柱式加热结构

此外，还有板式加热结构。板式感应加热的目的是使得板式工件最后温度达到均衡。一般工程应用中板式感应加热中常用的线圈结构包括单层多匝圆形、多层单匝圆形、单层多匝椭圆形、多层单匝椭圆形、单层多匝矩形、多层单匝矩形、单层多匝回字形、多层单匝螺旋形、单层多匝 U 形等。一般板式感应加热线圈在市场或者工业中现在常用的线圈结构示意图如图 7-53 所示，其中上述线圈在 y 轴方向上的剖面等效于图 7-53(d)。

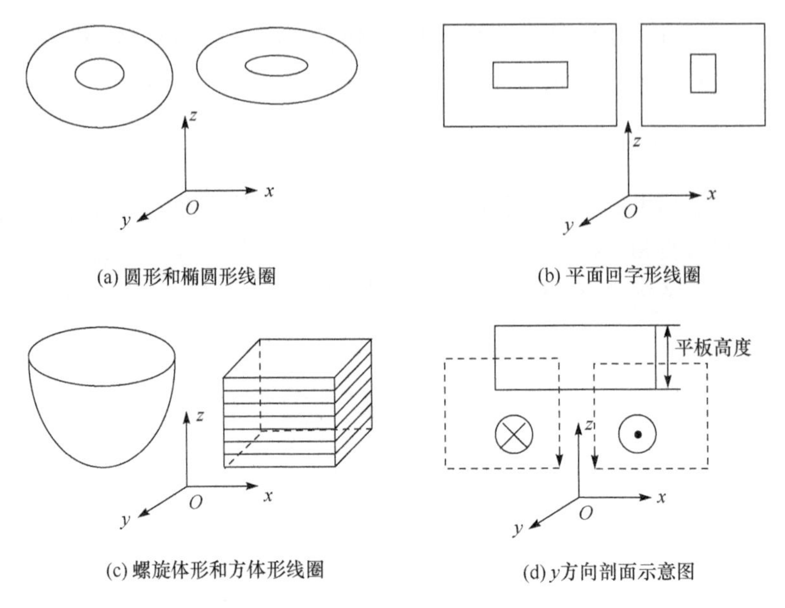

(a) 圆形和椭圆形线圈　　(b) 平面回字形线圈

(c) 螺旋体形和方体形线圈　　(d) y方向剖面示意图

图 7-53　线圈拓扑结构[45]

为了验证在感应加热器中使用高温超导的可行性，挪威科技大学设计和制造了一个 10kW 超导感应加热器[45]，其截面图如图 7-54 所示。其基本参数如表 7-20 所示。

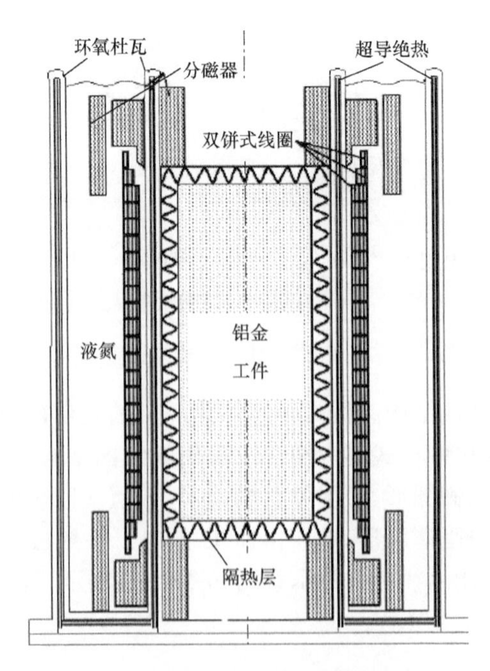

图 7-54　感应超导加热器的截面图

表7-20　10kW感应超导加热器的参数

项目	基本参数	数值
被加热工件	材料	铝
	结构	圆柱体
感应线圈	材料	Bi2223/Ag
	外围材料(厚度)	聚酰亚胺薄膜(50um)
	带材厚度/宽度	0.4mm/4.2 mm
	结构	双饼(24个)
	双饼外围材料(厚度)	玻璃纤维(3mm)
	双饼间的空隙距离	1mm
	单螺线管匝数	轴向1034层
	螺线管高度/内径	257mm/130mm
低温恒温器	制冷剂	液氮
	材料	玻璃纤维增强环氧树脂
	最内层导管的空隙距离	3mm
	最外层导管的空隙距离	3mm
	高度/外径	500mm/300mm

7.7　发展前景展望

当前,超导变压器的研制大致有三类关键技术需要解决,即新功能类,新组件类,新材料、新结构类[46]。

1. 新功能类的关键技术——过负荷功能

超导材料在其临界温度以下具有临界电流随温度下降而升高的特性,因此具备很强的过负荷能力。77K时Bi2223线材临界电流为45.5A,而在65K其临界电流为85.8A,随着运行温度的降低,其Bi2223线材临界电流提高了88.6%,这意味着变压器的容量可以提高88.6%。同时必须指出的是,变压器在过负荷运行期间,其绝缘不会加速老化,因为其运行温度不是随过负荷的升高而升高,而是降低。

2. 新组件类的关键技术——制冷组件、绕组的非金属杜瓦

无论超导变压器是液氮冷却还是直接传导冷却,都必须有制冷系统。其制冷系统好坏直接关系到变压器的性能和安全运行。制冷组件是超导变压器的关键组件。绕组的非金属杜瓦用于把绕组运行的低温环境与外界室温环境隔离开。传统

的低温杜瓦一般由金属制成，而且其超级绝热层一般也是镀铝的薄膜，交变磁场在金属杜瓦中产生的涡流损耗是一个必须认真考虑并解决的问题。非金属杜瓦将是一个很好的选择，但其绝热能力尚需进一步提高。

3. 新材料、新结构类的关键技术

交流损耗：超导变压器的负载损耗很大程度上决定于高温超导线材的交流损耗，因此降低高温超导线材的交流损耗是一个必须解决的关键技术。资料表明，只有把高温超导线材的交流损耗降低到 0.25mW/Am 的水平，高温超导线材才能适用于制造 30～40MVA 的变压器。

绝缘材料及结构：超导变压器的绕组需要浸泡在液氮中或者由制冷机传导冷却，因此给变压器的绝缘材料和绝缘结构带来了新的挑战。以往传统的绝缘材料将有一部分不适用于这种低温环境，此外以往油浸变压器的油-纸绝缘结构也将不适用。

超导变压器的效率将大大高于传统油浸变压器，因此将节约可观的电能，也减少了对化石能源的需求，减少了因燃烧化石能源而产生的温室气体等各种污染物[46,47]。

1）环境效益

我国电网的网损为 7.5%～8.5%，这其中包括了各种输变电设备的能耗，变压器能耗也是其中的一个重要组成部分。我国电力生产消耗的化石能源中煤的比例高达 70%，而且这一比例将在未来几十年中长期保持。因此发展节能技术将是我国解决能源问题的一个重要手段，同时也是我国环境保护的一个重要手段。

美国能源部的研究表明，其国内总发电量的 7.34%以上(仍在上升)是通过输配电网络损失的。高温超导技术在输配电网络的应用能够将此损失减少一半。这意味着至少能使电力需求下降约 3.67%，可节省生产电力的相关燃料数量，减少温室气体、污染和资源消耗等。1995 年，美国发电设备总装机容量(包括公用事业和非公用事业)是 776365GW，其中 54%是燃煤发电。如果将燃煤发电量通过应用高温超导技术的输配电网络输送，则根据现在的燃煤技术，可以每年少排放 13100 万 t 的 CO_2、24232t 的 NO_x 和 846000t 的 SO_x。

我国燃煤发电量约为总发电量的 70%，大量的燃煤已对我国的环境造成严重的污染，对能源需求的增长也凸显出我国人均化石能源占有量的相对贫乏，节约能源、保护环境是我国经济高速增长中所必须做到的，因此超导变压器及高温超导技术在电力系统的应用具有十分广阔的前景。

2）发展路线

超导电力技术是电力行业中新兴的技术，超导变压器和传统变压器相比具有损耗低、质量轻、体积小的优势，但目前也还存在一些技术难题，随着研究的深入和技术的进步，相信超导变压器一定能够广泛应用于电力行业。

超导变压器目前需要解决的问题是交流损耗和制冷效率。如果未来几年能够很好地解决这两个技术难题，那么超导变压器的效率可以进一步提高，与传统变压器相比将更加具有优势。目前传统变压器的效率最高可以到 90%左右，而超导变压器的效率最高可以达到 99.3%，就目前的情况看，超导变压器的效率普遍高出传统变压器 0.3%～0.5%，而随着交流损耗的进一步降低以及制冷效率的提高，超导变压器的效率还可以有一定的提升。按照最保守的 0.3%来估计，2011 年中国电能消耗量约为 45800 亿 kWh，如果将电网中的变压器一半用超导变压器替换，以平均电价 0.55 元/kWh 计算，全年可节约 38 亿元。

解决了这两个难题，接下来就是超导带材的问题，按照目前带材的价格，制造一台大容量超导变压器大部分花费都在超导带材上。如果带材价格降不下来，超导变压器就没有经济优势，如果能够降低带材的价格，则可以研制更大容量的变压器，超导变压器则能够应用到更多的场合。

超导变压器的全面推广是必然的趋势，和可持续发展的路线是相通的，在我国的“十二五”规划中，明确提出要在 2017 年把单位国内生产总值能源消耗降低 16%，根据“十一五”规划完成的情况来看，这个目标的实现也比较艰巨。数据显示，我国输配电网络的线损占到输送容量的 7%～8%，如果用超导变压器全面取代传统变压器，则可以将这一比例至少降低 0.5 个百分点，这一比例看上去很小，但是从总量来看将是十分惊人的。而且我国将在 2020 年左右完成智能电网的改造，在智能电网改造的目标中要求到 2020 年，单位国内生产总值二氧化碳排放量比 2005 年下降 40%～45%，用超导变压器取代传统变压器具有良好的环保节能减排意义，这也是和智能电网改造的目的不谋而合的，所以超导变压器推广是必然的选择。

参考文献

[1] Jin J X, Chen X Y. Development of HTS transformers. Proceedings of IEEE International Conference on Industrial Technology, Chengdu, 2008: 21-24.

[2] Schwenterly S W, Mehta S P, Walker M S. HTS Power Transformers. Washington: DOE Peer Review Committee, 2000.

[3] Schwenterly S W, McConnell B W, Demko J A, et al. Performance of a 1MVA HTS demonstration transformer. IEEE Transactions on Applied Superconductivity, 1999, 9(2): 680-684.

[4] Weber C S, Reis C T, Hazelton D W, et al. Design and operational testing of a 5/10MVA HTS utility power transformer. IEEE Transactions on Applied Superconductivity, 2005, 15(2): 2210-2213.

[5] Kim S H, Kim W S, Choi K D, et al. Characteristic tests of a 1MVA single phase HTS trans-

former with concentrically arranged windings. IEEE Transactions on Applied Superconductivity,2005,15(2):2214-2217.

[6] Lee C,Soek B Y. Design of the 3 phase 60MVA HTS transformer with YBCO coated conductor windings. IEEE Transactions on Applied Superconductivity,2005,15(2):1867-1870.

[7] Lee S W,Kim W S,Han S Y,et al. Conceptual design of a single phase 33MVA HTS transformer with a tertiary winding. The Korean Superconductivity Society,2006,7(2):162-166.

[8] Choi J,Lee S,Park M,et al. Design of 154kV class 100MVA 3 phase HTS transformer on a common magnetic core. Physica C,2007,463-465:1223-1228.

[9] Glasson N,Staines M,Buckley R,et al. Development of a 1MVA 3-phase superconducting transformer using YBCO Roebel cable. IEEE Transactions on Applied Superconductivity, 2011,21(3):1393-1396.

[10] Wang Y S,Zhao X,Li H D,et al. Development of solenoid and double pancake windings for a three-phase 26kVA HTS transformer. IEEE Transactions on Applied Superconductivity, 2004,14:924-927.

[11] 王银顺,赵祥,韩军杰,等. 630kVA 三相高温超导变压器的研制和并网试验. 中国电机工程学报,2007,27(7):24-31.

[12] Qiu Q Q,Dai S T,Wang Z K,et al. Winding design and electromagnetic analysis for a 1250kVA HTS transformer. IEEE Transactions on Applied Superconductivity, 2014, 24(2):2345349.

[13] Kojima H,Kotari M,Kito T,et al. Current limiting and recovery characteristics of 2 MVA class superconducting fault current limiting transformer (SFCLT). IEEE Transactions on Applied Superconductivity,2011,21(3):1401-1404.

[14] Iwakuma M,Sakak K,Tomioka A,et al. Development of a 3φ-66/6. 9kV-2MVA REBCO superconducting transformer. IEEE Transactions on Applied Superconductivity,2014:2364615.

[15] Iwakuma M,et al. Development of a REBCO superconducting transformer with current limiting function. IEEE Transactions on Applied Superconductivity,2011,21(3):1405-1408.

[16] Ohtsubo Y, et al. Development of REBCO superconducting transformers with a current limiting function-Fabrication and tests of 6. 9kV-400kVA transformers. IEEE Transactions on Applied Superconductivity,2015,25(3):5500305.

[17] Tomioka A,et al. The short-circuit test results of 6. 9kV/2. 3kV 400kVA-class YBCO model transformer. Physica C,2011,471:1374-1378.

[18] Tomioka A, et al. The short-circuit test results of 6. 9kV/2. 3kV 400kVA-class YBCO model transformer withfault current limiting function. Physica C,2013,48:239-241.

[19] Ohtsubo Y,Iwakuma M,Sato S,et al. Development of REBCO superconducting transformers with a current limiting function—fabrication and tests of 6. 9kV-400kVA transformers. IEEE Transactions on Applied Superconductivity,2005,25(3):6966725.

[20] Schlosser R,Schmidt H,Leghissa M,et al. Development of high-temperature superconducting transformers for railway applications. IEEE Transactions on Applied Superconductivi-

ty,2003,13(2):2325-2330.

[21] Kamijo H,Hata H,Fujimoto H,et al. Fabrication of superconducting traction transformer for railway rolling stock. Journal of Physics,Conference Series,2006,43:841-844.

[22] Kamijo H, Hata H, Fujimoto H, et al. Tests of superconducting traction transformer for railway rolling stock. IEEE Transactions on Applied Superconductivity, 2007, 17(2): 1927-1930.

[23] 龙谷宗,唐跃进,李晓松,等. 电动车组用高温超导变压器总体设计(上). 机车电传动, 2007,2:12-15.

[24] 龙谷宗,唐跃进,李晓松,等. 电动车组用高温超导变压器总体设计(下). 机车电传动, 2007,3:13-23.

[25] 金建勋. 一种高温超导高压变压器及其应用:中国,200710050630. X. 2007-11-27.

[26] 金建勋. 一种高温超导大电流变压器及其应用:中国,200710050805. 7. 2007-12-14.

[27] Chen X Y,Jin J X. Resonant circuit and magnetic field analysis of superconducting contactless power transfer. IEEE International Conference on Applied Superconductivity and Electromagnetic Devices(ASEMD2011),Sydney,Australia,2011:14-16.

[28] 张国民,余卉,刘国乐,等. 超导无线电能传输技术. 南方电网技术,2015,9(12):3-10.

[29] Auvigne C,Germano P. About tuning capacitors in inductive coupled power transfer systems. European Conference on Power Electronics and Applications,2013:6631973.

[30] Yuan J,Fang J,Qu P,et al. Study of frequency dependent AC loss in Bi-2223 tapes used for gradient coils in magnetic resonance imaging. Physica C,2005,424(1-2):72-78.

[31] Covic G A,Boys J T. Inductive power transfer. Proceedings of the IEEE,2013,101(6): 1276-1289.

[32] Stavrev S,Dutoit B. Frequency dependence of AC loss in Bi(2223)/Ag-sheathed tapes. Physica C,1998,310(1-4)s:86-89.

[33] Norris W T. Calculation of hysteresis losses in hard superconductors carrying AC:isolated conductors and edge of thin sheets. Journal of Physics. D,1970,3:489-507.

[34] Ishii H,Hirano S,Hara T,et al. The AC losses in $(Bi,Pb)_2Sr_2Ca_2Cu_3O_x$ silver-sheathed superconducting wires. Cryogenics,1996,36(9):697-703.

[35] Kurs A,Karalis A,Moffatt R. Wireless power transfer via strongly coupled magnetic resonances. Science,2007,17(317):83-86.

[36] Joannopoulos J D,Karalis A,Marin S. Wireless non-radiative energy transfer:US,8022576. 2011-9-20.

[37] 金建勋. 电动汽车复合多功能电源的无线感应充电系统:中国,201010607567. 2010-12-28.

[38] Chung Y D,Lee C Y,Kang H K. Design consideration and efficiency comparison of wireless power transfer with HTS and cooled copper antennas for electric vehicle. IEEE Transactions on Applied Superconductivity,2015,25(3):5000205.

[39] 宋敏. 电磁加热技术在家电中的应用. 哈尔滨:哈尔滨工业大学硕士学位论文,2004.

[40] 张晓丽. 并联型逆变器定角控制的研究. 保定:华北电力大学硕士学位论文,2004.

[41] 张新. 超音频串联感应加热电源的研究. 南宁:广西大学硕士学位论文,2006.

[42] Runde M, Magnusson N. Design, building and testing of a 10kW superconducting induction heater. IEEE Transactions on Applied Superconductivity, 2003, 13(2):1612-1615.

[43] Chen X Y, Jin J X. HTS resonant technology and its application on induction heating. Proceedings of IEEE International Conference on Applied Superconductivity and Electromagnetic Devices, Chengdu, 2009:25-27.

[44] Runde M, Magnusson N, Fülbier C, et al. Commercial induction heaters with high-temperature superconductor coils. IEEE Transactions on Applied Superconductivity, 2011, 21(3):1379-1383.

[45] 胡晓非. 平板式电磁感应加热技术研究与实现. 哈尔滨:哈尔滨理工大学硕士学位论文,2014.

[46] 董宁波,宗军. 高温超导变压器及发展状况. 国际电力,2005,9(4):60-63.

[47] 周世平,冯强,金涛,等. 高温超导变压器在电网中的应用. 低温与超导,2013,41(4):55-59.